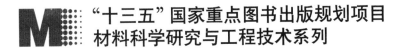
"十三五"国家重点图书出版规划项目
材料科学研究与工程技术系列

高分子科学导论（第2版）

Introduction to Polymer Science

● 主编　娄春华　侯玉双

U0223437

哈尔滨工业大学出版社

内容简介

本书以浅显、生动的语言系统讲述了高分子科学的基础知识。全书共分6章,包括高分子的合成反应、聚合物的结构与性能、聚合物的成型加工,以及通用高分子材料和天然高分子材料等几个方面的基本内容。

本书可作为高等院校化学、化工和轻工纺织等专业本科生和研究生教材,也可供从事高分子材料研究、应用和生产领域相关专业技术人员参考。

图书在版编目(CIP)数据

高分子科学导论/娄春华,侯玉双主编. —2 版. ——
哈尔滨:哈尔滨工业大学出版社,2019.3(2020.10 重印)
  ISBN 978 - 7 - 5603 - 7984 - 5

Ⅰ.①高… Ⅱ.①娄… ②侯… Ⅲ.①高分子
化学-高等学校-教材 Ⅳ.①O63

中国版本图书馆 CIP 数据核字(2019)第 029837 号

材料科学与工程
图书工作室

责任编辑 许雅莹
封面设计 卞秉利
出版发行 哈尔滨工业大学出版社
社 址 哈尔滨市南岗区复华四道街 10 号 邮编 150006
传 真 0451 - 86414749
网 址 http://hitpress.hit.edu.cn
印 刷 哈尔滨市颉升高印刷有限公司
开 本 787mm×1092mm 1/16 印张 15.75 字数 373 千字
版 次 2013 年 4 月第 1 版 2019 年 3 月第 2 版
        2020 年 10 月第 2 次印刷
书 号 ISBN 978 - 7 - 5603 - 7984 - 5
定 价 30.00 元

第 2 版前言

材料已成为国民经济建设、国防建设和人民生活的重要组成部分。直到 20 世纪中叶,金属材料在材料工业中一直占有主导地位。20 世纪中叶以后,科学技术迅猛发展,作为发明之母和产业粮食的新材料又出现了划时代的变化。首先是人工合成高分子材料问世,并得到广泛应用。仅半个世纪时间,高分子材料已与有上千年历史的金属材料并驾齐驱,并在年产量上超过了钢,成为国民经济、国防尖端科学和高科技领域不可缺少的材料。

高分子材料科学是研究有机及生物高分子材料的制备、结构、性能和加工应用的高新技术专业。目前,高分子材料已被广泛应用于生活、生产、科研和国防等各个领域,成为我国科学研究的一个重点领域。近代科学技术与工业的进步,为高分子材料学科的发展开拓了更广泛的前景。高分子材料已由传统的有机材料向具有光、电、磁、生物和分离效应的功能材料延伸。高分子结构材料正朝着高强度、高韧性、耐高温、耐极端条件的高性能材料发展,为航天航空、近代通信、电子工程、生物工程、医疗卫生和环境保护等各个方面提供各种新型材料。

本书自第 1 版问世以来,受到了广大读者的好评。第 2 版不仅改正了书中的一些勘误,还将第 6 章新型高分子材料改为天然高分子材料。

全书共 6 章,其中第 1、2、3、4、5 章由娄春华编写,第 6 章由侯玉双编写。

本书引用了许多国内外文献资料,谨此向文献资料的作者致以深切的谢意。

因编者水平有限,书中缺点和错误在所难免,欢迎广大师生和读者批评指正。

编　者
2019.1

目　　录

第1章 绪 论

1.1 高分子科学的历史和现状

人类直接利用天然高分子的历史可以追溯到远古时期,例如,利用纤维素造纸,利用蛋白质练丝和鞣革,利用生漆做涂料和利用动物胶做墨的黏结剂(又称胶黏剂、黏合剂)等。但人工合成高分子化合物则是20世纪才开始的。虽然在19世纪的中后期人们已经知道对天然高分子进行改性,典型例子是天然橡胶的硫化成功(1839年)和硝酸纤维素的发现(1868年)。然而真正从小分子出发合成高分子化合物是从酚醛树脂开始的(1909年)。

德国化学家斯托丁格(Staudinger)从1920年发表划时代的文献"论聚合"起,到1932年发表第一部高分子专著《有机高分子化合物——橡胶和纤维素》,历经十余年创立了高分子学说。斯托丁格成为高分子科学的奠基人,1953年72岁的他登上了诺贝尔化学奖的领奖台。

高分子学说一经创立,便有力地促进了高分子合成工业的发展。20世纪20年代末和30~40年代,大量重要的新聚合物被合成出来,如醇酸树脂(1927年)、聚氯乙烯(1929年)、脲醛树脂(1929年)、聚苯乙烯(1933年)、聚甲基丙烯酸甲酯(1936年)、尼龙-6(1938年)、高压聚乙烯(1939年)、聚偏氯乙烯(1939年)、丁基橡胶(1940年)、涤纶(1941年)、不饱和聚酯(1942年)、聚氨酯(1943年)、环氧树脂(1947年)、聚丙烯腈(1948年)等。

到了20世纪50年代,德国的齐格勒(Ziegler)和意大利的纳塔(Natta)发明了新的催化剂,使乙烯低压聚合制备高密度聚乙烯(1954年)和丙烯定向聚合制备全同聚丙烯(1957年)实现工业化,这是高分子科学的又一个里程碑。齐格勒和纳塔获得了1963年的诺贝尔化学奖。此后,随着新的高效催化剂的问世,聚乙烯、聚丙烯的生产更大型化,价格也更便宜。顺丁橡胶(1958年)、异戊橡胶(1959年)和乙丙橡胶(1960年)等弹性体获得大规模的发展,同时聚甲醛(1956年)、聚碳酸酯(1958年)、聚酰亚胺(1963年)、聚砜(1965年)、聚苯硫醚(1968年)等工程塑料相继出现。各种新的高强度、耐高温的高分子材料层出不穷。所以,从这一时期开始高分子全面走向繁荣。

当今,高分子科学与高分子工业的研究和发展方向是:

① 通过新型高效催化剂的开发,重要的通用高分子品种向更大型工业化发展。

② 通过新型聚合方法、化学和物理改性以及复合,获得新性能、新品种、新用途的高聚物。

③ 开发功能高分子,如生物高分子、光敏高分子、导电高分子等。

高分子科学已经发展成为一门独立的学科,与其他传统学科不同,它既是一门基础学科又是一门应用学科。在基础的化学一级学科中,高分子化学与物理和无机、有机、分析、物理化学并列为二级学科;而在应用性的材料科学中,高分子材料、金属材料和无机非金属材料成为最重要的三个领域。从另一角度看,高分子科学是建立在有机化学、物理化学、生物化学、物理学和力学等学科基础上的一门新兴交叉学科,现已渗透到许多传统的学科中。目前已形成了高分子化学、高分子物理、高分子材料(又称合成材料)和高分子工艺(包括合成工艺和加工工艺)四个主要的分支。

1.2　高分子的定义、基本概念、分类和命名

1.2.1　定　义

高分子与低分子的区别在于前者相对分子质量很高,通常将相对分子质量大于10 000 的称为高分子(Polymer),相对分子质量小于 1 000 的称为低分子。相对分子质量介于高分子和低分子之间的称为低聚物(又称齐聚物,Oligomer)。一般高聚物的相对分子质量为 $10^4 \sim 10^6$,相对分子质量大于这个范围的称为超高相对分子质量聚合物。

英文的高分子主要有两个词,即 Polymer 和 Macromolecule。前者又可译为聚合物或高聚物,后者又可译为大分子。这两个词虽然常混用,但仍有一定区别,前者通常是指有一定重复单元的合成产物,一般不包括天然高分子,而后者指相对分子质量很大的一类化合物,包括天然高分子和合成高分子,也包括无一定重复单元的复杂大分子。

1.2.2　基本概念

(1) 主链(Main Chain):构成高分子骨架结构,以化学键结合的原子集合。最常见的是碳链,偶尔有非碳原子夹入,如杂入的 O、S、N 等原子。

(2) 侧链或侧基(Side Chain or Side Group):连接在主链原子上的原子或原子集合,又称支链。支链可以较小,称为侧基;可以较大,称为侧链。

(3) 单体(Monomer):通常将生成高分子的那些低分子原料称为单体。

(4)(结构) 重复单元(Constitutional Repeating Unit,CRU):大分子链上化学组成和结构均可重复的最小单位,简称重复单元,在高分子物理中也称为链节。高分子的结构式常用 n 表示链节的数目,即 $\dashvjoin{链节}\mathbin{\vdash_n}$。

(5) 结构单元(Structural Unit):由一种单体分子通过聚合反应而进入聚合物重复单元的那一部分。

(6) 单体单元(Monomer Unit):与单体的化学组成完全相同只是化学结构不同的结构单元。

(7) 聚合度(Degree of Polymerization):聚合物分子中,单体单元的数目称聚合度。聚合度常用符号 DP 表示,也可用 X 表示(如数均聚合度为 $\overline{X_n}$)。

高分子化合物一般又称为聚合物,但严格地讲,两者并不等同,因为有些高分子化合物并非由简单的重复单元连接而成,而仅仅是相对分子质量很高的物质,这就不宜称为聚合物。但通常,这两个词是相互混用的。聚合物是由大分子构成的,如果组成该大分子的

重复单元数很多，增减几个单元并不影响其物理性质，一般称此种聚合物为高聚物。如果组成该种大分子的结构单元数较少，增减几个单元对聚合物的物理性质有明显的影响，则称为低聚物(Oligomer)。广义而言，聚合物是总称，包括高聚物和低聚物，但谈及聚合物材料时，所称的聚合物(Polymer)常常是指高聚物。

1.2.3　分　类

可从来源、性能、结构、用途等不同角度对聚合物进行多种分类。这里仅简要介绍工业上常用的分类方法。

1. 按大分子主链结构分类

根据主链结构，可将聚合物分成碳链、杂链和元素有机聚合物三类。

(1) 碳链聚合物：大分子主链完全由碳原子构成。绝大部分烯类和二烯类聚合物都属于这一类，常见的有聚氯乙烯、聚乙烯、聚丙烯、聚苯乙烯、聚丙烯腈、聚丁二烯等。

(2) 杂链聚合物：大分子主链中除碳原子外，还有氧、氮、硫等杂原子。常见的这类聚合物如聚醚、聚酯、聚酰胺、聚脲、聚硫橡胶、聚砜等。

(3) 元素有机聚合物：大分子主链中没有碳原子，主要由硅、硼、铝、氧、氮、硫、磷等原子组成，但侧基却由有机基团如甲基、乙基、芳基等组成。典型的例子是有机硅橡胶。

如果主链和侧基均无碳原子，则称为无机高分子，如硅酸盐类。

2. 按性能和用途分类

根据以聚合物为基础组分的高分子材料的性能和用途分类，可将聚合物分成橡胶、纤维、塑料、胶黏剂、涂料、功能高分子等不同类别。这实际上是高分子材料的一种分类，并非聚合物的合理分类，因为同一种聚合物，根据不同的配方和加工条件，往往既可用作这种材料也可用作那种材料。例如，聚氯乙烯既可作塑料亦可作纤维，又如氯纶、尼龙、涤纶是典型的纤维材料，但也可用作工程塑料。

1.2.4　命　名

聚合物的名称习惯常按单体来源来命名，有时也会有商品名。1972 年，国际纯粹与应用化学联合会(IUPAC)对线形聚合物提出了结构系统命名法。

1. 单体来源命名法

聚合物名称常以单体名为基础。烯类聚合物以烯类单体名前冠以"聚"字来命名，例如乙烯、氯乙烯的聚合物分别为聚乙烯、聚氯乙烯。

由两种单体合成的共聚物，常摘取两单体的简名，后缀"树脂"两字来命名，例如苯酚和甲醛的缩聚物称为酚醛树脂。这类产物的形态类似天然树脂，因此有合成树脂之统称。目前已扩展到将未加有助剂的聚合物粉料和粒料也称为合成树脂。合成橡胶往往从共聚单体中各取一字，后缀"橡胶"二字来命名，如丁(二烯) 苯(乙烯) 橡胶、乙(烯) 丙(烯) 橡胶等。

杂链聚合物还可以进一步按其特征结构来命名，如聚酰胺、聚酯、聚碳酸酯、聚砜等。这些都代表一类聚合物，具体品种另有专名，如聚酰胺中的己二胺和己二酸的缩聚物学名为聚己二酰己二胺，国外商品名为尼龙 – 66(聚酰胺 – 66)。尼龙后的前一数字代表二元胺的碳原子数,后一数字则代表二元酸的碳原子数;如果只有一位数,则代表氨基酸的碳原子数,如尼龙-6(锦纶)是己内酰胺或氨基己酸的聚合物。我国习惯以"纶"字作为合成纤维商品名的后缀字,如聚对苯二甲酰乙二醇酯、聚丙烯腈、聚乙烯醇的纤维分别称为涤纶、腈纶、维尼纶,其他如丙纶、氯纶则分别代表聚丙烯、聚氯乙烯的纤维。

2. 系统命名法

为了作出更严格的科学系统命名,国际纯粹与应用化学联合会(IUPAC)对线形聚合物提出下列命名原则和程序:先确定重复单元结构,再排好其中次级单元次序,给重复单元命名,最后冠以"聚"字,就成为聚合物的名称。写次级单元时,先写侧基最少的元素,再写有取代的亚甲基,然后写无取代的亚甲基。这一次序与习惯写法有些不同,举例如下:

$$\begin{array}{cccc} \cenote{+CHCH_2+_n} & \cenote{+CH=CHCH_2CH_2+_n} & \cenote{+O-CHCH_2+_n} & \cenote{+CHCH_2+_n} \\ \quad | & & \quad | & \quad | \\ \quad Cl & & \quad F & \quad COOCH_3 \end{array}$$

系统命名:聚-1-氯代亚乙基　　聚-1-亚丁烯基　　聚氧化-1-氟代亚乙基　聚[1-(甲氧羰基)亚乙基]

习惯命名:　聚氯乙烯　　　　　聚丁二烯　　　　聚氧化氟乙烯　　　聚丙烯酸甲酯

IUPAC 系统命名法比较严谨,但有些聚合物,尤其是缩聚物的名称过于冗长,为方便起见,许多聚合物都有缩写符号,例如聚甲基丙烯酸甲酯的符号为 PMMA。书刊中第一次出现比较不常用的符号时,应注出全名。在学术性比较强的论文中,虽然并不反对能够反映单体结构的习惯名称,但鼓励尽量使用系统命名,并不希望用商品俗名。

第2章　聚合反应

2.1　连锁聚合反应

连锁聚合反应亦称链式聚合反应。烯类单体的加聚反应大部分属于连锁聚合反应,总反应式可表示为:

$$n\text{M} \longrightarrow \text{-}\!\!\!\left[\text{M}\right]\!\!\!\text{-}_n$$

若以 R^* 表示活性中心,M 表示单体,则连锁聚合反应可表示为:

链引发: $$\text{R}^* + \text{M} \longrightarrow \text{RM}^*$$

链增长: $$\text{RM}^* + \text{M} \longrightarrow \text{RM}_2^* \stackrel{\text{M}}{\longrightarrow} \text{RM}_3^* \cdots$$

链终止: $$\text{RM}_x^* + \text{RM}_y^* \longrightarrow \text{RM}_{x+y}\text{R} \qquad (\text{偶合终止})$$

$$\text{或 } \text{RM}_x^* + \text{RM}_y^* \longrightarrow \text{RM}_x + \text{RM}_y \qquad (\text{歧化终止})$$

根据链增长活性中心,可将连锁聚合反应分成自由基聚合、阳离子聚合、阴离子聚合和配位络合聚合等。

化合物的价键有两种断裂方式:一是均裂,即构成共价键的一对电子拆成两个带一个电子的基团,这种带独电子的基团称为自由基或游离基;另一种是异裂,构成价键的电子对归属于某一基团,形成负离子(阴离子),另一基团成为正离子(阳离子)。这就是说,均裂形成自由基而异裂形成正、负离子。均裂和异裂可表示为:

均裂: $$\text{RR} \longrightarrow 2\text{R}\cdot$$

异裂: $$\text{R}_1 : \text{R}_2 \longrightarrow \text{R}_1^{\oplus} + \text{R}_2^{\ominus}$$

自由基、阳离子和阴离子的活性如果足够高,就可打开烯类单体的 π 键,引发相应的连锁聚合反应。

烯类单体对不同的连锁聚合机理具有一定的选择性,这主要是由取代基的电子效应和空间位阻效应所决定的。

烯类单体上的取代基是推电子基团时,使碳碳双键 π 电子云密度增加,易与阳离子结合,生成碳离子。阳碳离子形成后,由于推电子基团的存在,使碳上电子云稀少的情况有所改变,体系能量有所降低,阳碳离子的稳定性就增加。因此,带有推电子基团的单体有利于阳离子聚合,如异丁烯,见反应式(2.1)。

$$\text{A}^{\oplus} + \overset{\overset{\displaystyle CH_3}{|}}{\underset{\underset{\displaystyle CH_3}{|}}{\overset{\delta^-}{CH_2} = \overset{\delta^+}{C}}} \longrightarrow \text{A} - CH_2 - \overset{\overset{\displaystyle CH_3}{|}}{\underset{\underset{\displaystyle CH_3}{|}}{\overset{\oplus}{C}}} \qquad (2.1)$$

相反,取代基是吸电子基团时,使碳碳双键上 π 电子云密度降低,这就容易与阴离子结合,生成阴碳离子。阴碳离子形成后,由于吸电子基团的存在,密集于阴碳离子上的电子云相对的分散,形成共轭体系,使体系能量降低,这就使得阴碳离子有一定的稳定性,再与单体继续反应,使聚合继续进行下去。因此,带有吸电子基团的烯类单体易进行阴离子聚合,如丙烯腈,见反应式(2.2)。

$$B^{\ominus} + CH_2 \overset{\delta^+}{=} \overset{H}{\underset{CN}{\overset{|}{\underset{|}{C}}}} \overset{\delta^-}{\longrightarrow} B - CH_2 - \overset{H}{\underset{CN}{\overset{|}{\underset{|}{C}}}} \ominus \tag{2.2}$$

自由基聚合有些类似阴离子聚合。如果有吸电子基团存在,碳碳双键上 π 电子云密度降低,易与含有独电子的自由基结合。形成自由基后,吸电子基团又能与独电子形成共轭体系,使体系能量降低。这样,链自由基有一定的稳定性,而使聚合反应继续进行下去。这是丙烯腈既能阴离子聚合,又能自由基聚合的原因。丙烯酸酯类也有类似的情况。但如果基团的吸电子倾向过强,如偏二腈乙烯,就只能阴离子聚合,而难以进行自由基聚合。

乙烯分子无取代基,结构对称,偶极矩为零。需在高温、高压的苛刻条件下才能进行自由基聚合,或在特殊的配位络合催化剂作用下进行聚合。

带有共轭体系的烯类,如苯乙烯、丁二烯类,π 电子流动性大,易诱导极化,往往能按上述三种机理进行聚合。

按照 CH_2=CHX 中取代基 X 电负性次序和聚合的关系,排列如下:

$$X-NO_2-CN-COOCH_3-CH=CH_2-C_6H_5-CH_3-OR$$

（阳离子聚合：$CH=CH_2—C_6H_5—CH_3—OR$；自由基聚合：$COOCH_3—CH=CH_2—C_6H_5$；阴离子聚合：$NO_2—CN—COOCH_3—CH=CH_2$）

除了取代基的电子效应对聚合性能有很大的影响外,取代基的数量、体积和位置所引起的空间位阻效应也有显著的影响。

对于单取代的烯类单体,即使取代基体积较大,也不妨碍聚合。例如乙烯基咔唑也能进行自由基聚合或阳离子聚合。

对于 1,1 - 双取代的烯类单体 CH_2=CXY,如 CH_2=C(CH_3)_2、CH_2=CCl_2、CH_2=C(CH_3)COOCH_3,一般都能按相应的机理聚合。并且结构上越不对称,极化程度越高,越易聚合。但两个取代基都是芳基时,如 1,1 - 二苯基乙烯,因苯基体积较大,只能形成二聚体,而使反应终止。

与 1,1 - 双取代的烯类不同,1,2 - 双取代的烯类单体 XCH=CHY,如 CH_3CH=CHCH_3、ClCH=CHCl、CH_3CH=CHCOOCH_3 结构对称,极化程度低,加上位阻效应,一般不能均聚,或只能形成二聚物。同理,马来酸酐难以均聚,但能与苯乙烯一类单体共聚,其共聚物是悬浮聚合的良好分散剂。

三取代和四取代乙烯一般都不能聚合,但氟代乙烯却是例外。不论氟代的数量和位置如何,均易聚合,即一氟乙烯、1,1-二氟乙烯、1,2-二氟乙烯、三氟乙烯、四氟乙烯都能制得相应的聚合物。聚四氟乙烯和聚三氟氯乙烯就是典型例子,这与氟的原子半径较小(仅大于氢)有关。

2.1.1 自由基聚合反应

1. 自由基

自由基是带有未配对独电子的基团,性质不稳定,可进行多种反应。带有未配对独电子的基团 R 表示为 R·,这时独电子(·)应理解为处在碳原子上。自由基的活性差别很大,这与其结构有关。烷基和苯基自由基活泼,可以成为自由基聚合的活性中心。带有共轭体系的自由基,如三苯甲基自由基,因为独电子的电子云受到共轭体系的分散而均匀化,所以比较稳定,甚至可分离出来。稳定的自由基不但不能使单体聚合,反而能与活泼自由基结合使聚合终止,故有自由基捕捉剂之称。各种自由基的活性次序大致如下:

$$H· > \dot{C}H_3 > \dot{C}_6H_5 > R\dot{C}H_2 > R_2\dot{C}H > R_3\dot{C} > R\dot{C}HCOR > R\dot{C}HCN >$$

$$R\dot{C}HCOOR > CH_2=CH\dot{C}H_2 > C_6H_5\dot{C}H_2 > (C_6H_5)_2\dot{C}H > (C_6H_5)_3\dot{C}$$

最后 4 个自由基是不活泼自由基,有阻聚作用。

在热、光或辐射能的作用下,烯类单体有可能形成自由基而进行聚合。例如苯乙烯、甲基丙烯酸甲酯等单体,在热的作用下也可引发自由基聚合。许多单体在光的激发下,能形成自由基而聚合,称为光引发聚合。在高能辐射作用下亦可引发单体进行自由基聚合,称为辐射聚合。但应用比较普遍的是加入所谓引发剂的特殊化合物来产生自由基,引发烯类单体的自由基聚合反应。

2. 引发剂

引发剂是容易分解成自由基的化合物,分子结构上具有弱键,在热能或辐射能的作用下,沿弱键均裂成自由基。一般聚合温度下(40 ～ 100 ℃),要求离解能为 $(1.25 ～ 1.47) \times 10^5 \ J·mol^{-1}$。根据此要求,引发剂有偶氮化合物、过氧化物和氧化-还原体系 3 类。

(1)偶氮类引发剂

最常用的有偶氮二异丁腈(AIBN),其热分解反应见反应式(2.3)。

$$(CH_3)_2C-N=N-C(CH_3)_2 \longrightarrow 2(CH_3)_2\dot{C} + N_2\uparrow \qquad (2.3)$$
$$\quad\ \ | \qquad\qquad\quad | \qquad\qquad\qquad\qquad\ |$$
$$\quad CN \qquad\qquad CN \qquad\qquad\qquad\quad CN$$

偶氮二异庚腈(ABVN)的热分解见反应式(2.4)。

$$(CH_3)_2CHCH_2\overset{\displaystyle CH_3}{\underset{\displaystyle CN}{C}}-N=N-\overset{\displaystyle CH_3}{\underset{\displaystyle CN}{C}}CH_2CH(CH_3)_2 \longrightarrow 2(CH_3)_2CHCH_2\overset{\displaystyle CH_3}{\underset{\displaystyle CN}{\dot{C}}} + N_2\uparrow$$

$$(2.4)$$

(2)过氧化物类引发剂

常用的有过氧化二苯甲酰(BPO),其分解反应见反应式(2.5)。

$$C_6H_5\overset{\text{O}}{\underset{\text{O}}{C}}-O-O-\overset{\text{O}}{\underset{\text{O}}{C}}C_6H_5 \longrightarrow 2C_6H_5\overset{\text{O}}{\underset{\text{O}}{C}}-O\cdot \longrightarrow 2\overset{\cdot}{C_6}H_5 + 2CO_2\uparrow \qquad (2.5)$$

过氧化十二酰(LPO)、过氧化二叔丁基是常用的低活性引发剂。高活性的过氧化物引发剂有过氧化二碳酸二异丙酯$[(CH_3)_2CHOCO]_2O_2$(IPP)、过氧化二碳酸二环己酯$(C_6H_{11}OCO)_2O_2$(DCPD) 等。过氧化乙酰基环己烷磺酰(ACSP)是活性极大的不对称过氧化物类引发剂。

此外常用的还有水溶性的过硫酸盐,如过硫酸钾的分解反应见反应式(2.6)。

$$KO-\overset{\text{O}}{\underset{\text{O}}{S}}-O-O-\overset{\text{O}}{\underset{\text{O}}{S}}-OK \longrightarrow 2KO-\overset{\text{O}}{\underset{\text{O}}{S}}-\dot{O} \qquad (2.6)$$

它一般用于乳液聚合和水溶液聚合。

（3）氧化 – 还原体系

由过氧化物引发剂和还原剂组成的引发体系称为氧化还原引发体系。常用的还原剂有亚铁盐、亚硫酸盐和硫代硫酸盐等。在过氧化物中加入还原剂,可使分解活化剂大幅度下降。例如过氧化氢中加入亚铁盐所构成的氧化还原体系:

$$HO-OH \;+\; Fe^{2+} \longrightarrow H\dot{O} + OH^- + Fe^{3+}$$

可使分解活化能由 217.7 kJ/mol 降至 39.4 kJ/mol。

关于引发剂的选择,首先要根据聚合实施方法选择引发剂类型。本体聚合、悬浮聚合和溶液聚合选用油溶性(即溶于单体)的引发剂,如偶氮类、有机过氧化物。乳液聚合选用过硫酸盐一类的水溶性引发剂或氧化还原体系,当用氧化还原体系时,氧化剂可以是水溶性的或油溶性的,但还原剂一般应是水溶性的。其次,要根据聚合温度选择半衰期或分解活化能适当的引发剂。

3. 自由基聚合机理

自由基聚合机理,即由单体分子转变成大分子的微观历程,由链引发、链增长、链终止、链转移等基元反应串、并联而成,应该与宏观聚合过程相联系,并加以区别。

（1）链引发

链引发反应是形成自由基活性中心的反应。用引发剂引发时,引发反应由两步组成:

第一步:引发剂 I 分解,形成初级自由基 R·,见反应式(2.7a)。

$$I \longrightarrow 2R\cdot \qquad (2.7a)$$

第二步:初级自由基与单体加成,形成单体自由基,见反应式(2.7b)。

$$R\cdot + \;CH_2\!\!=\!\!\underset{\underset{X}{|}}{C}H \longrightarrow RCH_2\underset{\underset{X}{|}}{\dot{C}}H \qquad (2.7b)$$

这两步反应中,引发剂的分解是控制步骤。

（2）链增长

引发阶段形成的单体自由基,具有很高的活性,可打开单体的 π 键并与之结合形成新的自由基,继续和其他单体分子结合成单元更多的链自由基,这个过程就称为链增长反应（见反应式(2.8)）,它是一种加成反应。

$$RCH_2\dot{C}H + CH_2{=}CH \longrightarrow RCH_2CHCH_2\dot{C}H \cdots \longrightarrow RCH_2CH{-}(CH_2CH)_{\frac{}{n}}CH_2\dot{C}H$$
$$\text{(2.8)}$$

为方便起见常将上述链自由基表示为 $\sim\!\!CH_2\dot{C}H|X$ 。

链增长反应有两个特征:一是强放热,一般烯类聚合热为 $55 \sim 95\ \text{kJ}\cdot\text{mol}^{-1}$;二是活化能低,为 $20 \sim 34\ \text{kJ}\cdot\text{mol}^{-1}$,所以增长速率很高。

在链增长反应中,结构单元间的结合可能存在"头-尾"和"头-头"（或"尾-尾"）两种方式,见反应式(2.9)。

$$\sim\!\!CH_2\dot{C}H + CH_2{=}CH{-} \longrightarrow \begin{cases} \sim\!CH_2CH{-}CH_2\dot{C}H \quad \text{头-尾} \\ \sim\!CH_2CH{-}CHCH_2 \quad \text{头-头} \end{cases}$$
$$\text{(2.9)}$$

按"头-尾"方式链接时,取代基 X 与独电子在同一碳原子上,像苯基一类的取代基对独电子有共轭稳定作用,加上相邻次甲基的超共轭效应,故形成的自由基较稳定,增长反应活化能较低。而按"头-头"方式链接时无此种共轭效应,反应活化能就高一些。另外,—CH₂—端空间位阻较小,也有利于"头-尾"链接。所以在烯类单体的自由基聚合中,单体主要按"头-尾"方式链接。

对于共轭双烯类的自由基聚合还有 1,4-加成和 1,2-加成两种可能方式。

（3）链终止

自由基活性高,难孤立存在,易相互作用而终止。双基终止有偶合和歧化两种方式。

偶合终止是两自由基的独电子相互结合成共价键的终止方式（见反应式(2.10)）,结果出现"头-头"链接,大分子的聚合度是链自由基结构单元数的 2 倍,大分子两端均为引发剂残基。

$$\sim\!\!CH_2\dot{C}H + \dot{C}HCH_2\!\sim \xrightarrow{\text{偶合}} \sim\!\!CH_2CH{-}CHCH_2\!\sim \qquad \text{(2.10)}$$

歧化终止是某自由基夺取另一自由基的氢原子或其他原子而终止的方式（见反应式(2.11)）。

$$\sim\!\!CH_2\dot{C}H + \dot{C}HCH_2\!\sim \xrightarrow{\text{歧化}} \sim\!\!CH_2CH_2 + HC{=}CH\!\sim \qquad \text{(2.11)}$$

（4）链转移

在自由基聚合过程中，链自由基有可能从单体、引发剂、溶剂等低分子或大分子上夺取一个原子而终止，将电子转移给失去原子的分子而成为新自由基，继续新链的增长。

向低分子链转移的反应，见反应式(2.12a)、(2.12b)、(2.12c)。向低分子链转移的结果，将使聚合物相对分子质量降低，若新生成的自由基活性基本不变，则聚合速率并不受影响。有时为了避免产物相对分子质量过高，特意加入某种链转移剂对相对分子质量进行调节。例如在丁苯橡胶生产中，加入十二硫醇来调节相对分子质量。这种链转移剂称为相对分子质量调节剂。

$$\sim CH_2\dot{C}H + CH_2=CH- \begin{cases} \rightarrow \sim CH_2CH_2 + CH_2=\overset{|}{\underset{X}{\dot{C}}} \\ \rightarrow \sim CH=CH + CH_3-\overset{|}{\underset{X}{\dot{C}}}H \end{cases} \quad (2.12a)$$

（单体）

$$\sim CH_2\dot{C}H + Y-Z \longrightarrow \sim CH_2CH-Y + Z\cdot \quad (2.12b)$$

（溶剂）

$$\sim CH_2\dot{C}H + R-R \longrightarrow \sim CH_2CH-R + R\cdot \quad (2.12c)$$

（引发剂）

链自由基亦可能向已经终止了的大分子进行链转移反应，其结果形成支链大分子。

自由基向某些物质转移后，如果形成稳定自由基，就不能再引发单体聚合，最后失活终止，这一现象称为阻聚作用。具有阻聚作用的化合物称为阻聚剂，如苯醌。

2.1.2 自由基共聚合反应

两种单体混合物引发聚合后，并非各自聚合生成两种聚合物，而是生成含有两种单体单元的聚合物，这种聚合物称为共聚物，该聚合过程称为共聚合反应，简称共聚反应。两种单体参加的共聚反应称为二元共聚，两种以上单体共聚则称为多元共聚。相应的，只有一种单体参加的聚合反应就称为均聚反应，所得聚合物称为均聚物。

由于单体单元排列方式的不同，可构成不同类型的共聚物，大致有以下几种类型。

① 无规共聚物，即 M_1 和 M_2 两种单体单元在共聚物大分子中是无规则排列的。

② 交替共聚物，即 M_1 和 M_2 是交替排列的：

$$\cdots\cdots M_1M_2M_1M_2M_1M_2M_1\cdots\cdots$$

例如苯乙烯与顺丁烯二酸酐的共聚物就是典型的例子。

③ 嵌段共聚物，即共聚物大分子分别由 M_1 及 M_2 的长链段构成：

$$\cdots\cdots M_1M_1M_1M_1\cdots\cdots M_2M_2M_2M_2\cdots\cdots M_1M_1M_1M_1\cdots\cdots$$

④ 接枝共聚物，以一种单体单元（如 M_1）构成主链，另一种单体单元（如 M_2）构成支链：

$$\sim M_1M_1M_1M_1M_1 \cdots\cdots M_1M_1M_1M_1M_1 \cdots\cdots \sim$$

两条支链连接处 $M_2M_2M_2 \sim$ 和 $M_2M_2M_2 \sim$

以上四种共聚物,除①、②两种是两种单体共聚反应制得外,后两种需用特殊的方法制取。

共聚物的命名表示方法是将两种单体或多种单体名各用短划线分开并在前面冠以"聚"字,或在后面加"共聚物"字样,例如聚乙烯 – 丙烯、聚丙烯腈 – 苯乙烯 – 丁二烯,或乙烯 – 丙烯共聚物、丙烯腈 – 苯乙烯 – 丁二烯共聚物。至于单体单元的排列方式,可分别用无规、交替、接枝和嵌段等字样加以表示。

2.1.3 离子型聚合

根据增长离子的特征可将离子型聚合分为阳离子聚合、阴离子聚合和配位离子聚合三类。

离子型聚合与自由基聚合的特征有很大不同,可概括如下。

① 自由基聚合以易发生均裂反应的物质作引发剂,离子型聚合则采用易产生活性离子的物质作为引发剂。阳离子聚合以亲电试剂(广义酸)为催化剂,阴离子聚合以亲核试剂(广义碱)为催化剂。这些催化剂对反应的每一步都有影响而不像自由基聚合那样,引发剂只影响引发反应。离子型聚合引发反应活化能要比自由基聚合小得多。

② 离子型聚合对单体有更高的选择性。带有供电子取代基的单体易进行阳离子聚合,带有吸电子基团的单体易进行阴离子聚合。

③ 溶剂对离子型聚合速率、相对分子质量和聚合物的结构规整性有明显的影响。

④ 离子型聚合中增长链活性中心都带相同电荷,所以不能像自由基聚合那样进行双分子终止反应,只能发生单分子终止反应或向溶剂等转移而中断增长,有的情况甚至不发生链终止反应而以"活性聚合链"的形式长期存在于溶剂中。

⑤ 自由基聚合中的阻聚剂对离子型聚合并无阻聚作用,而一些极性化合物,如水、碱、酸等都是离子型聚合的阻聚剂。

1. 阴离子聚合

阴离子聚合常以碱作催化剂。碱性越强越易引发阴离子聚合反应。取代基吸电子性越强的单体,越易进行阴离子聚合反应。

阴离子聚合与其他连锁聚合一样,也可分为链引发、链增长和链终止三个基元反应。

(1) 链引发

根据所用催化剂类型的不同,引发反应有两种基本类型。

① 催化剂 R—A 分子中的阴离子直接加到单体上形成活性中心,见反应式(2.13)。

$$R—A + CH_2=CH \longrightarrow RCH_2—\bar{C}HA^+ \tag{2.13}$$

（其中 Y 为取代基）

以烷基金属(如 LiR)和金属络合物(如碱金属的蒽、萘络合物)为催化剂时即得此种情况。

② 单体与催化剂通过电子转移形成活性中心,见反应式(2.14)。

$$e + CH_2=CH \atop | \atop Y \longrightarrow \dot{C}H_2-\bar{C}H: \atop | \atop Y \qquad (2.14)$$

例如以碱金属为催化剂时即为此种情况,见反应式(2.15)。

$$Na + CH_2=CH \atop | \longrightarrow \overset{+}{Na}\overset{-}{CH}-CH_2 \longrightarrow \overset{+}{Na}\overset{-}{CH}-CH_2-CH_2-\overset{-}{C}H\overset{+}{Na}$$

$$(2.15)$$

与自由基聚合的情况相似,活泼的单体形成的阴离子不活泼,不活泼的单体则形成反应活性大的阴离子。活性大的单体对活性小的单体有一定的阻聚作用。

(2) 链增长

引发阶段形成的活性阴离子继续与单体加成,形成活性增长链,见反应式(2.16)。

$$C_4H_9CH_2-\overset{-}{C}H\overset{+}{Li} + n\ CH_2=CH \xrightarrow{K_p} C_4H_9+(CH_2-CH)_n CH_2-\overset{-}{C}H\overset{+}{Li}$$

$$(2.16)$$

现已证明,许多反应物分子在适当的溶剂中,可以几种不同的形态而存在,如

$$AB \rightleftharpoons A^+B^- \rightleftharpoons A^+ /\!/ B^- \rightleftharpoons A^+ + B^-$$

共价键	紧密离子对	被溶剂隔开的离子对	自由离子
（Ⅰ）	（Ⅱ）	（Ⅲ）	（Ⅳ）

即从一个极端的共价键(Ⅰ)、紧密离子对(Ⅱ)、被溶剂隔开的离子对(Ⅲ),到另一个极端的完全自由的离子(Ⅳ)的状态存在着。离子型聚合中活性增长链离子对在不同溶剂中也存在上述平衡关系。因此,链增长反应就可能以离子对方式、自由离子方式或以离子对和自由离子两种同时存在的方式等进行。换言之,离子型聚合可能存在着几种不同的活性中心同时进行链增长反应,显然这比自由基聚合要复杂些。离子对存在状态决定于反离子的性质、溶剂和反应温度。

如果离子对以共价键状态存在,则没有聚合反应能力;而离子对(Ⅱ)和(Ⅲ)的精细结构取决于特定的反应条件。当以离子对(Ⅱ)或(Ⅲ)方式进行链增长反应时,聚合速率较小。由于单体加成时受到反离子的影响,使加成方向受到限制,所以产物的立构规整性好。而以自由离子(Ⅳ)方式进行链增长反应时,聚合速率较大。单体的加成方向和自由基聚合的情况相似,易得无规立构体。

(3) 链终止

阴离子聚合中一个重要的特征是在适当的条件下可以不发生链转移或链终止反应。因此,链增长反应中的活性链直到单体完全耗尽仍可保持活性,这种聚合物链阴离子称为"活性聚合物"。当重新加入单体时,又可开始聚合,聚合物相对分子质量继续增加。甲

基丙烯酸甲酯在丁基锂和二乙基锌催化络合物$C_4H_9^-[LiZn(C_2H_5)_2]^+$作用下的聚合情况就是如此,如图 2.1 所示。

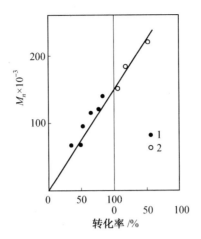

图 2.1 甲基丙烯酸甲酯聚合时聚合物的相对分子质量和转化率关系
1— 加入第一批单体;2— 加入第二批单体

阴离子聚合中,由于活性链离子间相同电荷的静电排斥作用,不能发生类似自由基聚合那样的偶合或歧化终止反应;活性链离子对中反离子常为金属阳离子,碳 – 金属键的解离度大,也不可能发生阴阳离子的化合反应;如果发生向单体链转移反应,则要脱 H^-,这要求很高的能量,通常也不易发生。因此,只要没有外界引入的杂质,链终止反应是很难发生的。

阴离子聚合的链终止反应如何进行,依具体体系而定。一般是阴离子发生链转移或异构化反应,使链活性消失而终止。所以它们的终止反应速率属于一级反应。

① 链转移反应。活性链与醇、酸等质子给予体或与其共轭酸发生转移,见反应式 (2.17a) 、(2.17b)。

$$\sim\overset{|}{\underset{Y}{\overset{-}{C}HA^+}} + CH_3OH \longrightarrow \sim\overset{|}{\underset{Y}{C}H_2} + CH_3OA \tag{2.17a}$$

$$\sim\overset{|}{\underset{Y}{\overset{-}{C}HA^+}} + RH \longrightarrow \sim\overset{|}{\underset{Y}{C}H_2} + R^-A^+ \tag{2.17b}$$

如果转移后生成的产物 R^-A^+ 很稳定,不能引发单体,则 RH 相当于阴离子聚合的阻聚剂。如果转移后产物 R^-A^+ 还相当活泼,并可继续引发单体,则 RH 就起相对分子质量调节剂的作用。例如甲苯在某些阴离子聚合中就常作为链转移剂使用,可节约引发剂用量。

② 活性链端发生异构化,见反应式(2.18)。

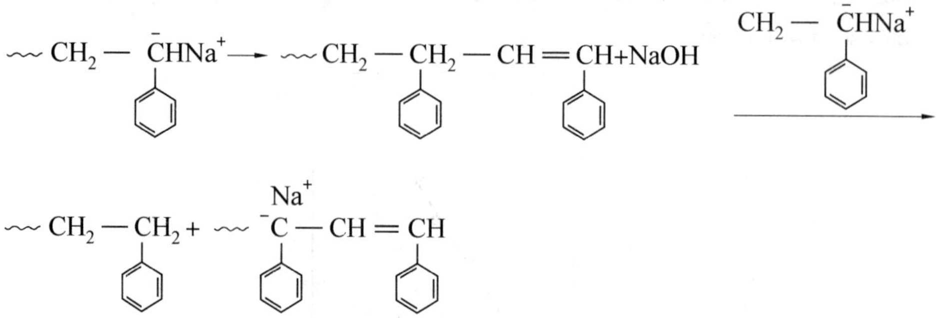

$$\sim CH_2 - \bar{C}HNa^+ \longrightarrow \sim CH_2 - CH_2 - CH = CH + NaOH$$

（2.18）

③ 与特殊添加剂发生终止反应，见反应式（2.19）。

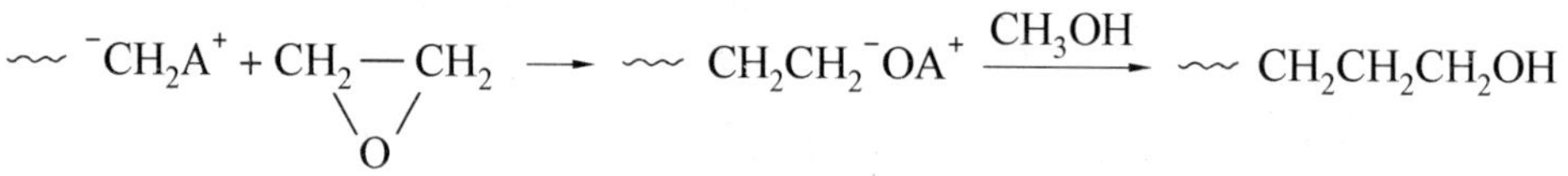

$$\sim \bar{C}H_2A^+ + CH_2 \overset{O}{\underset{\diagup\ \diagdown}{\,}} CH_2 \longrightarrow \sim CH_2CH_2 \bar{O}A^+ \xrightarrow{CH_3OH} \sim CH_2CH_2CH_2OH$$

（2.19）

加入的终止剂除使活性链失活外还可得到所需的端基，此种方法可用以制备"遥爪"或"星形"聚合物。

反离子、溶剂和反应温度对聚合反应速率、聚合物相对分子质量和结构规整性有关键性的影响。

阴离子聚合中显然应选用非质子性溶剂（如苯、二氧六环、四氢呋喃、二甲基甲酰胺等），而不能选用质子性溶剂（如水、醇等），否则溶剂将与阴离子反应使聚合反应无法进行。

在无终止反应的阴离子聚合体系中，反应总活化能常为负值，故聚合速率随温度升高而下降，而聚合物的相对分子质量则减小。

2. 阳离子聚合

由于乙烯基单体形成的碳阳离子高温下不稳定，易和碱性物质结合，易发生异构化等复杂反应，所以需低温下反应才能获得高相对分子质量聚合物。此外，聚合中只能使用高纯有机溶剂而不能使用水等便宜的物质作介质，所以产品成本高。目前，采用阳离子聚合大规模生产的只有丁基橡胶，它是异丁烯和异戊二烯的共聚物，以 $AlCl_3$ 为催化剂、氯甲烷为溶剂、在 $-100\ ℃$ 左右聚合而得。

与阴离子聚合相反，能进行阳离子聚合的单体多数是带有强供电取代基的烯类单体，如异丁烯、乙烯基醚等，还有显著共轭效应的单体，如苯乙烯、α-甲基苯乙烯、丁二烯、异戊二烯等。此外还有含氧、氮原子的不饱和化合物和环状化合物，如甲醛、四氢呋喃、环戊二烯、3,3-双氯甲基丁氧环等。

常用的催化剂有以下三类。

① 含氢酸，如 $HClO_4$、H_2SO_4、H_3PO_4、CCl_3COOH 等。这类催化剂除 $HClO_4$ 外，都难以获得高相对分子质量产物，一般只用于合成低聚物。

② 路易斯(Lewis)酸,其中较强的有 BF_3、$AlCl_3$、$SbCl_3$;中等的有 $FeCl_3$、$SnCl_4$、$TiCl_4$;较弱的有 $BiCl_3$、$ZnCl_2$ 等。Lewis 酸是最常用的阳离子催化剂。除乙烯基醚外,对其他单体必须含有水或卤代烷等作共催化剂时才能聚合。Lewis 酸与共催化剂先形成催化络合物,它使烯烃质子化从而发生引发反应。设以 A、RH 和 M 分别表示 Lewis 酸、共催化剂和单体,则引发反应可表示为:

$$A + RH \rightleftharpoons H^+[AR]^-$$

$$H^+[AR]^- + M \xrightleftharpoons{K_j} HM^+[AR]^-$$

③ 有机金属化合物,如 $Al(CH_3)_3$、$Al(C_2H_5)_2Cl$ 等,此外还有 I_2 以及某些较稳定的碳阳离子盐,如 $(C_6H_5)_3C^+SnCl_5^-$、$C_7H_7^+BF_4^-$ 等。

阳离子聚合反应同样存在链引发、链增长和链终止 3 个主要基元反应。以 BF_3 催化异丁烯聚合为例,反应过程可表示如下。

① 链引发。质子供体 H_2O 与 Lewis 酸先形成络合物和离子对,然后引发异丁烯聚合,见反应式(2.20)。

$$BF_3 + H_2O \rightleftharpoons H^+[BF_3OH]^-$$

$$H^+[BF_3OH]^- + CH_2{=}\underset{\underset{\displaystyle CH_3}{|}}{\overset{\overset{\displaystyle CH_3}{|}}{C}} \longrightarrow CH_3{-}\underset{\underset{\displaystyle CH_3}{|}}{\overset{\overset{\displaystyle CH_3}{|}}{C^+}}(BF_3OH)^- \qquad (2.20)$$

② 链增长,见反应式(2.21)。

$$CH_3{-}\underset{\underset{\displaystyle CH_3}{|}}{\overset{\overset{\displaystyle CH_3}{|}}{C^+}}(BF_3OH)^- + CH_2{=}\underset{\underset{\displaystyle CH_3}{|}}{\overset{\overset{\displaystyle CH_3}{|}}{C}} \xrightarrow{K_p} CH_3{-}\underset{\underset{\displaystyle CH_3}{|}}{\overset{\overset{\displaystyle CH_3}{|}}{C}}{-}CH_2{-}\underset{\underset{\displaystyle CH_3}{|}}{\overset{\overset{\displaystyle CH_3}{|}}{C^+}}(BF_3OH)^- \xrightarrow{K_p}$$

$$\cdots \xrightarrow{K_p} H{\left(\!CH_2{-}\underset{\underset{\displaystyle CH_3}{|}}{\overset{\overset{\displaystyle CH_3}{|}}{C}}\!\right)_{\!\!n}}CH_2{-}\underset{\underset{\displaystyle CH_3}{|}}{\overset{\overset{\displaystyle CH_3}{|}}{C^+}}(BF_3OH)^- \qquad (2.21)$$

阳离子聚合的一个特点是容易发生重排反应。因为碳阳离子的稳定性次序是:伯碳阳离子 < 仲碳阳离子 < 叔碳阳离子,而聚合过程中活性链离子总是倾向生成热力学稳定的阳离子结构,所以容易发生复杂的分子内重排反应。而这种异构化重排作用常是通过电子或键的移位或个别原子的转移进行的(如通过 H^- 或 R^- 进行)。发生异构化的程度与温度有关。通过增长链碳阳离子发生异构化的聚合反应称为异构化聚合。如 3 – 甲基 – 1 – 丁烯(用 $AlCl_3$ 在氯乙烷中)的聚合(见反应式(2.22)),就是氢转移的异构化聚合。

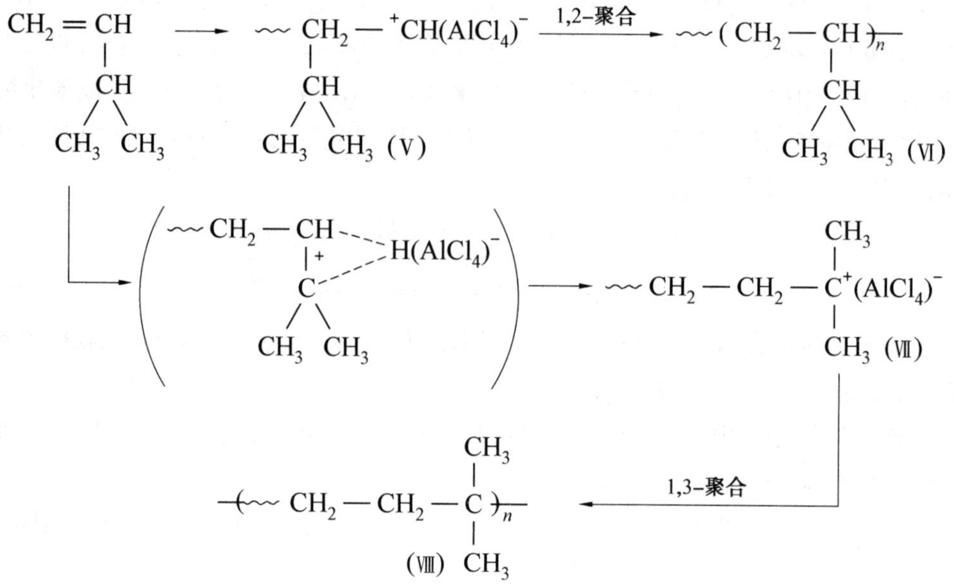

$$CH_2 = CH \longrightarrow \sim CH_2 - {}^+CH(AlCl_4)^- \xrightarrow{\;1,2\text{-聚合}\;} \sim (CH_2 - CH)_n \sim$$

（结构式：V、VI、VII、VIII 图示）

$$(2.22)$$

所得聚合物（Ⅷ）的结构，在 $0\ ℃$ 占 83%；在 $-80\ ℃$ 占 86%；在 $-130\ ℃$ 占 100%，这时主要是 1,3 - 聚合，因为（Ⅶ）的结构比（Ⅴ）的结构更稳定。其他单体如 4 - 甲基 - 1 - 戊烯、5 - 甲基 - 1 - 己烯等也可进行异构化聚合。

③ 链终止。与阴离子聚合反应一样，阳离子聚合也不发生双分子终止反应，而是单分子终止。形成聚合物的主要方式是靠链转移反应。例如活性链向单体分子的转移，见反应式（2.23a）、（2.23b）。

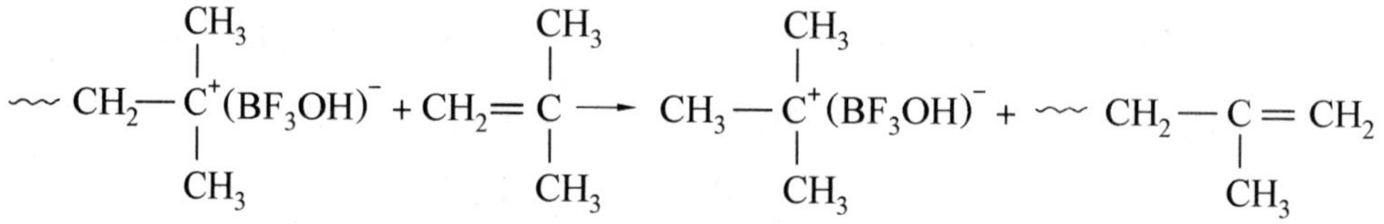

$$(2.23a)$$

或

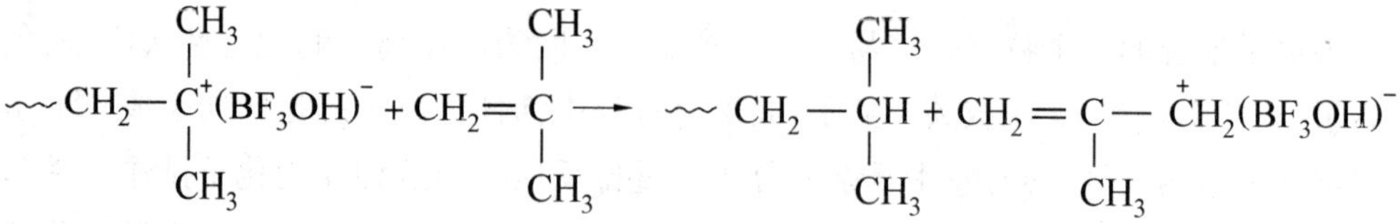

$$(2.23b)$$

所以聚合物相对分子质量决定于向单体的链转移常数，当然此种转移反应并非真正的链终止。但是，活性链离子对中的碳阳离子与反离子化合物可发生真正的链终止反应，见反应式（2.24）。

$$\sim\!\!\sim\!\!CH_2\!-\!\underset{\underset{CH_3}{|}}{\overset{\overset{CH_3}{|}}{C^+}}(BF_3OH)^- \longrightarrow \sim\!\!\sim\!\!CH_2\!-\!\underset{\underset{CH_3}{|}}{\overset{\overset{CH_3}{|}}{C}}\!-\!OH + BF_3 \qquad (2.24)$$

2.1.4 配位聚合反应

最早制备立构规整型聚合物的催化剂是由过渡金属化合物和金属烷基化合物组成的配位体系,称为 Ziegler-Natta 催化剂,亦称为配位聚合催化剂或络合催化剂。聚合时单体与带有非金属配位体的过渡金属活性中心先进行配位,构成配位键后使其活化,进而按离子型机理进行增长反应。如果活性链按阴离子机理增长就称为配位阴离子聚合;若活性链按阳离子机理增长就称为配位阳离子聚合。重要的配位催化剂大都是按配位阴离子机理进行的。

配位离子聚合的特点是,在反应过程中,催化剂活性中心与反应系统始终保持化学结合(配位络合),因而能通过电子效应、空间位阻效应等因素,对反应产物的结构起重要的选择作用。人们还可以通过调节络合催化剂中配位体的种类和数量,改变催化性能,从而达到调节聚合物的立构规整型的目的。

Ziegler-Natta 催化剂就是配位离子型聚合中常用的一类络合催化剂。由于这种催化剂具有很强的配位络合能力,所以它具有形成立构规整型聚合物的特效性。

关于络合催化剂能形成立构规整型聚合物的机理,现在尚处于研究探索阶段。如果以[Cat]表示催化剂部分,则配位聚合反应机理见反应式(2.25)。

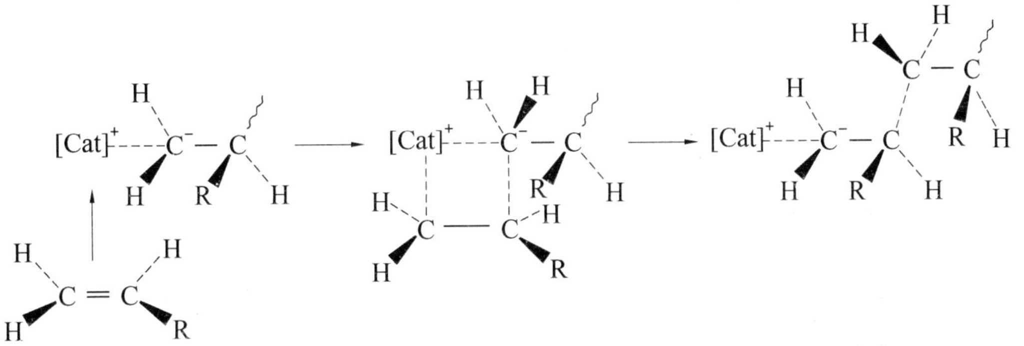

$$(2.25)$$

通常聚合过程是,单体与催化剂首先发生络合(IX),经过渡态(X),单体"插入"到活性链与催化剂之间,使活性链进行增长(XI)。单体与催化剂的络合能力和加成方向,是由它们的电子效应和空间位阻效应等结构因素决定的。极性单体配位络合能力较强,配位络合程度较高,只要它不破坏催化剂,就易得高立构规整型聚合物。非极性的乙烯、丙烯及其他 α - 烯烃,配位程度较低,因此要采用立构规整性极强的催化剂,才能获得高立构规整型聚合物。通常要选用非均相络合催化剂,以便在反应过程中借助于催化剂固体表面的空间影响。而当使用均相(可溶性)催化剂时,产物立构规整性极低,甚至有时只得无规体。那些极性介于上述两者之间的单体(如苯乙烯、1,3 - 丁二烯),用非均相或均相催化剂都可获得立构规整型聚合物。

α - 烯烃如丙烯,二烯类如丁二烯、异戊二烯都可以采用 Ziegler-Natta 催化剂进行配位离子聚合,制得立构规整型聚合物。

Ziegler-Natta 络合催化剂中的第一组分是过渡金属化合物,又称主催化剂,常用的过渡金属有 Ti、V、Cr 及 Zr。丙烯定向聚合中常用的主催化剂为 $TiCl_3$,$TiCl_3$ 晶型有 α、β、γ 和 δ 四种,其中 α-$TiCl_3$、γ-$TiCl_3$ 和 δ-$TiCl_3$ 是有效成分。络合催化剂中的第二组分是烷基金属化合物,又称助催化剂,常用的有 Al、Mg 及 Zn 的化合物。工业上常用的是烷基铝,其中又以 $Al(C_2H_5)_3$ 所得聚丙烯的立构规整度较高。如果烷基铝中一个烷基被卤素原子取代,效果更好。

为了提高络合催化剂的活性,常在双组分络合催化剂中加入第三组分。第三组分常是含有给电子性的 N、O 和 S 等化合物。第三组分的作用主要是能使 $Al(C_2H_5)Cl_2$ 转化为 $Al(C_2H_5)_2Cl$。由于第三组分与铝的化合物都能络合,只是络合物稳定性大小各异,所以必须严格控制用量。一般工业上采用 $n_{Al} : n_{Ti} : n_B = 2 : 1 : 0.5$。

上述以卤化钛和烷基铝为主构成的 Ziegler-Natta 络合催化剂体系,在低压下能使 α - 烯烃聚合成高聚物。它的缺点是:催化剂活性低,每克钛能催化 3 kg 的聚丙烯聚合,聚合物中残留催化剂多,后处理工艺复杂;催化剂的定向能力低,即聚合物的立构规整度低,一般在 90% 左右,须除去所含的无规体;产品表观密度小,颗粒太细,难以直接加工利用。

20 世纪 60 年代末,催化剂的研制工作有了重大的突破,出现了第二代 Ziegler-Natta 催化剂,又称高效催化剂,它的催化活性达 300 kg 聚丙烯/g 钛,有的甚至更高。立构规整度提高到 95% 以上,表观密度在 0.3 以上,因此不必经后处理和造粒等工序就可加工使用。由于聚合物相对分子质量和立构规整度都有提高,所以产品的机械强度和耐热性也增加。

高效催化剂的特点是使用了载体。一方面是由于 Ti 组分在载体上高度分散,增加了有效的催化表面,即催化剂的比表面积由原来的 $1 \sim 5 \ m^2 \cdot g^{-1}$ 提高到 $75 \sim 200 \ m^2 \cdot g^{-1}$,使得活性中心数目剧增。另一方面是有了载体后,过渡金属与载体间形成了新的化学键,如用 $Mg(OH)Cl$ 时,就产生了 —Mg—O—Ti— 键骨架,而不是简单地吸附在载体粒子表面上,所以使产生的络合物的结构改变了,导致催化剂热稳定性提高,催化剂寿命增长,不易失活,催化效率提高。

值得指出的是,在使用活性载体的情况下(如用 MgO),聚乙烯的聚合反应速率常数值为 $2\ 400 \ L \cdot mol^{-1} \cdot s^{-1}$,比用无载体的原始体系或用惰性载体(如硅酸铝)体系时的 k_p 值(在相同条件下,$k_p \approx 110 \sim 130 \ L \cdot mol^{-1} \cdot s^{-1}$)大得多。另外,改变载体结构还可以调节聚合物分子结构、相对分子质量及其分布。

极性单体如丙烯酸酯类、氯乙烯、丙烯腈、乙烯基醚类等,因为含有电子给予体原子如 O、N 等,这些基团容易和络合催化剂反应而使催化剂失去活性,所以用 Ziegler-Natta 催化剂进行定向聚合有困难。

关于定向聚合除采用 Ziegler-Natta 催化剂所进行的配位离子聚合外,某些单体也可通过自由基型聚合和离子型聚合制得立构规整型聚合物。

2.1.5 聚合实施方法

聚合反应的实施方法可分为本体聚合、溶液聚合、悬浮聚合和乳液聚合4种。

所谓本体聚合是单体本身加少量引发剂（或催化剂）的聚合。溶液聚合是单体与引发剂（或催化剂）溶于适当溶剂中的聚合。悬浮聚合一般是单体以液滴状态悬浮于水中的聚合方法，体系主要由水、单体、引发剂和分散剂组成。乳液聚合是单体和分散介质（一般为水）由乳化剂配成乳液状态而进行聚合，体系的基本组分是单体、水、引发剂和乳化剂。

本体聚合和溶液聚合是均相体系，而悬浮聚合和乳液聚合是非均相体系。但悬浮聚合在机理上与本体聚合相似，一个液滴就相当于一个本体聚合单元。

根据聚合物在其单体和聚合溶剂中的溶解性质，本体聚合和溶液聚合都存在均相和非均相两种情况。当生成的聚合物溶解于单体和所用的溶剂时即为均相聚合，例如苯乙烯的本体聚合和在苯中的溶液聚合。若生成的聚合物不溶于单体和所用溶剂时则为非均相聚合，亦称沉淀聚合。例如聚氯乙烯不溶于氯乙烯，在聚合过程中从单体中沉析出来，形成两相。

气态和固态单体也能进行聚合，分别称为气相聚合和固相聚合，都属于本体聚合。

各种聚合实施方法的相互关系见表2.1。各种聚合实施方法的主要配方、聚合机理、特点等见表2.2。

表2.1　聚合体系和实施方法示例

单体－介质体系	聚合方法		聚合物－单体（或溶剂）体系	
			均相聚合	沉淀聚合
均相体系	本体聚合	气态	—	乙烯高压聚合
		液态	苯乙烯，丙烯酸酯类	氯乙烯，丙烯腈
		固态		丙烯酰胺
	溶液聚合		苯乙烯－苯 丙烯酸－水 丙烯腈－二甲基甲酰胺	苯乙烯－甲醇 丙烯酸－己烷
非均相体系	悬浮聚合		苯乙烯 甲基丙烯酸甲酯	氯乙烯 四氟乙烯
	乳液聚合		苯乙烯，丁二烯	氯乙烯

离子型聚合、配位离子聚合的催化剂活性会被水所破坏，所以只能选取溶液聚合和本体聚合的方法。缩聚反应一般选用熔融缩聚、溶液缩聚和界面缩聚3种方法。

鉴于悬浮聚合和乳液聚合在自由基聚合实施方法中的地位和工业生产上的重要性，重点介绍这两种方法。本体法和溶液法在原理上比较简单，不再进一步介绍。

表 2.2 4 种聚合实施方法比较

项　　目	本体聚合	溶液聚合	悬浮聚合	乳液聚合
配方主要成分	单体 引发剂	单体 引发剂 溶剂	单体 引发剂 水 分散剂	单体 水溶性引发剂 水 乳化剂
聚合场所	本体内	溶液内	液滴内	胶束和乳胶粒内
聚合机理	遵循自由基聚合一般机理,提高速率的因素往往使相对分子质量降低	伴有向溶剂的链转移反应,一般相对分子质量较低,速率也较低	与本体聚合相同	能同时提高聚合速率和相对分子质量
生产特征	热不易散出,间歇生产(有些也可连续生产),设备简单,宜制板材和型材	散热容易,可连续生产,不宜制成干燥粉状或粒状树脂	散热容易,间歇生产,须有分离、洗涤、干燥等工序	散热容易,可连续生产,制成固体树脂时,需经凝聚、洗涤、干燥等工序
产物特征	聚合物纯净,宜于生产透明浅色制品,相对分子质量分布较宽	一般聚合液直接使用	比较纯净,可能留有少量分散剂	留有少量乳化剂和其他助剂

1. 悬浮聚合

悬浮聚合体系一般由单体、水、引发剂和分散剂 4 种基本成分组成。悬浮聚合机理与本体聚合相似。与本体聚合和溶液聚合一样,悬浮聚合也有均相聚合和沉淀聚合之分。苯乙烯和甲基丙烯酸甲酯的悬浮聚合为均相聚合,氯乙烯的悬浮聚合为沉淀聚合。

悬浮聚合产物的粒子直径为 0.01 ~ 5 mm,一般为 0.05 ~ 2 mm。粒径大小决定于搅拌强度和分散剂的性质和用量。悬浮聚合结束后,排出并回收未聚合的单体,聚合物经洗涤、分离、干燥即得粒状或粉状产品。悬浮均相聚合可制成透明珠状聚合物,悬浮沉淀聚合产品是不透明的粉状物。

(1) 液滴分散和成粉过程

苯乙烯、甲基丙烯酸甲酯、氯乙烯等大多数乙烯基单体在水中溶解度很小,只有万分之几到千分之几,实际上可以看作与水不互溶。如将这类单体倒入水中,单体将浮在水面上,分成两层。

进行搅拌时,在剪切力作用下,单体液层将分散成液滴。大液滴受力还会变形,继续分散成小液滴,如图 2.2 中的过程 ①、②。但单体和水两液体间存在一定的界面张力,界面张力将使液滴尽量保持球形。界面张力越大,保持成球形的能力越强,形成的液滴也越大。相反,界面张力越小,形成的液滴也越小。过小的液滴还会聚集成较大的液滴。搅拌剪切力和界面张力对成滴作用影响方向相反,在一定搅拌强度和界面张力下,大小不等的液滴通过一系列的分散和合一过程,构成一定动平衡,最后达到一定的平均细度。但大小仍有一定的分布,因为反应器内各部分受到的搅拌强度是不均一的。

搅拌停止后,液滴将聚集黏合变大,最后仍与水分层,如图 2.2 中 ③、④、⑤ 过程。单靠搅拌形成的液液分散液是不稳定的。

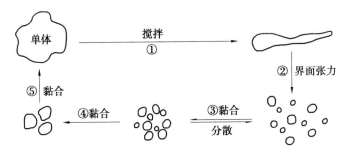

图 2.2　悬浮单体液滴分散合一示意图

在未聚合阶段,两单体液滴碰撞时,可能弹开,也可能聚集成大液滴,大液滴也可能被打散成小液滴。但聚合到一定程度后,如 20% 转化率,单体液滴中溶解有或溶胀有一定量的聚合物,变得发黏起来。这阶段,两液滴碰撞时,很难弹开,往往黏合在一起。搅拌反而促进黏合,最后会结成一整块。当转化率较高,如 60% ~ 70% 以上,液滴转变成固体粒子,就没有黏合成块的危险。因此体系中须加有一定量的分散剂,以便在液滴表面形成一层保护膜,防止黏合。

加有分散剂的悬浮聚合体系,当转化率提高到 20% ~ 70%,液滴进入发黏阶段,如果停止搅拌,仍有黏结成块的危险。因此在悬浮聚合中,分散剂和搅拌是两个重要因素。

(2) 分散剂及其分散作用

用于悬浮聚合的分散剂,大致可以分成下列两类,作用机理也有差别。

① 水溶性有机高分子物质。属于这类的有部分水解的聚乙烯醇、聚丙烯酸和聚甲基丙烯酸的盐类、马来酸酐-苯乙烯共聚物等合成高分子,甲基纤维素、羟甲基纤维素、羟丙基纤维素等纤维素衍生物,明胶、蛋白质、淀粉、藻酸钠等天然高分子。目前多广泛采用质量稳定的合成高分子。

高分子分散剂的作用机理主要是吸附在液滴表面,形成一层保护膜,起保护胶体的作用,如图 2.3 所示。同时介质的黏度增加,阻碍两液滴的黏合。明胶、部分醇解的聚乙烯醇等的水溶液还使表面张力和界面张力降低,将使液滴变小。

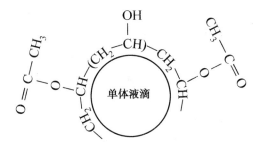

图 2.3　聚乙烯醇分散作用

② 不溶于水的无机粉末。属于这类的有碳酸镁、碳酸钙、碳酸钡、硫酸钡、硫酸钙、磷酸钙、滑石粉、高岭土、白垩等。这类分散剂的作用机理是将细粉末吸附在液滴表面,起机

械隔离的作用,如图2.4所示。

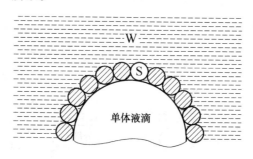

图2.4 无机粉末分散作用

W— 水;S— 粉末

分散剂种类的选择和用量的确定随聚合物种类和颗粒要求而定。除颗粒大小和形状外,尚须考虑树脂的透明性和成膜性等。例如聚苯乙烯、聚甲基丙烯酸甲酯要求透明,以选用碳酸镁为宜,因为残余碳酸镁可用稀硫酸除去。

聚氯乙烯树脂颗粒则希望表面疏松,以利增塑剂的吸收。因此,除了上述主分散剂外,有时还另加少量表面活性剂,作为助分散剂,如十二烷基硫酸钠、十二烷基磺酸钠、环氧乙烷缩聚物、磺化油等。但表面活性剂不宜多加,否则容易转变成乳液聚合。聚乙烯醇、明胶等主分散剂的用量约为单体量的0.1%,助分散剂则为0.01% ~ 0.03%。

(3)颗粒大小和形态

不同聚合物对颗粒形态和大小有不同的要求。聚苯乙烯、聚甲基丙烯酸甲酯要求是珠状粒料,便于直接注塑成型。聚氯乙烯则要求是表面粗糙疏松的粉料,以便与增塑剂、稳定剂、色料等助剂混合塑化均匀。

影响树脂颗粒大小和形态的因素除了有搅拌强度和分散剂的性质和浓度两主要因素外,还有:①水、单体比;②聚合温度;③引发剂种类和用量;④聚合速率;⑤单体种类;⑥其他添加剂等。

一般,搅拌强度越大,树脂粒子越细。转速过低,粒子将黏结合一成饼状而使聚合失败。

生产规模:聚合釜搅拌转速一般为每分钟数十到上百转,视叶径而定。搅拌强度将与搅拌器形式、尺寸和转速、反应器结构和尺寸、挡板、温度计套管形式和位置等许多因素有关。

分散剂性质和用量对树脂颗粒大小和形态有显著影响,衡量分散剂性质的主要参数是表面张力或界面张力。界面张力小的分散剂将使颗粒变细。氯乙烯悬浮聚合时,分散液表面张力在$0.05 \text{ N} \cdot \text{m}^{-1}$以下,如醇解度为80%的聚乙烯醇或甲基纤维素,容易制得疏松型树脂。而0.1% ~ 0.2%明胶溶液表面张力约为$0.065 \text{ N} \cdot \text{m}^{-1}$,将形成紧密型树脂。明胶液中加适量表面活性剂,使表面张力降低,也有可能制得疏松型树脂。分散剂的选择往往需经实验确定,这方面的基础研究尚少。

工业生产悬浮聚合中水和单体质量比多在(1 ~ 3):1范围内。水少,容易结饼或粒子变粗;水多,则粒子变细,粒径分布窄。

(4)微悬浮聚合

悬浮聚合的液滴直径一般为50 ~ 2 000 μm,产物颗粒直径大致与单体液滴相当。但近年来发展了称为微悬浮聚合的方法,可将单体液滴及新制得的聚合物粒径达到0.2 ~

2 μm,比一般乳液聚合产物粒径还要小。微悬浮法已在工业上用来制备高质量的聚氯乙烯糊树脂。

微悬浮(Micro-Suspension)法中,分散剂是由普通乳化剂和难溶助剂(如十六醇)复合组成的。在微悬浮聚合中,不论采用油溶性或水溶性引发剂,都在微液滴中引发聚合,有别于胶束成核,但产物粒径却比乳液聚合的还小。所以微悬浮聚合兼有悬浮聚合和乳液聚合的特征,具有其自身的规律和特点。

2. 乳液聚合

乳液聚合(Emulsion Polymerization)是在乳化剂的作用下并借助于机械搅拌,使单体在水中分散成乳状液,由水溶性引发剂引发而进行的聚合反应。乳液聚合最简单的配方是由单体、水、水溶性引发剂、乳化剂四组分组成。工业上的配方则要复杂得多。

乳化剂(Emulsifying Agent)通常是一些兼有亲水的极性基团和疏水(亲油)的非极性基团的表面活性剂,按其结构可分为以下三大类(按其亲水基类型)。

① 阴离子型:亲水基团一般为 —COONa、—SO_4Na、—SO_3Na 等,亲油基一般是 C_{11} ~ C_{17} 的直链烷基,或是 C_3 ~ C_6 烷基与苯基或萘基结合在一起的疏水基。这类乳化剂在碱性溶液中较稳定,遇酸性物质乳液被破坏。

② 阳离子型:通常是一些胺盐和季铵盐。其特点是在酸性介质中稳定,碱性介质中不稳定。由于它的乳液稳定性较差,在乳液聚合中使用较少。

③ 非离子型:有代表性的是聚乙烯醇、环氧乙烷的聚合物等。这类乳化剂具有非离子型的特性,所以对 pH 的变化不敏感,微酸性反而较稳定。在乳液聚合中,常用作辅助乳化剂,对乳液也起稳定的作用。

乳化剂在乳液聚合中起特殊的作用:

① 当有乳化剂存在时,体系界面张力降低,有利于使单体分散成细小液滴。

② 乳化剂分子会吸附在单体液滴表面形成保护层,使乳液稳定。

③ 当乳化剂浓度大于临界胶束浓度(Critical Micelle Concentration,CMC)时,乳化剂分子便形成胶束。胶束可呈球形或棒状,它一般由50 ~ 100个乳化剂分子组成,乳化剂分子的极性基指向水相,亲油基指向油相,如图2.5所示。部分单体分子可溶解在胶束内,因此乳化剂起增溶作用。

烯类单体在水中的溶解度一般很小,只有千分之几到万分之几。如苯乙烯在20 ℃水中的溶解度只有0.02%。搅拌后,单体分散成液滴,表面吸附了乳化剂保护层,液滴较稳定。由于胶束的增溶作用,在常用的乳化剂浓度下,可溶解苯乙烯1% ~ 2%。胶束中增溶单体后,体积增大,其直径由4 ~ 5 nm增大到6 ~ 10 nm。增溶后的胶束在热力学上是稳定的,在乳化剂作用下,单体和水转变成难以分层的乳液,这种作用称为乳化作用。

聚合发生前,单体和乳化剂分别以下列三种状态存在于体系中:

① 极少量单体和少量乳化剂以分子分散状态溶解于水中。

② 大部分乳化剂形成胶束(Micelle),直径为4 ~ 5 nm,胶束内增溶有一定量的单体,胶束的数目为10^{17} ~ 10^{18} 个/m^3。

③ 大部分单体分散成液滴,直径约1 000 nm,表面吸附着乳化剂,形成稳定的乳液,液滴数为10^{10} ~ 10^{12} 个/cm^3。

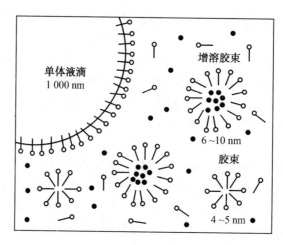

图2.5 乳液聚合体系示意图

—⊙乳化剂分子； ●单体分子

典型的乳液聚合可分为以下三个阶段,图2.6表示了这三个阶段的转化率和聚合速率随时间的变化。

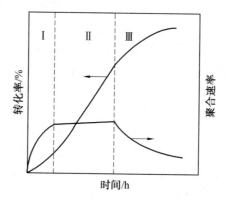

图2.6 乳液聚合的三个阶段

①M/P乳胶粒的形成(Ⅰ)。当聚合反应开始时,溶于水相中的引发剂分解产生的初级自由基由水相扩散到增溶胶束内,引发增溶胶束内的单体进行聚合,从而形成含有聚合物的增溶胶束,称为 M/P 乳胶粒。随着胶束中单体的消耗,胶束外的单体分子逐渐地扩散进胶束内,使聚合反应持续进行。在此阶段,单体增溶胶束与M/P乳胶粒并存,M/P乳胶粒逐渐增加,聚合速率加快,直至单体转化率约为10% 转入第二阶段。

② 单体液滴与 M/P 乳胶粒并存阶段(Ⅱ)。单体转化率为10% ～50%,随着单体增溶胶束的消耗,M/P乳胶粒数量不再增加,聚合速率保持恒定,而单体逐渐消耗,单体液滴不断缩小,单体液滴数量不断减少。

③单体液滴消失,M/P乳胶粒子内单体聚合阶段(Ⅲ)。M/P乳胶粒内单体得不到补充,聚合速率逐渐下降,直至反应结束。

归纳成以下三句话:

① 提速阶段(Ⅰ):乳胶粒不断增加,聚合总速率不断增加。

② 恒速阶段(Ⅱ):乳胶粒数量稳定,聚合总速率不再变化。

③ 降速阶段(Ⅲ):单体液滴消失,乳胶粒中单体也减少,聚合总速率降低。

在本体、溶液和悬浮聚合中,使聚合速率提高的一些因素,往往使相对分子质量降低。但是在乳液聚合中,速率和相对分子质量可以同时很高。控制产品质量的因素也有所不同。在不改变聚合速率的前提下,各种聚合方法都可以采用链转移剂来降低相对分子质量,而欲提高相对分子质量则只有采用乳液聚合的方法。

乳液聚合不同于悬浮聚合,乳液聚合物的粒径为 $0.05 \sim 0.2 \ \mu m$,比悬浮聚合常见粒径($50 \sim 200 \ \mu m$)要小得多;乳液聚合所用的引发剂是水溶性的,悬浮聚合则为油溶性的。这些都与聚合机理有关。乳液聚合时,链自由基处于孤立隔离状态,长链自由基很难彼此相遇,以致自由基寿命较长,终止速率较小,因此聚合速率较高,且可获得高的相对分子质量。

乳液聚合有以下优点:

① 以水作为分散介质,价廉安全。乳液的黏度与聚合物相对分子质量及聚合物含量无关,这有利于搅拌、传热和管道输送,便于连续操作。

② 聚合速率快,同时产物相对分子质量高,可以在较低的温度下聚合。

③ 直接应用胶乳的场合,如水乳漆、黏结剂、纸张、皮革、织物处理剂,以及乳液泡沫橡胶,更宜采用乳液聚合。

乳液聚合也有以下一些缺点:

① 需要固体聚合物时,乳液需经凝聚(破乳)、洗涤、脱水、干燥等工序,生产成本较悬浮法高。

② 产品中留有乳化剂等,难以完全除尽,有损电性能。

许多应用背景促使乳液聚合技术向纵深方向发展。除了常规乳液聚合外,近年来还发展了种子乳液聚合、核-壳乳液聚合、反相乳液聚合、微乳液聚合等许多技术。

(1) 种子乳液聚合

一般乳液聚合得到的聚合物微粒粒径在 $0.2 \ \mu m$ 以下,改变乳化剂种类和用量或者改变工艺条件,虽可使微粒粒径有所增加,但是要求微粒粒径接近 $1 \ \mu m$ 甚至超过 $1 \ \mu m$ 则无法达到。为了达到此目的,工业上发展了种子乳液聚合法。此法是在乳液聚合系统中已有生成的高聚物胶乳微粒,当物料配比和反应条件控制适当时,单体原则上仅在已生成的微粒上聚合,而不形成新的微粒,即仅增大原来微粒的体积,而不增加反应体系中微粒的数目。这种情况下,原来的微粒似种子,因此称为种子乳液聚合法。此法主要用于聚氯乙烯糊树脂的生产。

(2) 核-壳乳液聚合

两种单体进行共聚合时,如果一种单体首先进行乳液聚合,然后加入第二种单体再次进行乳液聚合,则前一种单体聚合形成胶乳粒子的核心,似种子;后一种单体则形成胶乳粒子的外壳,相似于种子乳液聚合。不同的是,种子乳液聚合产品是均聚物,目的在于增大微粒粒径,所以种子的用量甚少。核-壳乳液聚合目的在于合成具有适当性能的共聚物,核、壳两种组分的用量相差不大甚至相等,核-壳共聚物直接用作涂料和黏结剂。可以根据用途和成膜后性质的要求,调整核、壳两部分聚合物的化学组成、玻璃化温度和相对分子质量。

（3）反相乳液聚合

可溶于水的单体制备的单体水溶液，在油溶性表面活性剂（如硬脂酸单山梨醇酯等）的作用下与有机相（高沸点脂肪烃和芳烃，如甲苯、二甲苯等）形成油包水型乳状液，再经油溶性引发剂或水溶性引发剂引发聚合反应形成油包水型聚合物胶乳，称为反相乳液聚合。

采用反相乳液聚合的目的有两个：一是利用乳液聚合反应的特点，以较高的聚合速率生产高分子水溶性聚合物；二是利用胶乳微粒甚小的特点，使反相胶乳生产的含水聚合物微粒迅速溶于水中以制备聚合物水溶液。反相乳液聚合物主要用于各种水溶液聚合物的工业生产，其中以聚丙烯酰胺的生产最重要。

（4）微乳液聚合

微乳液是由油、水、乳化剂和助乳化剂组成的各向同性、热力学稳定的胶体分散体系。微乳液体系中乳化剂的浓度很高，并加有戊醇等助乳化剂，使水介质的表面张力降得很低。单体浓度很低，单体主要以微珠滴形式分散于水中，并且少量存在于界面层。助乳化剂大部分存在于界面层，同时有一部分溶于单体珠粒及水相中。微乳液聚合广泛应用于三次采油、污水治理、萃取分离、催化、食品、生物医药、化妆品、材料制备、化学反应介质和涂料等领域。

（5）无皂乳液聚合

无皂乳液聚合是指在反应体系中不加或只加入微量（其浓度小于 CMC）乳化剂的乳液聚合。乳化剂是在反应过程中形成的，一般采用可离子化的引发剂，它分解后生成离子型自由基。这样在引发聚合反应后，产生的链自由基和聚合物链带有离子性端基，其结构类似于离子型乳化剂，因而起到乳化剂的作用。常用的阴离子型引发剂有过硫酸盐和偶氮烷基羧酸盐等；阳离子型引发剂主要有偶氮烷基氯化铵盐。最常用的是过硫酸钾（KPS）。

无皂乳液聚合由于不含乳化剂，克服了传统乳液聚合由于残存的乳化剂而对最终产品性能的不良影响。此外，无皂乳液聚合还可用来制备粒径为 $0.5 \sim 1.0 \ \mu m$、单分散、表面清洁的聚合物粒子，还可通过粒子设计使粒子表面带有各种官能团而广泛用于生物、医学等领域。

2.2　逐步聚合反应

逐步聚合反应包括缩聚反应和逐步加聚反应。与连锁聚合相比，这类反应没有特定的反应活性中心。每个单体分子的官能团，都有相同的反应能力。所以在反应初期形成二聚体、三聚体和其他低聚物，随着反应时间的延长，相对分子质量逐步增大。增长过程中，每一步产物都能独立存在，在任何时候都可以终止反应，在任何时候又能使其继续以同样活性进行反应。显然这是连锁反应的增长过程所没有的特征。

对于逐步聚合反应与连锁聚合反应，可以从表2.3看出它们的主要区别。

表 2.3　逐步聚合反应与连锁聚合反应的比较

特性	连锁聚合反应	逐步聚合反应
单体转化率与反应时间的关系	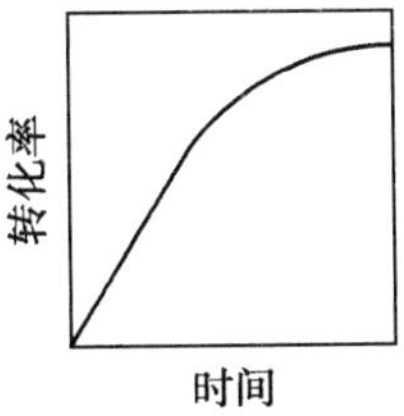 （转化率—时间曲线）单体随时间逐渐消失	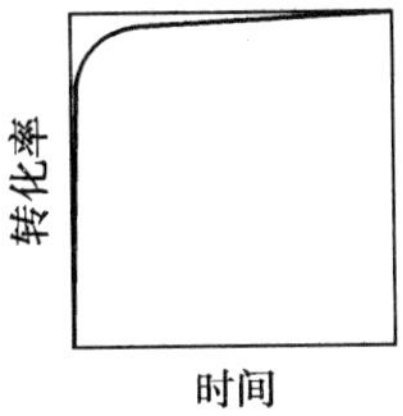 （转化率—时间曲线）单体很快消失，与时间关系不大
聚合物的相对分子质量与反应时间的关系	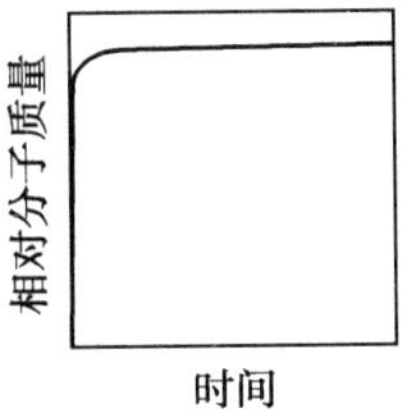 （相对分子质量—时间曲线）大分子迅速形成，不随时间变化	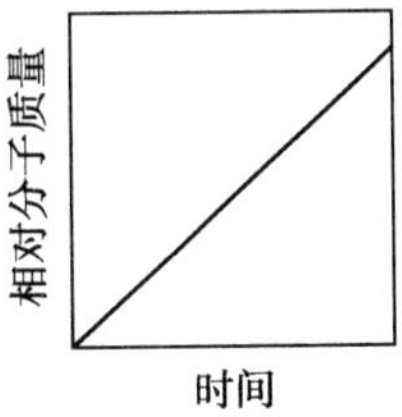 （相对分子质量—时间曲线）大分子逐步形成，相对分子质量随时间增大
基元反应及增长速率	引发、增长、终止等基元反应的速率和机理截然不同。增长反应活化能较小，$E_p \approx 21 \times 10^3 \mathrm{J \cdot mol^{-1}}$，增长速率极快，以秒计	无所谓引发、增长、终止等基元反应。反应活化能较高，例如酯化反应 $E_p \approx 63 \times 10^3 \mathrm{J \cdot mol^{-1}}$，形成大分子的速率慢，以小时计
热效应及反应平衡	反应热效应大，$\Delta H = 84 \times 10^3 \mathrm{J \cdot mol^{-1}}$，聚合临界温度高，$200 \sim 300\ ℃$。在一般温度下为不可逆反应，平衡主要依赖温度	反应热效应小，$\Delta H = 21 \times 10^3 \mathrm{J \cdot mol^{-1}}$，聚合临界温度低，$40 \sim 50\ ℃$。在一般温度下为可逆反应，平衡不仅依赖温度，也与副产物有关

2.2.1　缩聚反应

缩聚反应在高分子合成反应中占有重要地位。人们所熟悉的一些聚合物，如酚醛树脂、不饱和聚酯树脂、氨基树脂以及尼龙（聚酰胺）、涤纶（聚酯）等，都是通过缩聚反应合成的。特别是近年来，近代技术所需要的一些数量虽然不多，但性能要求特殊而严格的产物，例如聚碳酸酯、聚砜、聚苯撑醚、聚酰亚胺、聚苯并咪唑、吡龙等性能优异的工程塑料或耐热聚合物等，都是通过缩聚反应制得的。

缩聚反应是由多次重复的缩合反应形成聚合物的过程。例如对于二元酸和二元醇在适当条件下的缩合脱水过程，见反应式(2.26)。

$$HOOC—R—COOH \; + \; HO—R'—OH \; \Longleftrightarrow \; HOOC—R—COO—R'—OH \; + H_2O$$

$$(2.26)$$

所得酯分子的两端，仍有未反应的羧基和羟基，可再进行反应，见反应式 (2.27a)、(2.27b)。

$$HOOC—R—COOH \; + \; HOOC—R—COO—R'—OH \; \Longleftrightarrow$$
$$HOOC—R—COO—R'—OOC—R—COOH \; + H_2O \qquad (2.27a)$$

$$HO—R'—OH \; + \; HOOC—R—COO—R'—OH \; \Longleftrightarrow$$
$$HO—R'—OOC—R—COO—R'—OH \; + H_2O \qquad (2.27b)$$

生成物仍有继续反应的能力，见反应式 (2.28a)、(2.28b)。

$$HOOC—R—COO—R'—OOC—R—COOH \; + \; HO—R'—OOC—R—COO—R'—OH \; \Longleftrightarrow$$
$$HOOC—R—COO—R'—OOC—R—COO—R'—OOC—R—COO—R'—OH \; + H_2O \qquad (2.28a)$$

$$2HOOC—R—COO—R'—OOC—R—COO—R'—OH \; \Longleftrightarrow$$
$$HOOC—R—COO—R'—OOC—R—COO—R'—OOC—R—COO—R'—OOC—R—COO—R'—OH \; + H_2O \qquad (2.28b)$$

如此反复脱水缩合，形成聚酯分子链，说明了缩聚反应形成大分子过程的逐步性。这一系列反应过程，可简要表示为反应式 (2.29)。

$$n \, HOOC—R—COOH \; + \; n \, HO—R'—OH \; \Longleftrightarrow$$
$$H \cfrac{}{} O—R'—OCO—R—CO \cfrac{}{}_n OH \; + n H_2O \qquad (2.29)$$

对于一般缩聚反应可以由通式 (2.30) 表示。

$$n \, a—R—a + n \, b—R'—b \; \Longleftrightarrow \; a \cfrac{}{} R—R' \cfrac{}{}_n b + (2n-1) \, ab \qquad (2.30)$$

式中，a、b 表示能进行缩合反应的官能团；ab 表示缩合反应的小分子产物；—R—R'— 表示聚合物链中的重复单元结构。

当两种不同的官能团 a、b 存在于同一单体时，如 ω–氨基酸、羟基酸等，其聚合反应过程基本相同，见反应式 (2.31)。

$$n \, a—R—b \; \Longleftrightarrow \; a \cfrac{}{} R \cfrac{}{}_n b + (n-1) \, ab \qquad (2.31)$$

双官能团单体的缩聚反应，除生成线型缩聚物外，常常有成环反应的可能性，因此在选取单体时必须克服成环的可能性。例如，用 ω–羟基酸 $HO \cfrac{}{} CH_2 \cfrac{}{}_n COOH$ 合成聚酯时，它既能生成线型聚合物，也能形成环内酯。反应究竟往哪个方向进行，决定于羟基酸的种类和反应条件。 当 $n = 1$ 时，容易发生双分子缩合，形成环状的乙交酯

$$O{=}C \overset{\displaystyle CH_2—O}{\underset{\displaystyle O—CH_2}{\Big\langle \quad \Big\rangle}} C{=}O$$

；当 $n = 2$ 时，由于 β 羟基易失水，容易生成丙烯酸

$CH_2{=}CH—COOH$ ；当 $n = 3$ 或 4 时，容易发生分子内缩合，形成五节环和六节环的内酯；当 $n \geqslant 5$ 时，主要是分子间缩合形成线型聚酯。氨基酸缩合时也有类似情况。实际上所有多官能团单体的缩合反应，都有类似问题。

在缩聚反应中，成环、成线反应是竞争反应，它与环的大小、官能团的距离、分子链的挠曲性、温度以及反应物的浓度等都有关系。关于环的大小对环状物稳定性的影响，已经

由测定各种环状化合物的燃烧热和环张力得到证明。如果用数字表示环的大小,其稳定性的顺序为:3、4、8 ~ 11 < 7、12 < 5 < 6。三节环、四节环由于键角的弯曲,环张力最大,稳定性最差;五节环、六节环键角变形很小,甚至没有,所以最稳定。在环中如果有取代基时,要考虑其影响,一般不改变上述顺序。在缩聚反应中应尽力排除成环反应的可能性。环化反应多是单分子反应,而线型缩聚则是双分子反应。所以随着单体浓度的增加,对成环反应不利。浓度因素比热力学因素对线型缩聚的影响要大。

缩聚反应可以从不同角度分成不同的类型。

按生成聚合物分子的结构分类,可分成线型缩聚反应和体型缩聚反应两类。如果参加缩聚反应的单体都只含两个官能团得到线型分子聚合物,则此反应称为线型缩聚反应,如二元醇与二元酸生成聚酯的反应。如果参加缩聚反应的单体至少有一种含两个以上的官能团,则称为体型缩聚反应,产物为体型结构的聚合物,如丙三醇与邻苯二甲酸酐的反应。

按参加缩聚反应的单体种类分,可分为均缩聚、混缩聚和共缩聚三类。只有一种单体进行的缩聚反应称为均缩聚。两种单体参加的缩聚反应称为混缩聚或杂缩聚,例如二元胺和二元羧酸所进行的生成聚酰胺的反应。若在均缩聚中再加入第二种单体或在混缩聚中加入第三种单体,这时的缩聚反应称为共缩聚。

缩聚反应还可按反应后所形成键合基团的性质分为聚酯反应、聚酰胺反应、聚醚反应等。按反应热力学特征分为平衡缩聚和不平衡缩聚等。

理论和实验都证明,在缩聚反应中,官能团的反应活性与此官能团所连接的链长无关,这就是缩聚反应中官能团等活性的概念。等活性概念也是高分子化学反应的一个基本观点。

1. 缩聚反应平衡

在缩聚反应中,参加反应的官能团的数目与初始官能团数目之比称为反应程度,以 p 表示。不难证明,聚合产物平均聚合度 $\overline{X}_n$ 与反应程度的关系为

$$\overline{X}_n = \frac{1}{1-p} \text{ 或 } p = \frac{\overline{X}_n - 1}{\overline{X}_n}$$

此关系对均缩聚或混缩聚都适用。但需注意,$\overline{X}_n$ 是以结构单元为基准的数均聚合度。对混缩聚,$\overline{X}_n$ 应当是重复单元数目的两倍。

根据官能团等活性概念,可简单地用官能团来描述缩聚反应。例如对聚酯反应

$$\sim COOH + HO \sim \underset{k_{-1}}{\overset{k_1}{\rightleftharpoons}} \sim OCO \sim + H_2O$$

设 K 为平衡常数,则

$$K = \frac{k_1}{k_{-1}} = \frac{\{OCO\}[H_2O]}{\{COOH\}[-OH]}$$

以 n_w 表示产生的小分子水的浓度,则

$$K = \frac{[\ \text{—OCO—}\ ][\text{H}_2\text{O}]}{[\ \text{—COOH}\ ][\ \text{—OH}\ ]} = \frac{pn_\text{w}}{(1-p)^2}$$

或

$$\frac{1}{(1-p)^2} = \frac{K}{pn_\text{w}}$$

如果反应在封闭系统中进行,则 $n_\text{w} = p$,得

$$\overline{X}_n = \frac{1}{p}\sqrt{K}$$

当反应程度 $p \to 1$ 时,则有

$$\overline{X}_n = \sqrt{\frac{K}{n_\text{w}}}$$

这就是平衡缩聚中平均聚合度与平衡常数及反应区内小分子含量的关系,称为缩聚平衡方程。

应当指出,对于平衡缩聚,除了有产生的小分子参与正、逆反应之外,还存在大分子链之间的可逆平衡反应即交换,见反应式(2.32a)、(2.32b)。

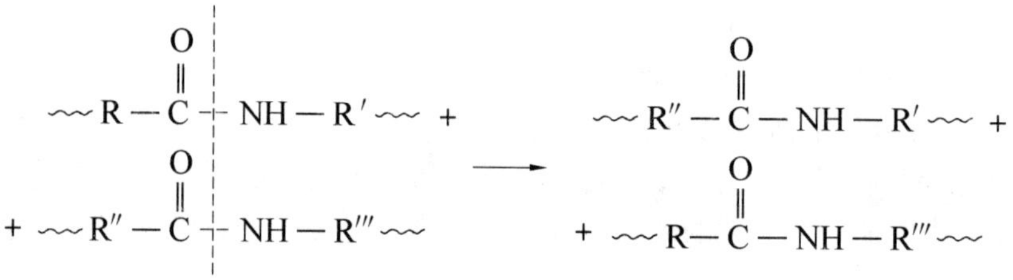

(2.32a)

或者

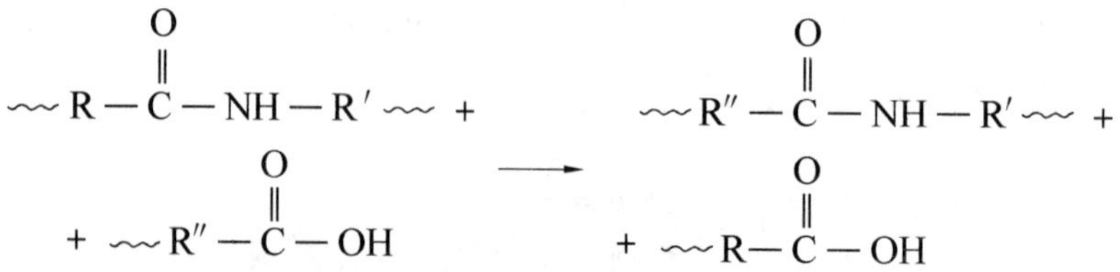

(2.32b)

2. 线型缩聚产物相对分子质量的控制

缩聚物作为材料,其性能与相对分子质量有关。在缩聚反应中,必须对产物相对分子质量即聚合度进行有效的控制。上面已谈及,控制反应程度即可控制聚合度;然而再进一步加工时,端基官能团可再进行反应,使反应程度提高,相对分子质量增大,影响产品性能。所以用反应程度控制相对分子质量并非有效的方法。有效的方法是使端基官能团丧失反应能力或条件,这种方法主要是通过非等当量比配料,使某一原料过量,或加入少量单官能团化合物,进行端基封端,例如用醋酸或月桂酸作聚酰胺相对分子质量稳定剂。

设 r 为两种反应基团的当量比,$r = N_\text{a}/N_\text{b} \leq 1$,$N_\text{a}$ 及 N_b 为起始官能团 a 及 b 的数目,则可得到

$$\overline{X}_n = \frac{1+r}{1+r-2rp} = \frac{1+r}{2r(1-p)+(1+r)}$$

当 $r = 1$，即等当量比时，得

$$\bar{X}_n = \frac{1}{1 - p}$$

当 $p = 1$，即官能团 a 完全反应时，得

$$\bar{X}_n = \frac{1 + r}{1 - r}$$

利用非当量比控制相对分子质量时，可进一步得到聚合度与单体过量分子分数 Q 的关系。设单体 b—R—b 的过量分子分数 $Q = \dfrac{N_a - N_b}{N_a + N_b}$，则有

$$\bar{X}_n = \frac{1}{Q}$$

若用单官能团分子控制相对分子质量时，可得聚合度与单官能团化合物过量分数的关系。

设

$$r = \frac{N_a}{N_b + 2N'_b} = \frac{N_a}{N_a + 2N'_b}$$

式中，N'_b 为单官能团化合物在系统中的分子数；系数 2 是由于一个单官能团分子相当于两个 b 官能团的作用。

于是可得

$$\bar{X}_n = \frac{1 + r}{1 - r} = \frac{N_a + N'_b}{N'_b} = \frac{1}{q}$$

式中，q 为单官能团化合物的分子分数，$q = \dfrac{N'_b}{N_a + N'_b}$。

3. 体型缩聚

有多于两个官能团单体参加因而形成支化或交联等非线型结构产物的缩聚反应称为体型缩聚反应。体型缩聚的特点是当反应进行到一定时间后出现凝胶。所谓凝胶就是不溶不熔的交联聚合物。出现凝胶时的反应程度称为凝胶点。

为了便于热固性聚合物的加工，对于体型缩聚反应，要在凝胶点之前终止反应。凝胶点是工艺控制中的重要参数。

根据反应程度与凝胶点的关系，热固性聚合物的生成过程可分为甲、乙、丙三个阶段。反应程度在凝胶点以前就终止的反应产物称为甲阶聚合物；当反应程度接近凝胶点而终止的反应产物称为乙阶聚合物；反应程度大于凝胶点的产物称为丙阶聚合物。所谓体型缩聚的预聚体通常是指甲阶或乙阶聚合物。丙阶聚合物是不溶不熔的交联聚合物。

凝胶点是体型缩聚的重要参数，可由实验测定也可进行理论计算。有两种理论计算方法：卡洛泽斯（Carothers）法和统计计算法。这两种方法都是建立反应单体的平均官能度与凝胶点的关系。

缩聚反应单体的平均官能团数，即平均官能度 $\bar{f}$ 为

$$\bar{f} = \frac{f_a N_a + f_b N_b + \cdots}{N_a + N_b + \cdots} = \frac{\sum f_i N_i}{\sum N_i}$$

式中, N_i 和 f_i 分别为第三单体的分子数和官能度。

根据 Carothers 计算方法, 当反应体系开始出现凝胶时, 数均聚合度 $\bar{X}_n \to \infty$。由此点出发可推导出凝胶点 P_c 为

$$P_c = \frac{2}{f}$$

此方法的缺点是过高估计了出现凝胶时的反应程度, 即 P_c 的计算值偏高, 这是因为实际上在凝胶点 P_c 并非趋于无穷。

根据 Flory 统计方法计算 P_c 可表示为

$$P_c = \frac{1}{r^{\frac{1}{2}}\left[1 + \rho(f - 2)\right]^{\frac{1}{2}}}$$

式中, ρ 为多官能单元上的官能团数占全部同类官能团数的分数; $r^{\frac{1}{2}} \leqslant 1$ 为两种反应官能团的当量比。

2.2.2　逐步加聚反应

单体分子通过反复加成, 使分子间形成共价键而生成聚合物的反应称为逐步加成反应。例如二异氰酸酯和二元醇生成聚氨基甲酸酯的反应, 双环氧化合物、双亚乙基亚胺化合物、双内酯、双偶氮内酯等二官能环状化合物以及某些烯烃化合物都可按逐步加聚反应形成聚合物。Diels-Alder 反应也可视作一种逐步加聚反应。以下仅举几例作简单介绍。

1. 聚氨酯的合成

异氰酸酯基很活泼, 可与醇、酸、胺、水等起反应。二异氰酸酯如 TDI 与二元醇反应即可制得聚氨基甲酸酯, 见反应式(2.33)。

$$O{=}CN{-}R{-}NC{=}O \ + \ HO{-}R'{-}OH \longrightarrow O{=}CN{-}R{-}NHCO{-}O{-}R'{-}OH \xrightarrow{HO{-}R'{-}OH}$$

$$HO{-}R'{-}OCONH{-}R{-}NHCO{-}O{-}R'{-}OH \xrightarrow{OCN{-}R{-}NCO} {-}{-}{-} \longrightarrow \left(\!\!-O{-}R'{-}OCONH{-}R{-}NHCO-\!\!\right)_{\!n}$$

$$(2.33)$$

2. 环氧聚合物

环氧树脂是分子中至少带有两个环氧 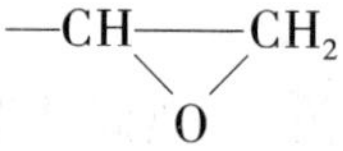
$$\overset{\displaystyle -CH{-\!\!-}CH_2}{\underset{\displaystyle O}{}}$$
端基的物质。双酚 A 型环氧树脂是由环氧氯丙烷与双酚 A 的加成产物, 结构为:

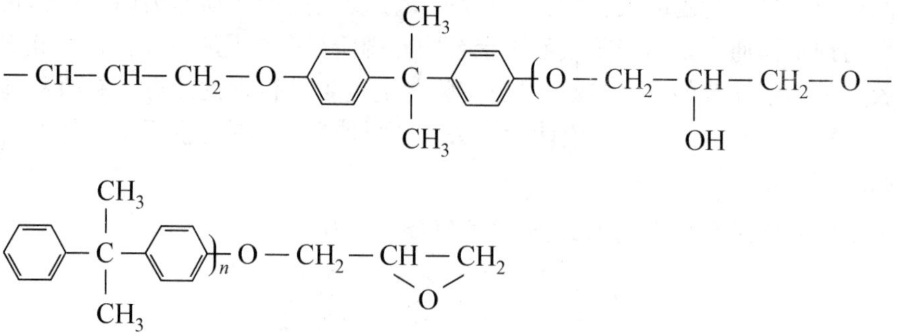

使用能与环氧基起反应的物质可使环氧树脂固化,形成体型结构。例如胺类固化剂所引起的交联反应,见反应式(2.34)。

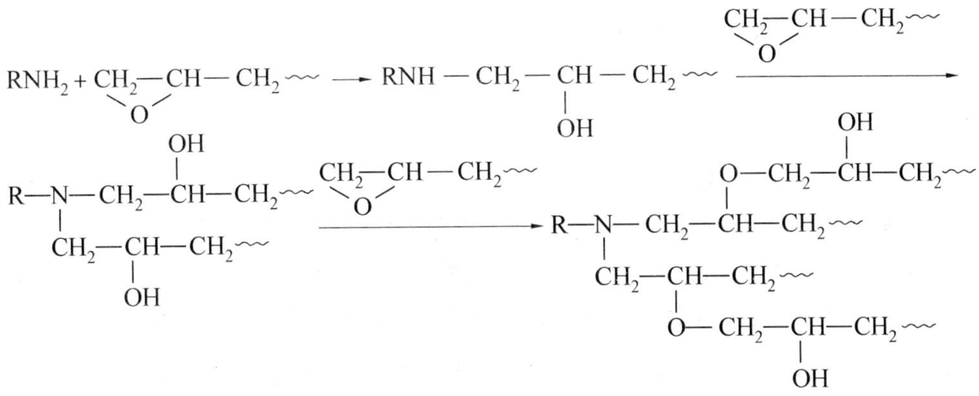

$$(2.34)$$

3. Diels-Alder 反应

它是一个双轭双烯与一个烯类化合物发生的 1,4 - 加成反应并形成各种环状结构,可用以制备梯形聚合物、稠环聚合物等。例如 1,3 - 二烯烃在 $TiCl_4 - Al(C_2H_5)_2Cl$ 形成有效催化剂 $C_2H_5AlCl^+$ 存在下可制得梯形聚合物,见反应式(2.35)。

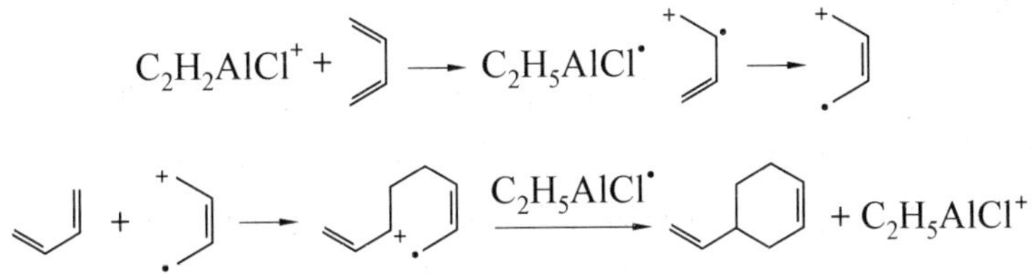

$$(2.35)$$

如此反复进行可得到梯形聚合物,见反应式(2.36)。

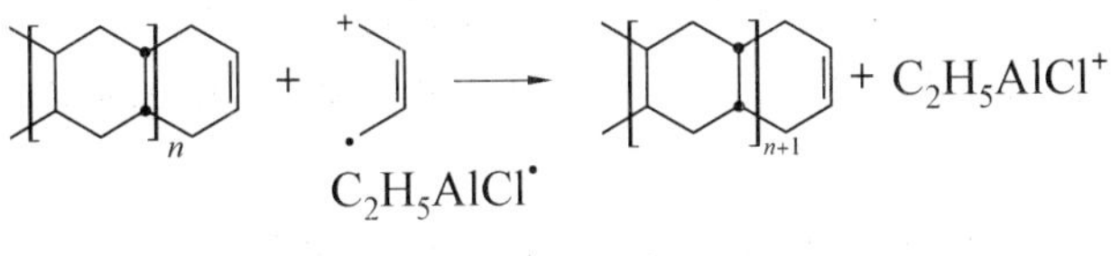

$$(2.36)$$

4. 环内酰胺的平衡聚合反应

ε - 己内酰胺以水为催化剂的聚合反应,亦称水解聚合,已用于工业生产,其反应过程如下。

首先 ε - 己内酰胺与水反应而开环,见反应式(2.37)。

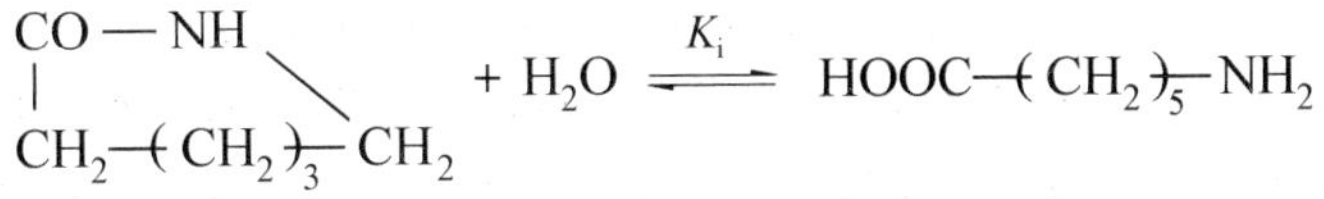

$$(2.37)$$

因己内酰胺不能用含水的胺引发反应,但可用氨基己酸引发反应,所以可以设想参与反应的活性中心为 $OOC \!-\!(CH_2)_5\!-\! {}^+NH_3$,铵离子对单体进行亲电加成,见反应式(2.38)。

$$^-OOC \!\!-\!\! (CH_2)_5 \!\!-\!\! \overset{+}{N}H_3 \;+\; \underset{HN \!\!-\!\! (CH_2)_5}{\overset{\overset{O}{\overset{\|}{C}}}{\diagdown\!\!\diagup}} \quad \underset{K_p}{\overset{}{\rightleftharpoons}} \quad {}^-OOC \!\!-\!\! (CH_2)_5 \!\!-\!\! NHCO \!\!-\!\! (CH_2)_5 \!\!-\!\! \overset{+}{N}H_3$$

$$\underset{HN \!\!-\!\! (CH_2)_5}{\overset{\overset{O}{\overset{\|}{C}}}{\diagdown\!\!\diagup}} \quad \underset{K_p}{\rightleftharpoons} \cdots \underset{K_p}{\rightleftharpoons} \; {}^-OOC \!\!-\!\! \left[(CH_2)_5 \!\!-\!\! NHCO \right]_n \!\!CH_2 \!\!-\!\! \overset{+}{N}H_3 \tag{2.38}$$

与平衡缩聚反应的不同在于:反应过程中无小分子副产物析出;并有两个平衡,一个是引发过程的环线转化平衡,以 K_i 表示平衡常数,另一个是增长过程平衡,以 K_p 表示平衡常数。设达到反应平衡态时单体和水的浓度分别为 M_e 和 X_e,单体和水的起始浓度分别为 M_0 和 X_0,则根据上述的两个平衡,可求得平均聚合度 $\bar{X}_n$ 与水起始浓度的关系为

$$\bar{X}_n = \frac{M_0 - M_e}{X_0 - X_e}$$

式中,X_e 及 M_e 可分别由 K_i 及 K_p 求出。

由上式可见,起始水用量大,平均聚合度越小。

环醚单体,如四氢呋喃等的阳离子聚合也是这种类型的逐步聚合反应。

2.2.3　逐步聚合反应实施方法

对于线型逐步聚合,在某种程度上说,相对分子质量的控制要比聚合速率重要。提高相对分子质量需要考虑一些共同问题,如尽可能减少副反应,以免反应程度受到限制,要求原料纯度高,接近等物质的量,以便加入单官能团物质或某单体稍过量,就有可能控制相对分子质量。对于平衡缩聚,应设法排除低分子副产物,使向生成聚合物的方向移动等。

大部分逐步聚合反应在室温下的速率较低,必须提高反应温度(如 150 ~ 200 ℃ 或是更高)。聚合温度提高后,会出现若干问题,如单体挥发或分解损失,聚合也可能氧化降解,必须通 N_2、CO_2 等惰性气体加以防止。以酰氯代替羧酸时,与醇或胺的反应就很快,可在室温下进行。

逐步聚合的聚合热不大,远比自由基聚合小,但其活化能却较大,一般需在较高温度下进行。

平衡常数对温度的变化率可表示为

$$\frac{d\ln K}{dT} = \frac{\Delta H}{RT^2}$$

式中,ΔH 为负值,因此其变化率为负值,即温度升高,平衡常数变小,即逆反应增加。但聚合热不大,如 $\Delta H = -20$ kJ/mol,少数达 -40 kJ/mol,变化率较小。另一方面,要保证一定速度下聚合,需提高反应温度。反应热过小,不足以维持较高的温度,需要另行加热。

逐步聚合方法通常有熔融、溶液、固相和界面聚合 4 种方法,根据不同反应类型的特点加以选择。

1. 熔融缩聚

这是目前生产上大量使用的一种缩聚方法,普遍用来生产聚酰胺、聚酯和聚氨酯。其特点是反应温度较高(200～300 ℃),此时,不仅单体原料处于熔融状态,而且生成的聚合物也处于熔融状态,一般反应温度要比生成的聚合物熔点高10～20 ℃。

熔融缩聚反应是一个可逆平衡的过程。高温有利于加快反应的速率,同时也有利于反应生成的低分子产物迅速和较完全地排除,使反应朝着生成大分子的方向进行。但是由于反应温度高,除了有利于主反应外,也有利于逆反应和副反应的发生,如交换反应、降解反应、官能团的脱羧反应等。这些副反应除了影响聚合物的相对分子质量外,还会在大分子链上形成"反常结构",使聚合物的热和光稳定性有所降低。

熔融聚合除了反应温度高这个特点外,还有以下几点:

① 反应时间较长,一般需要几个小时。

② 由于反应在高温下进行,且长达数小时之久,为了避免生成的聚合物氧化降解,反应必须在惰性气氛(氮气、二氧化碳等)中进行。

③ 为了使生成的低分子产物能较完全排除到反应系统之外,后期反应常在真空中进行,有时甚至在高真空中进行,如涤纶树脂的生产;或在薄层中进行,以有利于低分子产物较完全地排除;或直接将惰性气体通入熔体鼓泡,赶走低分子产物。

用熔融缩聚法合成聚合物的设备简单且利用率高,因为不使用溶剂或介质,近年来已由过去的釜式法间歇生产改为连续法生产,如尼龙 – 6、尼龙 – 66 等。

2. 溶液聚合

单体加适当催化剂在溶剂中进行的缩聚反应称为溶液缩聚,它在工业生产中的应用规模仅次于熔融缩聚。一些新型的耐高温材料,如聚砜、聚酰亚胺、聚苯并噻唑等,大都采用此法制备。一般油漆、涂料也是用溶液缩聚。

从反应温度上分类,溶液缩聚分为高温溶液缩聚和低温溶液缩聚。前者为平衡反应,后者多为不可逆缩聚,用活性大的单体在100 ℃ 以下进行。按照缩聚产物在溶剂中是否溶解,也可分为两种情况:产物溶于溶剂时,是真正的均相反应;产物不溶解,自动析出沉淀,则是非均相过程。

溶液缩聚的基本特点是使用溶剂。溶剂起溶解单体、有利于热交换的作用,使反应过程平稳。它溶解或溶胀增长中的分子链,使大分子链伸展,反应速率增加,相对分子质量提高。它有利于低分子副产物的除去,例如用对水亲和性小的溶剂,可以使癸二酸与己二胺缩聚产物相对分子质量增大,当低分子副产物能与溶剂形成恒沸混合物时可以及时将低分子带出反应体系,或者用沸点远比低分子副产物温度高的溶剂,将反应中低分子生成物不断蒸发掉。

除了上述一般作用,溶剂还可能有以下特殊作用:

① 作低分子副产物的受体。当缩聚副产物为HCl时,最好有HCl接受体性质的溶剂,如二甲基甲酰胺、吡啶等。一般溶剂碱性越大,对 HCl 结合越紧,产物相对分子质量越高。

有时溶剂兼起受体和催化剂的作用。例如,二元酰氯和双酚 A 类化合物缩聚时,吡啶同时起溶剂、催化剂及 HCl 接受体的作用。

② 起缩合剂作用。例如,聚磷酸、浓硫酸等常兼起溶剂与缩合剂的作用。

选用溶剂时,通常要考虑以下几个因素:

① 溶剂的极性。缩聚反应的速率一般取决于离子型中间物的形成速率,它比起始反应物极性大,所以在大多数情况下,增加溶剂极性有利于提高反应速率,增加产物相对分子质量。

② 溶剂化作用。如果溶剂与反应物生成稳定的溶剂化物,就使反应速率降低,反应活化能提高;如果与离子型中间物生成较稳定的溶剂化物,就减小反应活化能,提高反应速率。

③ 溶剂的副反应。如二元芳胺与二元芳酰氯缩聚时,用二甲基甲酰胺为溶剂时产物相对分子质量比二甲基乙酰胺时低得多,原因是发生某些不希望发生的副反应。

3. 固相缩聚

尼龙盐、ω - 氨基酸、聚酯低聚物等在单体及聚合物熔点以下的惰性气体或高真空下加热缩聚称为固相缩聚。这种方法目前尚处于研究阶段。

按实施情况,固相缩聚分为以下三种:

① 反应温度在起始单体熔点以下,这是"真正的"固相缩聚。

② 反应温度在单体熔点以上,但在缩聚产物熔点以下。这时通常是先用熔融缩聚或溶液缩聚法制得预聚物,然后在预聚物熔点或软化点以下进一步进行固相缩聚。

③ 体型缩聚和环化缩聚。在反应程度较深时,进一步的反应实际是在固态下进行的,链段活动性很小,反应的基本规律与一般固相缩聚相近。

固相缩聚可以制得高相对分子质量、高纯度的聚合物。对于熔点很高或熔点以上易于分解的单体的缩聚,对于耐高温聚合物的制备,特别是对于无机缩聚物的制备,固态缩聚是非常合适的方法。其特点如下:

① 反应速率比熔融缩聚小得多,表观活化能也大,反应完成常需要几十个小时。

② 固相缩聚是扩散控制过程。两种单体 $a—R_1—b$ 和 $a—R_2—b$ 在一起共缩聚时,可以生成无规共聚物,表明在缩聚过程中单体由一个晶相扩散到了另一晶相。

③ 一般说来,固相缩聚有显著的自催化效应,反应速率随时间的延长而增加。到反应后期,由于官能团浓度很小,反应速率才迅速下降。

④ 固相缩聚对反应物的晶格结构、结晶缺陷、杂质的存在很敏感。结晶部分与非晶部分反应速率相差很大,一般得到的相对分子质量分布比较宽。

4. 界面缩聚

1957 年 P·W·Morgan 提出的界面缩聚方法,是缩聚高分子合成的一个重大进展。这种方法是在多相(一般为两相)体系中,在相界面处进行的缩聚反应。它已成为聚碳酸酯的主要生产方法,并广泛用于实验室及小规模合成聚酰胺、聚砜、含磷缩聚物及其他耐高温缩聚物。

按体系的相状态,界面缩聚分为液 - 液和液 - 气界面缩聚,按工艺方法可分为不进行搅拌的静态界面缩聚和进行搅拌的动态界面缩聚。

界面缩聚有如下几个特点:

① 复相反应。将两单体分别溶于两个互不相溶的溶剂中,例如在实验室内合成聚酰

胺时,将己二胺溶于水(加适量碱以中和副产物 HCl),将己二酰氯溶于氯仿,放在烧杯中,于界面处很快反应成膜,不断将膜拉出。新的聚合物可以在界面处不断形成,并可抽成丝(图 2.7)。

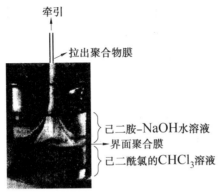

图 2.7　界面缩聚制备尼龙 – 66 的实验装置照片

② 不可逆。界面缩聚采用单体活性高、反应温度低,能及时除去小分子副产物,因此一般是不可逆缩聚。

③ 扩散控制过程。界面缩聚的总速率决定于扩散速率,反应区域中单体浓度比决定于单体向反应区域中扩散的速率。

④ 相对分子质量对配料比敏感性小。界面缩聚产物相对分子质量与单体配料比的关系与均相缩聚不同,最大相对分子质量并不对应于单体的等物质的量比,相对分子质量对配料比的敏感性小,而且曲线是不对称的。其原因是界面缩聚是复相反应,对产物相对分子质量起影响的是反应区域中两单体的物质的量比,而不是整个体系中的物质的量比,这与均相缩聚根本不同。反应区域的单体浓度不仅取决于两相的单体浓度,而且与两单体向反应区域扩散速率常数有关。

⑤ 界面缩聚在低反应程度时就可以得到高相对分子质量产物。这一点也与均相缩聚不同,而与链式聚合相似。要做到这一点,需要保证生成的聚合物不溶于任何一相,并且要及时更换界面。

界面缩聚需要采用活性大的单体,如二元胺与二元酰氯,而二元醇与二元酰氯反应慢,不宜采用此法。

在许多界面缩聚体系中加入相转移催化剂可以大大加速缩聚反应。这种催化剂的作用是使水相(甚至固相)的反应物顺利地转入有机相,从而促进二分子间的反应。常用的相转移催化剂有季铵盐和大环多醚类,如冠醚和穴醚。

2.3　高分子材料制备反应新进展

20 世纪 30 ~ 60 年代奠定了高分子材料合成反应的基础。目前工业生产的聚合物主要使用自由基聚合、离子聚合、配位加成聚合及逐步聚合反应(主要是缩聚反应)。相对新近发展的基团转移聚合、开环易位聚合等新的聚合反应,也将自由基聚合、离子聚合、配位加成聚合及逐步聚合反应称为传统聚合反应。

传统聚合反应包括理论和实践两个方面,近年来也有很大发展。例如,不平衡缩聚反应、插烯亲核取代缩聚反应、相转移催化剂在缩聚反应中的应用等方面都取得了很大进展。在离子聚合和配位聚合方面有关高选择性、高效率催化剂研究方面的进展十分突出,有关这方面的详细情况可参见有关专著和文献。以下简要介绍一下新近发展的一些新型制备反应以及某些新型的制备技术。

2.3.1　基团转移聚合反应

基团转移聚合(Group Transfer Polymerization,GTP)是一种新型的聚合反应,被认为是 20 世纪 50 年代发现配位聚合以来又一重要的新聚合技术。

所谓 GTP 是以 α,β - 不饱和酯、酮、酰胺和腈类为单体,以带有硅、锗、锡烷基基团的化合物为引发剂,用阴离子型或路易氏酸型化合物为催化剂,以适当的有机物为溶剂而进行的聚合反应。通过催化剂与引发剂端基的硅、锗、锡原子配位,激发硅、锗、锡原子,使之与单体的羰基或氮结合成共价键,单体中的双键与引发剂中的双键完成加成,而硅、锗、锡烷基基团转移至链的末端,形成"活性"化合物,以上过程反复进行,得到相应的聚合物。实际聚合过程可看作引发剂中活性基团,如 —SiMt₃— 从引发剂转移至单体而完成链引发,然后又不断向单体转移而使聚合链不断增长,因而称为基团转移聚合反应。

例如,以二甲基乙烯酮甲基三甲基硅烷基缩醛 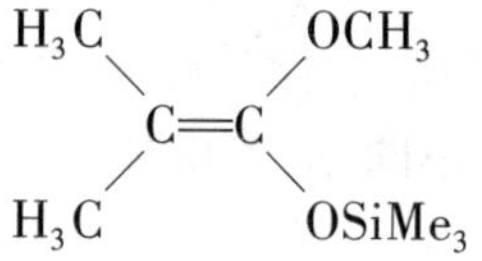 (MTS) 为引发剂,用阴离子型催化剂(HF_2^-),甲基丙烯酸甲酯(MMA)为单体,聚合反应可表示如下。

首先是在催化剂作用下,MTS 与 MMA 发生加成反应,见反应式(2.39)。

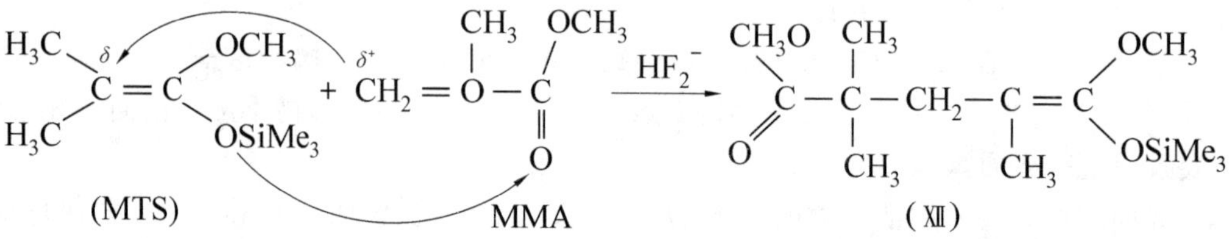

$$(2.39)$$

上述加成物(XII)的一端仍含有与 MTS 相似的结构,即末端 ,它可继续与 MMA 加成,直至所有的单体耗尽。所以聚合过程就是活性基团 —SiMt₃— 不断转移的过程。

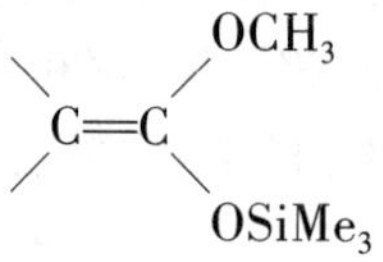

当前,基团转移聚合主要包括两种新型的聚合过程。第一种是基于硅烷基烯酮缩醛类为引发剂,MMA 等为单体的聚合反应,在聚合过程中,活性基团从增长链末端转移到加进来的单体分子上,见反应式(2.40)。

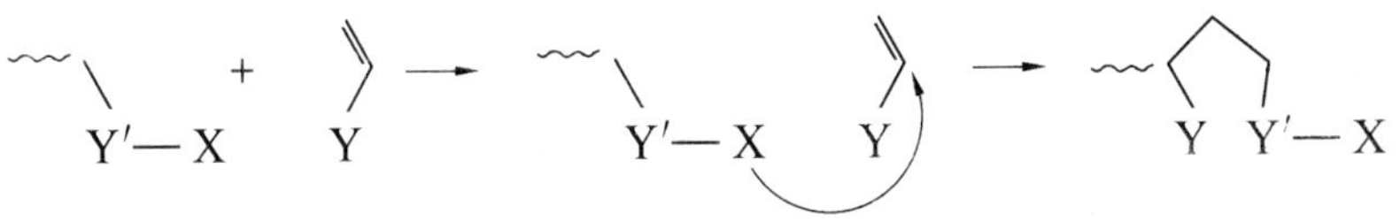

(2.40)

第二种过程是醛醇基转移(Aldol Group Transfer)聚合。这时,连在进来加成的单体分子上的一个基团转移到增长链的末端,见反应式(2.41)。

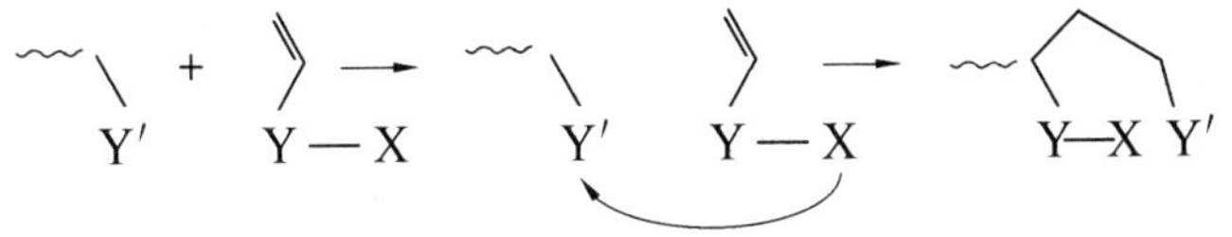

(2.41)

例如三甲基硅烷乙烯醚的聚合,见反应式(2.42)。

$$\sim\!\!\sim \mathrm{CHO} + \mathrm{H_2C{=}CH(OSiMe_3)} \longrightarrow \mathrm{H_3C{-}CH(OSiMe_3){-}CH_2{-}CHO} \qquad (2.42)$$

阴离子聚合的主要单体为单烯烃类和共轭双烯烃,这些都是非极性单体。极性单体容易导致副反应,使聚合体系失去活性。极性单体则可用 GTP 技术聚合。GTP 法可在室温下使丙烯酸酯类及甲基丙烯酸酯类单体迅速聚合,该法可视为反复进行的 Michael 加成反应,增长链是稳定的分子,可视为一种特殊的活性聚合。GTP 法在控制相对分子质量及其分布、端基官能化和反应条件等方面,比传统的聚合方法具有更多的优点,为高分子材料的分子设计开辟了新的途径。

GTP 在许多方面具有与阴离子聚合相似的特点,特别是“活性聚合”方面。所以,GTP 可用以合成相对分子质量分布窄($\overline{M}_w/\overline{M}_n = 1.03 \sim 1.20$)的均聚物作为标准样品,也可用以制备无规共聚物、嵌段共聚物、星形聚合物以及带官能团的遥爪聚合物。GTP 法是迄今最好的合成相对分子质量及其分布可控的丙烯酸酯及甲基丙烯酸酯类聚合物的方法。

GTP 法尚存在不少问题,引发剂价格昂贵,使得 GTP 法尚难于大规模应用。由于存在固有的终止反应,在制备高相对分子质量聚合物方面尚有困难。当前 GTP 法仅用于特殊场合及少量需求的情况。

2.3.2 开环易位聚合反应

环烯烃开环易位聚合(Ring-opening Metathesis Polymerization, ROMP),亦称开环置换聚合或开环歧化聚合。ROMP 可视为烯烃易位反应的一种特例。烯烃易位反应见反应式(2.43)。

$$2\mathrm{R^1CH{=}CHR^2} \rightleftharpoons \mathrm{R^1CH{=}CHR^1} + \mathrm{R^2CH{=}CHR^2} \qquad (2.43)$$

烯烃易位反应一般以过渡金属化合物为催化剂,活性中心是过渡金属碳烯。C=C 可在链烯上亦可在环烯上,若为环烯,则易位反应的结果是聚合。这种易位反应是可逆平衡反应。

不同烯烃之间可进行交叉易位反应。环烯烃和链烯烃之间的交叉易位反应也可导致聚合,形成聚合物,例如反应式(2.44)。

$$RCH = CHR + n\ \square \longrightarrow RCH = \!\!\!\Big(CH - CH_2CH_2CH_2 - CH \Big)_{\!\!\!\!n}\!\!\!= CHR \qquad (2.44)$$

这时,链烯烃起链转移剂的作用,可用以控制相对分子质量。

开环易位聚合既不同于链烯烃双键开裂的加成聚合,也不同于内酰胺、环醚等杂环的开环聚合,而是双键不断易位,链不断增长,而单体分子上的双键仍保留在生成的聚合物大分子中。

开环易位聚合反应条件温和,反应速率快,多数情况下反应中几乎没有链转移反应和链终止反应,因而是一种活性聚合。利用开环易位聚合可制得许多特殊结构的聚合物。近十几年来,利用开环易位聚合反应已开发出一大批具有优异性能的新型高分子材料,如反应注射成型聚双环戊二烯、聚降冰片烯和聚环辛烯(新型热塑性弹性体)等,上述三种产品已进行工业规模生产。因此,开环易位聚合已成为高分子材料制备的一种重要聚合方法。

开环易位聚合催化剂是以过渡金属为主催化剂,主族金属有机化合物为共催化剂组成的复合催化剂。可从不同角度进行分类,按均相和非均相分,可分为非均相催化剂和均相催化剂两种。非均相催化剂一般是过渡金属化合物(如 WO_3、$W(CO)_6$、Re_2O_7 等)吸附于惰性金属氧化物(如 Al_2O_3)载体上,再加入活化剂(共催化剂)如 $Sn(CH_3)_4 + AlEtCl_2$ 等。均相催化剂有 $WCl_6 + AlEt_3$,以及二茂二氯钛 + $Al(CH_3)_3$ 等。

开环易位聚合的一个显著特点是单体中的 C=C 双键在聚合物中保持不变,这是所得聚合物立体异构的主要原因之一。生成的聚合物有顺式和反式之分。双环烯制得聚合物的情况更为复杂,大分子内碳环的取向是立体异构的另一个重要原因。聚合物的立体结构与所用催化体系及催化体系中各组分用量比有密切关系。

开环易位聚合已获得广泛的实际应用。例如,降冰片烯可从石油化工副产品环戊二烯与乙烯通过 Diels-Alder 反应制得。经过开环易位聚合制得相对分子质量高达 2×10^6 的热塑性聚降冰片烯,其主链为反式结构,已实现工业化,商品名为"Norsorex",是一种高吸油树脂,还可用作减震材料、密封材料等。

环辛烯在钨系催化剂下进行的开环易位聚合可得到以反式主链结构为主的聚合物,相对分子质量为 10^5 以上,已实现工业化。这类产品是性能优良的橡胶配合剂,能显著改善橡胶的加工流动性,提高硫化胶的弹性。

环戊烯在不同的催化剂作用下可生成反式或顺式两种主链结构的聚合物,见反应式(2.45)。这两种环戊烯都是优良的弹性体,前者的性能接近于天然橡胶,后者则有优良的低温性能。

$$(2.45)$$

在石油化工裂解制备乙烯的过程中有大量的 C_5 馏分副产品(约占乙烯产量的 15% ~ 17%),其中含有大量的双环戊二烯。它们以往主要作为燃料烧掉,既污染了环境,又浪费了宝贵的资源。自从开环易位聚合问世以来,这一难题在一定程度上得到了解决。

双环戊二烯在钨系催化剂 WCl_6 – Et_2AlC 作用下可进行开环易位聚合,生成一种交联的聚合物。这种聚合物具有很高的冲击、拉伸和弯曲强度,是一种新型的高抗冲塑料,可用于制备汽车零部件和运动器材,在机械工业中也有应用。20 世纪 80 年代,反应性注射成型聚双环戊二烯也已实现工业化生产。

又如,聚乙炔是一种性能优异的导电高分子材料,但其溶解性能不好,难于加工,限制了实际应用。采用开环易位聚合可克服这个问题。采用环辛四烯开环易位聚合可制得易成型加工的聚乙炔,用碘掺杂后,电导率可达 50 ~ 350 $S \cdot cm^{-1}$。

开环易位聚合在制备高性能离子交换树脂、高性能涂料及胶黏剂方面也有重要作用,所以这是一类发展很快、应用价值突出的一类新型聚合反应。

2.3.3 活性可控自由基聚合反应

活性聚合是指无链终止反应和无链转移反应的聚合反应。在聚合过程中,活性中心的活性自始至终保持,引发速率远大于增长速率,可认为全部活性中心几乎是同时产生的,从而保证所有活性中心几乎以相同速率增长。因此,活性聚合可以有效地控制聚合物相对分子质量,相对分子质量分布窄,结构规整性好。已成功的活性聚合反应体系包括活性阴离子聚合、活性阳离子聚合、活性开环聚合、活性开环易位聚合、基团转移聚合、配位阴离子聚合等。但这类反应,当前真正大规模工业化应用的并不多,原因是反应条件一般比较苛刻,成本高,且适用的单体较少。

自由基聚合具有可聚合的单体种类多、反应条件温和、容易实现工业化等优点。但自由基聚合中,链自由基活泼,易于发生双分子偶合或歧化终止以及链转移反应,不是活性聚合,相对分子质量及其分布、端基结构等都难于控制。所以自由基活性聚合,近年来一直是高分子科学界的重要研究课题。

在离子型聚合中,增长碳阴离子或碳阳离子由于静电排斥,彼此不发生反应。而自由基却强烈地表现出偶合或歧化终止反应的倾向,其终止反应速率常数接近扩散控制速率常数($k_t = 10^7$ ~ 10^9 $m^{-1} \cdot s^{-1}$),比相应增长速率常数($k_p = 10^2$ ~ 10^4 $m^{-1} \cdot s^{-1}$)高出 5 个数量级。此外,经典自由基引发剂的慢分解($k_d = 10^{-6}$ ~ 10^{-4} S^{-1})又常常导致引发不完全。这些动力学因素(慢引发、快增长、速终止和易转移)决定了传统自由基聚合的不可控制性。

另外,从自由基聚合反应动力学角度考虑,引发剂分解速率与引发剂分子中化学键的解离能密切相关,而解离能又是温度的函数,升高温度固然可以提高引发剂的分解速率,但同时加快了链增长反应速度,并且导致链转移等副反应的增加。因而,活性自由基聚合的研究焦点集中在稳定自由基、控制链增长上。

由高分子化学可知,链终止速率和链增长速率之比可表示为

$$\frac{R_t}{R_p} = \frac{k_t}{k_p} \times \frac{[P^\cdot]}{[M]}$$

式中,R_p、R_t、k_p、k_t、$[P^\cdot]$、$[M]$ 分别为链增长速率、链终止速率、链增长速率常数、链终止速率常数、自由基瞬时浓度和单体瞬时浓度。

不难看出,k_t/k_p 值越小,链终止反应对整个聚合反应的影响越小。通常 k_t/k_p 为 $10^4 \sim 10^5$,因此,链终止反应对聚合过程影响很大。另外,$\frac{R_t}{R_p}$ 还取决于自由基浓度与单体浓度之比。如自由基本体聚合中,$[M]_0$ 约为 $1 \sim 10$ mol · L^{-1},一般情况下难以改变。由此可见,要降低 $\frac{R_t}{R_p}$ 值,主要应通过降低体系中的瞬时自由基浓度来实现。假定体系中单体浓度为 1 mol · L^{-1},则

$$\frac{R_t}{R_p} \approx 10^4 \sim 10^5 [P^\cdot]$$

当然,自由基活性种浓度不可能无限制地降低。一般来说,$[P^\cdot]$ 在 10^{-8} mol · L^{-1} 左右,聚合反应的速率仍很可观。在这样的自由基浓度下,$\frac{R_t}{R_p} = 10^{-4} \sim 10^{-3}$,$R_t$ 相对于 R_p 就可忽略不计。另一方面,自由基浓度的下降必定降低聚合反应速度。但由于链增长反应活化能高于终止反应活化能,因此提高聚合反应温度,不仅能提高聚合速率(因为能提高 k_p),而且能有效降低比值 $\frac{k_t}{k_p}$,抑制终止反应的进行。基于这一原因,活性自由基聚合一般应在较高温度下进行。

在实际操作中,要使自由基聚合成为可控聚合,聚合反应体系中必须具有低而恒定的自由基浓度。因为对增长自由基浓度而言,终止反应为动力学二级反应,而增长反应为动力学一级反应。既要维持可观的聚合反应速度(自由基浓度不能太低),又要确保反应过程中不发生活性种的失活现象(消除链终止、链转移反应),需要解决的有两个问题:一是如何自聚合反应开始一直到反应结束始终控制如此低的反应活性种浓度;二是在如此低的反应活性种浓度的情况下,如何避免聚合所得聚合物的聚合度过大($\overline{DP}_n = \frac{[M]_0}{[P]} = 1/10^{-8} = 10^8$),这是一对矛盾。为解决这一矛盾,受活性阳离子聚合的启发,将可逆链终止反应与可逆链转移反应概念引入自由基聚合,通过在活性种与休眠种(暂时失活的活性种)之间建立快速交换反应,建立一个可逆的平衡反应(见反应式(2.46)),成功地实现了上述矛盾的对立统一。

$$P^{\bullet} + X \underset{k_a}{\overset{k_d}{\rightleftharpoons}} P—X \qquad (2.46)$$

式中,k_d 为单体转化率。这就解决了上面提出的第二个问题。

由此可见,借助于 X 的快速平衡反应不但使自由基浓度控制得很低,而且可以控制产物的相对分子质量,因此,可控自由基聚合成为可能。但是上述方法只是改变了自由基活性中心的浓度而没有改变其反应本质,因此是一种可控聚合,而并不是真正意义上的活性聚合。为了区别于真正意义上的活性聚合,通常人们将这类宏观上类似于活性聚合的聚合方法称为活性可控聚合,有时也简称为活性自由基聚合或可控自由基聚合。

经过几十年的努力,自由基活性可控聚合的研究已取得重大突破。1993 年,加拿大 Xerox 公司的研究人员首先报道了 TEMPO/BPO 引发苯乙烯的高温(120 ℃)本体聚合。这是有史以来第一例活性自由基聚合体系。但是除苯乙烯以外,TEMPO 不能使其他种类的单体聚合。另外 TEMPO 的价格昂贵,难以工业化应用。

1994 年,Wayland 等人采用四(三甲基苯基)卟啉 – 2,2′ – 二甲基丙基合钴 $[(TEM)Co-CH_2(CH_3)_3]$ 引发丙烯酸甲酯的聚合反应,发现聚丙烯酸甲酯的相对分子质量与单体转化率呈线性增长关系,且其相对分子质量分布很窄($\frac{\overline{M_w}}{\overline{M_n}} = 1.10 \sim 1.21$),因此是一种活性自由基聚合。但此体系也不能使其他种类的单体聚合,而且价格也很昂贵,难有工业化前途。

1995 年,Matyjiaszewski 等人在采用 1 – PECl/CuCl/bpy 组成的非均相体系引发苯乙烯及丙烯酸酯的聚合时发现,单体转化率与时间和聚合物相对分子质量与单体转化率之间呈线性关系且接近理论值($\overline{DP} = \frac{\Delta[M]}{[I]}$),同时聚合物的相对分子质量分布很窄($\frac{\overline{M_w}}{\overline{M_n}} \leq 1.5$),因此聚合过程呈现"活性特征"。这就是轰动高分子化学界的,被认为是活性聚合领域最重要发现的原子转移自由基聚合(ATRP)。以下仅对 ATRP 作简单介绍。

原子转移自由基聚合的概念源于有机合成中过渡金属催化的原子转移自由基合成(Atom Transfer Radical Addition,ATRA)。ATRA 是有机合成中形成 C—C 键的有效方法,总反应为:

$$RX + M \xrightarrow{\text{过渡金属催化剂}} RMX$$

式中,M 表示烷烯。

ATRP 就是在此基础上提出并发展的。但应注意,ATRA 只是 ATRP 的必要条件而非充分条件。ATRA 能否转化为 ATRP,不仅取决于反应条件以及过渡金属离子及配体的性质,还与卤代烷与不饱和化合物(单体)的分子结构有关。ATRA 的关键是卤原子能顺利地加成到双键上,而加成物中的卤原子能否顺利地转移下来,对 ATRA 来说并不重要,而对 ATRP 来说却是关键。为此,分子中必须有足够的共轭效应或诱导效应以削弱 α 位置 C—X 键的强度。这是选择 R—X 的原则,这也决定了 ATRP 所适应的单体范围。

ATRP 引发体系包括引发剂、催化剂和配体三部分。

（1）引发剂

所有 α 位上含有诱导或共轭基团的卤代烷都能引发 ATRP 反应。目前已报道的比较典型的 ATRP 引发剂主要有：α-卤代苯基化合物，如 α-氯代苯乙烷、α-溴代苯乙烷、α-苄基溴等；α-卤代羰基化合物，如 α-氯丙酸乙酯、α-溴丙酸乙酯、α-溴代异丁酸乙酯等；α-卤代氰基化合物，如 α-氯乙腈、α-氯丙腈；多卤化物，如四氯化碳、氯仿等。此外，含有弱 S—Cl 键的取代芳基磺酰氯是苯乙烯和（甲基）丙烯酸酯类单体的有效引发剂。近年的研究发现，分子结构中并没有共轭或诱导基团的卤代烷（如 1,2-二氯甲烷）在 $FeCl_2 \cdot 4H_2O/PPh_3$ 的催化作用下，也可引发甲基丙烯酸丁酯的可控聚合，从而拓宽了 ATRP 的引发剂选择范围。

（2）催化剂和配体

催化剂是含有过渡金属化合物与 N、O、P 等强配体所组成的络合物，其中心离子易发生氧化还原反应，通过建立快速氧化还原可逆平衡，使增长活性种变为休眠种。配体亦称为配位剂，主要作用是与过渡金属形成络合物，使其溶于溶剂，调整中心金属的氧化还原电位，当金属离子氧化态改变时，配位数随之增减，建立原子转移的动态平衡。

可用的过渡金属有铜、铁、镍、钌、钼、钯、铼、铑等。最早使用的配体是联二吡啶，它与卤代烷、卤化铜组成的引发体系是非均相体系，效率不高，产物相对分子质量分布也宽。用油溶性长链烷基取代的联二吡啶效果较好。已采用过的配体还有 2-吡啶缩醛亚胺、邻菲咯啉、氨基醚类化合物［如双（二甲基氨基乙基）醚］等。

可用 ATRP 方法聚合的单体主要有苯乙烯类、（甲基）丙烯酸酯类。至今为止，采用 ATRP 技术尚不能使烯烃类单体、二烯烃类单体、氯乙烯和醋酸乙烯酯等单体聚合。

原子转移自由基聚合的提出至今大约 10 年时间，已经取得了巨大的发展，它在制备窄相对分子质量分布聚合物、端活性聚合物、嵌段共聚物、星状聚合物、超支化聚合物和梯度共聚物方面都取得了巨大成就。ATRP 是当前高分子合成技术研究的热点领域。重要的研究方向主要集中在：制备高活性催化剂，能够使用极少量催化剂在较低温度下（40~80 ℃）即可使单体聚合；研究能使醋酸乙烯酯、氯乙烯、乙烯等单体聚合的引发体系；研究无金属存在的 ATRP 催化剂；ATRP 对聚合物立体规整性的控制问题等。

2.3.4　变换聚合反应

变换聚合反应就是将一种聚合机理所得到的并已终止的聚合物链重新引发并按另一种聚合机理进行另一种单体聚合的聚合方法。实际涉及的主要是活性聚合物链末端的转化。这种方法可以集各种聚合机理的特点于一体，弥补单一机理之不足，使不同聚合性质的单体能相互结合，得到单一聚合方法难于合成的特异结构和性质的高分子，如特种嵌段、接枝、梳状及星状等形态的高分子。变换聚合反应已成为从分子水平进行高分子设计、合成的重要手段，在新材料制备、成型加工等方面具有广阔的应用前景。

变换聚合反应的研究起于 20 世纪 70 年代。近年来，随着负离子、正离子、配位和自由基等各种活性聚合或可控聚合反应的发展，使得变换聚合反应的研究从方法论上的兴趣转变为分子构筑的重要手段。

常见的变换聚合反应有阴离子聚合向阳离子聚合的变换、向自由基聚合的变换、向活性可控自由基聚合的变换等；阳离子聚合向自由基聚合、ATRP 以及阴离子聚合的变换；配位聚合向自由基聚合、阳离子聚合、阴离子聚合的变换；自由基聚合向阳离子聚合反应的变换等。例如阴离子聚合向阳离子聚合的变换（见反应式(2.47a)、(2.47b)）。即能使单体 M_1 进行阴离子聚合形成阴离子活性聚合物，再将其转变成聚合物阳离子。生成的聚合物阳离子引发单体 M_2 聚合，从而生成相应的嵌段共聚物。

$$\sim M_1^- Na^+ + RX \xrightarrow{\text{终止}} \sim M_1R + NaX \qquad (2.47a)$$

$$\sim M_1R \xrightarrow{\text{阳离子催化剂}} \sim M_1R^+ M_1R \xrightarrow{M_2} \sim M_1M_2 \sim \qquad (2.47b)$$

第3章　聚合物的结构与性能

3.1　聚合物的结构

由于高分子的分子链很庞大且组成可能不均一,所以高分子的结构很复杂。整个高分子结构是由四个不同层次组成,分别称为一级结构和高级结构(包括二级、三级和四级结构)。

3.1.1　一级结构

高分子链的一级结构指单个大分子内与基本结构单元有关的结构,包括结构单元的化学组成、键接方式、构型、支化和交联以及共聚物的结构。

1. 键接方式

单烯类单体聚合时可能出现两种链接方式:一种是"头 - 尾"链接,一种是"头 - 头"(或尾 - 尾)链接。由于位阻效应和端基活性种的共振稳定性两方面原因,一般聚合物以"头 - 尾"链接占大多数。

$$CH_2 = CHR \longrightarrow -CH_2CH-CH_2CH- \quad 或 \quad -CH_2CH-CHCH_2-$$
$$\underset{R}{|} \quad \underset{R}{|} \qquad \underset{R}{|} \quad \underset{R}{|}$$

头-尾链接　　　　　　　　　头-头链接

2. 构型

构型是指分子中由化学键所固定的原子在空间的排列。这种排列是稳定的,要改变构型,必须经过化学键的断裂和重组。有两类构型不同的异构体,即旋光异构体和几何异构体。

(1) 旋光异构

碳原子的四个价键形成正四面体结构, 键角都是 $109°28'$(图 3.1)。当四个取代基团或原子都不一样即不对称时就产生旋光异构体,这样的中心碳原子称不对称碳原子。例如丙氨酸有两种旋光异构体,它们互为镜影结构,就如同左手和右手互为镜影而不能实际重合一样 (图 3.2)。

结构单元为 $-CH_2CH-$ 型单烯类高分子中,每一个结
$\qquad\qquad\qquad\quad\underset{R}{|}$

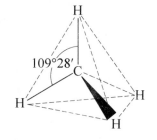

图 3.1　甲烷的四面体结构

构单元有一个不对称碳原子,因而每一个链节就有 D 型和 L 型两种旋光异构体。若将 C—C 链放在一个平面上,则不对称碳原子上的 R 和 H 分别处于平面的上或下侧。当取代基全部处于平面的一侧,即序列为 DDDDDD(或 LLLLLL) 时

称为全同(或等规)立构。当取代基相间地分布于平面上下两侧,即序列为 DLDLDL 时称为间同(或间规)立构。而不规则分布时称为无规立构。图 3.3 是三类不同旋光异构体的示意图。

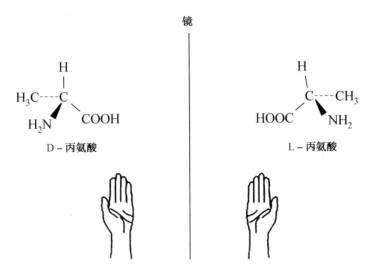

图 3.2   旋光异构体的互为镜影关系

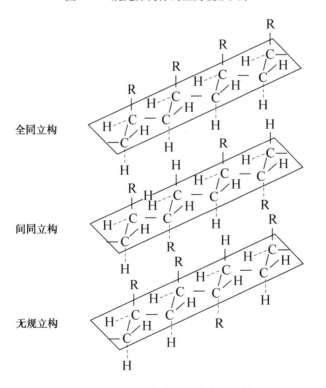

图 3.3   单烯类高分子的旋光异构体

（2）几何异构

双烯类高分子主链上存在双键。由于取代基不能绕双键旋转，因而双键上的基团在双键两侧排列的方式不同而有顺式构型和反式构型之分，称为几何异构体。以聚 1,4 - 丁二烯为例，有顺 1,4 和反 1,4 两种几何异构体。反式结构重复周期为 0.51 nm（图 3.4(b)），比较规整，易于结晶，在室温下是弹性很差的塑料；反之，顺式结构重复周期为 0.91 nm（图 3.4(a)），不易于结晶，是室温下弹性很好的橡胶。类似地，聚 1,4 - 异戊二烯也只有顺式才能成为橡胶（即天然橡胶）。对于聚丁二烯，还可能有 1,2 加成（对于聚异戊二烯则有 1,2 加成和 3,4 加成），双键成为侧基。因而与单烯类高分子一样，有全同（图 3.4(d)）和间同（图 3.4(c)）两种有规旋光异构体。

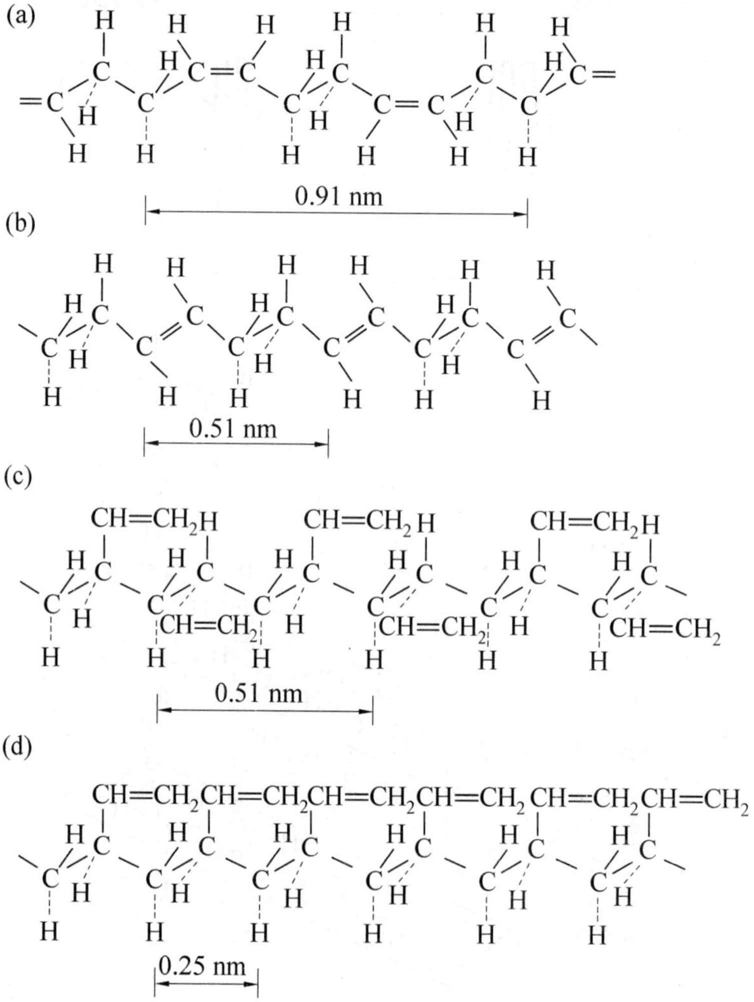

图 3.4　双烯类高分子聚丁二烯的有规异构体

3. 分子构造

分子构造指的是高分子链的几何形状。一般高分子链为线形，也有支化或交联结构。图3.5是几种典型的非线形构造的高分子链示意图。

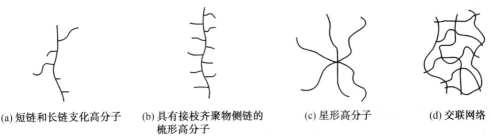

(a) 短链和长链支化高分子　　(b) 具有接枝齐聚物侧链的　　(c) 星形高分子　　(d) 交联网络
　　　　　　　　　　　　　　　　梳形高分子

图3.5　几种典型的非线形构造的高分子链

线形高分子的分子间没有化学键结合,在受热或受力时可以互相移动,因而线形高分子在适当溶剂中的溶解,加热时可以熔融,易于加工成形。

交联高分子的分子间通过支链联结起来成为一个三维空间网状大分子,高分子链不能动弹。因而不溶解也不熔融,当交联度不大时只能在溶剂中溶胀。

支化高分子的性质介于线形高分子和交联(网状)高分子之间,取决于支化程度。

低密度聚乙烯是支化高分子,热固性塑料是交联高分子,橡胶是轻度交联的高分子。

4. 共聚物的序列结构

高分子如果只由一种单体反应而成,称为均聚物;如果由两种以上单体合成,则称为共聚物。共聚物的序列结构如图3.6所示。以 ●、○ 两种单体的二元共聚物为例,有无规共聚物、交替共聚物、嵌段共聚物和接枝共聚物四类。

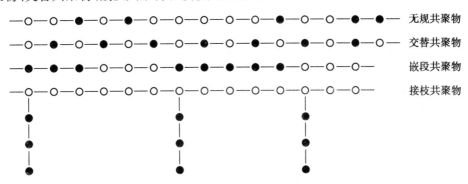

图3.6　共聚物的序列结构

共聚物的性质一般是均聚物的综合(如ABS),但有时却有很大差异,例如聚乙烯和聚丙烯都是塑料,但乙丙无规共聚物却是橡胶(称乙丙橡胶),这是因为共聚物破坏了结晶性。

3.1.2　二级结构

二级结构指的是若干链节组成的一段链或整根分子链的排列形状。高分子链由于单键内旋转而产生的分子在空间的不同形态称为构象(或内旋转异构体),属二级结构。构象与构型的根本区别在于,构象通过单键内旋转可以改变,而构型无法通过内旋转改变。

高分子主链上的C—C单键是由 σ 电子组成的,电子云分布具有轴对称性,因而C—C单键是可以绕轴旋转的,称为内旋转。假设碳原子上没有氢原子或取代基,单键的内旋转完全自由。由于键角固定在 109.5°，一个键的自转会引起相邻键绕其公转，轨迹为圆锥形，如图 3.7 所示。高分子链有成千上万个单键，单键内旋转的结果会导致高分子链总体卷曲的形态。

实际上，碳原子总是带有其他原子或基团，它们使 C—C 单键内旋转受到阻碍。下面以最简单的丁烷分子为例来分析内旋转过程中能量的变化。丁烷中 C—C 键的内旋转位能图如图 3.8 所示。假如视线沿 C—C 键方向，则中间两个碳原子上键接的甲基分别在两边并相距最远时为反式（trans，缩写 t），构象能量 u 最低。两个甲基重合时为顺式（cis，缩写 c），能量最高。两个甲基夹角为 60° 时为旁式（ganshe，有左旁式 g 和右旁式 g' 两种），能量也相对较低。显然只有反式和旁式较为稳定，大多数分子取这种构象。

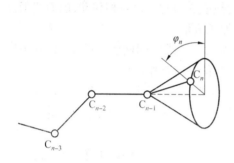

图 3.7　碳链聚合物的单键内旋转
（φ_n 为内旋转角）

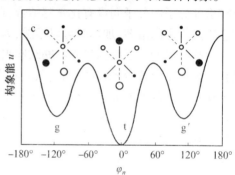

图 3.8　丁烷中 C—C 键的内旋转位能图

随着烷烃分子中碳数增加，相对稳定的构象数也增加。例如丙烷只有一种构象（3.9(a)），正丁烷有 3 种构象（3.9(b)），正戊烷则有 9 种构象（图 3.9(c)）。理论上，含有 n 个碳原子的正烷烃有 3^{n-3} 种构象。例如聚合度为 10^4 的聚乙烯，有 2 万个碳原子，整个分子链的构象数为 $3^{19997}(=10^{9541})$，这个数字比全宇宙存在的原子数还多。图 3.10 是 100 个碳原子链的构象的计算模拟图。通常聚合物的碳原子数目成千上万，可以想象普通的高分子链的卷曲程度。

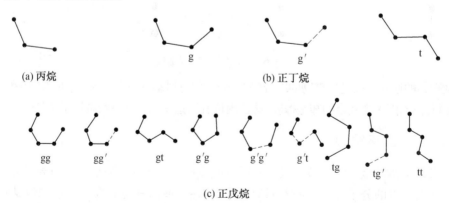

(a) 丙烷　　　　　　　　　g　　　　g'　　　　t

(b) 正丁烷

gg　　gg'　　gt　　g'g　　g'g'　　g't　　tg　　tg'　　tt

(c) 正戊烷

图 3.9　几种烷烃的相对稳定构象示意图
（虚线表示 g'，实线表示 g）

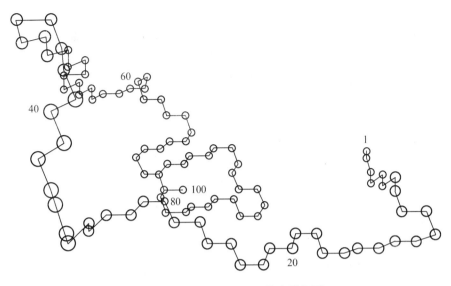

图 3.10　碳数为 100 的链构象模拟图

如果施加外力使链拉直,再除去外力时,由于热运动,链会自动回缩到自然卷曲的状态,这就是高分子普遍存在一定弹性的根本原因。

由于高分子链中的单键旋转时互相牵制,即一个键转动,要带动附近一段链一起运动,这样每个键不能成为一个独立运动的单元,而是由若干键组成的一段链作为一个独立运动单元,称为链段。整个分子链则可以看作由一些链段组成,链段并不是固定由某些键或链节组成,这一瞬间由这些键或链节组成一个链段,下一瞬间这些键或链节又可能分属于不同的链段。

高分子链有五种基本构象,即无规线团、伸直链、折叠链、螺旋链和锯齿形链,如图3.11 所示。无规线团是线形高分子在溶液和熔体中的主要形态。这种形态可以想象为煮熟的面条或一团乱毛线。其中锯齿形链指的是更细节的形状,由碳链形成的锯齿形状可以组成伸直链,也可以组成折叠链,因而有时也不把锯齿形链看成一种单独的构象。

图 3.11　高分子的二级结构

3.1.3　三级结构

三级结构指在单个大分子二级结构基础上,许多这样的大分子聚集在一起而成的结构,也称聚集态结构或超分子结构。三级结构包括非晶结构、结晶结构、液晶结构和取向结构等。

1. 非晶结构

聚合物的非晶结构是指玻璃态、橡胶态、黏流态(或熔融态)及结晶高聚物中非晶区的结构。非晶态聚合物的分子排列无长程有序,对 X 射线衍射无清晰点阵图案。

关于非晶态聚合物的结构,目前尚有争论,有两种不同的基本观点即两种不同的基本模型:Flory 的无规线团模型和叶叔酉(Yeh)的折叠链缨状胶束球粒模型。还有其他一些模型,但都介于二者之间。

Flory 用统计热力学理论推导并实验测定了大分子链的均方末端距和回转半径及其与温度的关系。结果表明,非晶态聚合物无论在溶液中或本体中,大分子链都呈无规线团的形态,线团之间是无规的相互缠结,具有过剩的自由体积,在此基础上提出了单相无规线团模型。根据这一模型,非晶态聚合物结构犹如羊毛杂乱排列而成的毛毡,不存在任何有序的区域结构。这一模型可以解释橡胶的弹性等许多行为,但难于解释如下的事实:有些聚合物(如聚乙烯)几乎能瞬时结晶,很难设想,原来杂乱排列无规缠结的大分子链能在很短的时间内达到规则排列。根据 Flory 无规线团模型,非晶态的自由体积应为 35%,而事实上,非晶态只有大约 10% 的自由体积。因此很多人对无规线团模型表示异议,提出了非晶态聚合物局部有序(即短程有序)的结构模型,其中有代表性的是 Yeh 在 1972 年所提出的折叠链缨状胶束球粒模型,亦称为两相模型,如图 3.12 所示。此模型的主要特点是:认为非晶态聚合物不是完全无序的,而是存在局部有序的区域,即包含有序和无序两个部分,因此称为两相结构模型。根据这一模型,非晶态聚合物主要包括两个区域:一是由大分子链折叠而成的"球粒"或"链结",其尺寸约为 3 ~ 10 nm。在这种"颗粒"中,折叠链的排列比较规整,但比晶态的有序性要小得多;二是球粒之间的区域,是完全无规的,其尺寸约为 1 ~ 5 nm。

2. 结晶结构

三级结构中最重要的是结晶结构。低分子化合物的结晶结构通常是完善的,结晶中分子有序排列。但高分子结晶结构通常是不完善的,有晶区也有非晶区。一根高分子链同时穿过晶区与非晶区,也就是说,结晶高分子不能 100% 结晶,其中总是存在非晶部分,所以只能算半结晶高分子。晶区与非晶区两者的比例显著地影响着材料的性质。纤维的晶区较多,橡胶的非晶较多,塑料居中。结果是纤维的力学强度较大,橡胶较小,塑料居中。

这些特点来源于大分子的结构特征。一个大分子可占据许多个格子点,构成格子点的并非整个大分子,而是大分子中的结构单元或大分子的局部段落。这就是说,一个大分子可以贯穿若干个晶胞。因此,聚合物晶体结构包括晶胞结构、晶体中大分子链的形态以及单晶和多晶的形态等。

(1) 晶胞结构

聚合物晶体晶胞中,沿大分子链的方向和垂直于大分子链方向,原子间距离是不同的,使得聚合物不能形成立方晶系。一般取大分子链的方向为 Z 轴方向。晶胞结构和晶胞参数与大分子的化学结构、构象及结晶条件有关。图 3.13 是聚乙烯的晶胞结构。

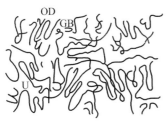

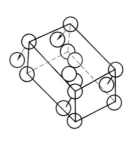

图 3.12 折叠链缨状胶束球粒模型   图 3.13 聚乙烯晶胞结构

OD— 有序区;GB— 晶界区;U— 粒间区

聚合物晶胞中,大分子链可采取不同的构象(形态),聚乙烯、聚乙烯醇、聚丙烯腈、涤纶、聚酰胺等晶胞中,大分子链大都为平面锯齿状;聚四氟乙烯、等规聚丙烯等晶胞中大分子链呈螺旋形态。

(2)聚合物晶态结构模型

聚合物晶态结构模型的中心问题是晶体中大分子链的堆砌方式,基本模式有两种:一种是缨状胶束模型(图 3.14),它是由非晶态结构的无规线团模型衍生出来的;另一种是折叠链模型(图 3.15),它是从局部有序的非晶态结构模型衍生出来的。

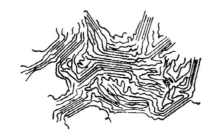

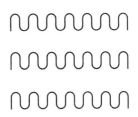

图 3.14 缨状胶束模型   图 3.15 折叠链模型

缨状胶束模型认为,聚合物结晶中存在许多胶束和胶束间区域,胶束是结晶区,胶束间是非晶区。此种模型流行多年,主要是因为它能解释一些事实,例如晶区和非晶区之间的强力结合而形成具有优良力学性能的结构等。但此模型难于解释另外一系列事实,因而提出了折叠链模型。

折叠链模型的要点是,在聚合物晶体中,大分子链是以折叠的形式堆砌起来的。近年来许多人将上述两种模型的概念加以融合,又提出了一系列模型,但基本上仍在上述两种模型的范畴之内。

对于结晶度较高的情况,折叠链模型较为适用。高结晶度情况下,也存在各种缺陷,其中有以下几种。

① 点缺陷,如空出的晶格位置和在缝隙间的原子、链端、侧基等。

② 位错,主要是螺型位错和刃型位错。螺型位错使晶体生长成螺旋形,这在聚合物单晶和聚合物本体中都常见到。

③ 二维缺陷,如折叠链表面。

④ 链无序缺陷,如折叠点、排列改变等。

⑤ 非晶态缺陷,即无序范围较大的区域。

对低结晶度及中等结晶度的情况,缨状胶束模型更适用一些。

（3）聚合物结晶形态

根据结晶条件的不同,聚合物可以生成单晶体、树枝状晶体、球晶以及其他形态的多晶聚集体。多晶体基本上是片状晶体的聚集体。

聚合物单晶都是折叠链构成的片晶,链的折叠方向与晶面垂直。单晶的生长规律与低分子晶体相同,往往沿螺旋位错中心盘旋生长而变厚。一般而言,聚合物单晶只能从聚合物稀溶液中生成。浓溶液和熔体一般形成球晶或其他形态的多晶体。

聚乙烯在高静压和较高温度下结晶时,可以形成伸直链片晶,其厚度与大分子链长度相当,厚度的分布与相对分子质量分布相对应。这是热力学上最稳定的晶体。尼龙6、涤纶等也可生成伸直链片晶。

球晶是微小片晶聚集而成的多晶体,直径可达几十至几百微米,可用光学显微镜直接观察到,在偏光显微镜的正交偏振片之间,呈现特有的黑十字消光或带有同心环的黑十字图形,如图3.16所示。

黑十字消光图像是聚合物球晶的双折射性质和对称性的反映。一束自然光通过起偏镜后变成偏振光,使其振动（电矢量）方向都在单一方向上。一束偏振光通过球晶时,发生双折射,分成两束电矢量相互垂直的偏振光,这两束光的电矢量分别平行和垂直于球晶半径方向,由于两个方向的折射率不同,两束光通过样品的速度是不等的,必然要产生一定的相位差而发生干涉现象。结果,通过球晶的一部分区域的光线可以通过与起偏镜处于正交位置的检偏镜,另一部分区域的光线不能通过检偏镜,最后形成亮暗区域。

由以上实验观察可知,球晶是由一个晶核开始,片晶辐射状生长而成的球状多晶聚集体。微束（细聚焦）X射线图像进一步证明,结晶聚合物分子链通常是沿着垂直于球晶半径方向排列的。大量关于球晶生长过程的研究表明,成核初期阶段先形成一个多层片晶,然后逐渐向外张开生长,不断分叉形成捆束状形态,最后形成填满空间的球状晶体,如图3.17所示。

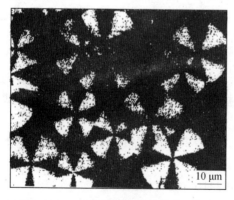

图3.16　全同立构聚苯乙烯球晶
的偏光显微镜照片

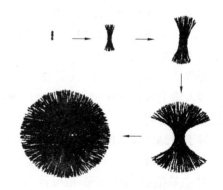

图3.17　球晶生长过程示意图

聚合物在切应力作用下结晶时,往往生成一长串半球状的晶体,称为串晶,如图3.18所示。这种串晶具有伸直链结构的中心轴,其周围间隔地生长着折叠链构成的片晶,如图

3.19 所示。由于伸直链结构的中心轴存在,串晶的力学强度较高。

图 3.18 聚乙烯串晶   图 3.19 串晶结构示意图

（4）结晶过程

聚合物的结晶速率是晶核生成速率和晶粒生长速率的总效应,如图 3.20 所示。成核分均相成核和异相成核(外部添加物或杂质)。若成核速率大,生长速率小,则形成的晶粒(一般为球晶) 小,反之则形成的晶粒大。在生产上可通过调整成核速率和生长速率来控制晶粒的大小,从而控制产品的性能。

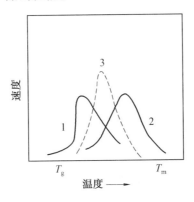

图 3.20 结晶速度与温度的关系
1— 成核速率;2— 晶粒生长速率;3— 结晶速率

聚合物结晶过程可分为主、次两个阶段。次期结晶是主期结晶完成后,某些残留非晶部分及结晶不完整部分继续进行的结晶和重排作用。次期结晶速率很慢,产品在使用中常因次期结晶的继续进行而影响性能。因此,可采用退火的方法消除这种影响。

聚合物结晶速率最大时的温度 T_{max} 与其熔点 T_m 的关系一般为

$$T_{max} = 0.8 T_m$$

聚合物结晶速率对温度十分敏感,有时温度变化 1 ℃,结晶速率可相差几倍。

依靠均相成核的纯聚合物结晶时,容易形成大球晶,力学性能不好。加入成核剂可降低球晶尺寸,对聚烯烃,常用脂肪酸碱金属盐作成核剂。

结晶可提高聚合物的密度、硬度及热变形温度,溶解性及透气性减少,断裂伸长率下降,抗张强度提高但韧性下降。

3. 液晶结构

液晶是介于液相(非晶态)和晶相之间的中介相,其物理状态为液体,而具有与晶体类似的有序性。根据分子排列方式的不同,液晶可分为三种不同的类型:近晶型、向列型和胆甾型,如图 3.21 所示。

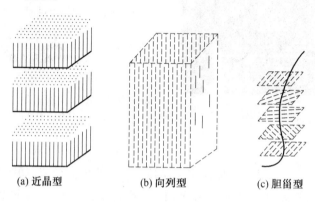

　　(a) 近晶型　　　　　　　(b) 向列型　　　　　　(c) 胆甾型

图 3.21　液晶态结构

制备液晶有两种方法:将晶体熔化,制得的液晶称为热致性液晶;将晶体溶解,得到的液晶称为溶致性液晶。

某些刚性很大的聚合物,如某些聚芳酰胺也能形成液晶态。聚合物液晶一般都是溶致性液晶。聚合物液晶最突出的性质是其特殊的流变行为,即高浓度、低黏度和低剪切应力下的高取向度。采用液晶纺丝可克服通常情况下高浓度必伴随高黏度的困难,且易达到高度取向。美国杜邦公司的 Kevlar 纤维(B - 纤维)就是采用液晶纺丝而制得的高强度纤维,其强度高达 2 815 MPa,模量达 126.5 GPa。

4. 取向结构

链段、整个大分子链以及晶粒在外力场作用下沿一定方向排列的现象称为聚合物的取向,相应的链段、大分子链及晶粒称为取向单元。按取向方式可分为单轴取向和双轴取向;按取向机理可分为分子取向(链段或大分子取向)和晶粒取向。

单轴拉伸而产生的取向称单轴取向,如图 3.22(a) 所示。双轴取向是沿相互垂直的两个方向上拉伸而产生的取向状态,取向单元沿平面排列,在平面内,取向的方向是无规的,如图 3.22(b) 所示。

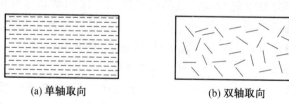

　　(a) 单轴取向　　　　　　　　　　(b) 双轴取向

图 3.22　聚合物取向

非晶态聚合物取向比较简单,视取向单元的不同,分为大尺寸取向和小尺寸取向。大尺寸取向是指大分子链作为整体是取向的,但就链段而言,可能并未取向。小尺寸取向是指链段取向,而整个大分子链并未取向。大尺寸取向慢,解取向也慢,这种取向状态比较稳定。小尺寸取向快,解取向也快,此种取向状态不大稳定。分子链取向而链段不取向的情况对纺丝工艺十分重要,这样可制得强韧而又富弹性的纤维。

结晶聚合物的取向比较复杂,有凝聚态结构的变化。一般而言,结晶聚合物的取向实际上是球晶的形变过程。在弹性形变阶段,球晶被拉成椭球形,再继续拉伸到不可逆形变阶段,球晶变成带状结构。在球晶形变过程中,组成球晶的片晶之间发生倾斜,晶面滑移和转动甚至破裂,部分折叠链被拉成伸直链,原有的结构部分或全部破坏,形成由取向的折叠链片晶和在取向方向上贯穿于片晶之间的伸直链所组成的新结晶结构,这种结构称为微丝结构,如图3.23(a)所示。在拉伸取向过程中,也可能原有的折叠链片晶部分地转变成分子链沿拉伸方向规则排列的伸直链晶体,如图3.23(b)所示。拉伸取向的结果,伸直链段增多,折叠链段减少,系结链数目增多,从而提高了材料的力学强度和韧性。

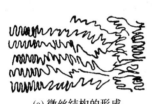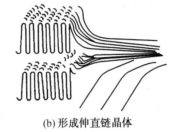

(a) 微丝结构的形成   (b) 形成伸直链晶体

图 3.23 结晶聚合物取向机理

聚合物取向后呈现明显的各向异性,取向方向的力学强度提高,垂直于取向方向的强度下降。

3.1.4 四级结构

四级结构是指高分子在材料中的堆砌方式。在高分子加工成材料时往往还在其中添加填料、助剂、颜料等外加成份。有时用两种或两种以上高分子混合(称为共混)改性,这就形成更为复杂的结构问题。这一层次的结构又称为织态结构。

3.2 聚合物的分子运动及物理状态

3.2.1 聚合物分子运动的特点

分子运动的性质和程度取决于温度,不同的运动形式需要不同数量的能量来激发。因此不同形式的运动,存在不同的临界温度,在此温度之下,该形式的运动处于"冻结"状态。

由于聚合物结构的多重性,因此聚合物的分子运动就存在与其结构相对应的一系列特点,可归纳为以下几个方面。

1. 运动单元的多重性

从长链高分子结构角度来看,除了整个高分子主链可以运动之外,链内各个部分还可以有多重运动,如分子链上的侧基、支链、链节、链段等都可以产生相应的各种运动。具体地说,高分子的热运动包括四种类型。

（1）高分子链的整体运动

高分子链的整体运动是分子链质量中心的相对位移。例如,宏观熔体的流动是高分子链质心移动的宏观表现。

（2）链段运动

链段运动是高分子区别于小分子的特殊运动形式,即在高分子链质量中心不变的情况下,一部分链段通过单键内旋转而相对于另一部分链段运动,使大分子可以伸展或卷曲。例如,宏观上的橡皮拉伸、回缩。

（3）链节、支链、侧基的运动

链节数 $n \geq 4$ 的主链 $\text{\(-CH_2-\)}_n$ 中,可能有 C_8 链节的曲柄运动。杂链聚合物聚芳砜中,可产生杂链节砜基的运动等。实验表明,这类运动对聚合物的韧性有重要影响。侧基或侧链的运动多种多样,例如,与主链直接相连的甲基的转动,苯基、酯基的运动,较长的 $\text{\(-CH_2-\)}_n$ 支链运动等。上述运动简称次级松弛,比链段运动需要更低的能量。

（4）晶区内的分子运动

晶态聚合物的晶区中,也存在分子运动。例如,晶型转变、晶区缺陷的运动、晶区中的局部松弛模式、晶区折叠链的"手风琴式"运动等。

几种运动单元中,整个大分子链称为大尺寸运动单元,链段和链段以下的运动单元称为小尺寸运动单元。

2. 分子运动的时间依赖性

在一定的温度和外场（力场、电场、磁场）作用下,聚合物从一种平衡态通过分子运动过渡到另一种与外界条件相适应的新的平衡态总是需要时间的,这种现象即为聚合物分子运动的时间依赖性。分子运动依赖于时间的原因在于整个分子链、链段、链节等运动单元的运动均需要克服内摩擦阻力,是不可能瞬时完成的。

如果施加外力将橡皮拉长 Δx,然后除去外力,Δx 不能立即变为零,形变恢复过程开始时较快,以后越来越慢,如图 3.24 所示。橡皮被拉伸时,高分子链由卷曲状态变为伸直状态,即处于拉紧的状态。除去外力,橡皮开始回缩,其中的高分子链也由伸直状态逐渐过渡到卷曲状态,即松弛状态,故该过程简称松弛过程,可表示为

$$\Delta x(t) = \Delta x(0) e^{-\frac{t}{\tau}} \tag{3.1}$$

式中,$\Delta x(0)$ 为外力作用下橡皮长度的增量;$\Delta x(t)$ 为除去外力后 t 时间橡皮长度的增量;t 为观察时间,一般为物性测量中所用的时间尺度;τ 为松弛时间。

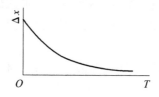

图 3.24　拉伸橡皮的回缩曲线

一般,松弛时间的大小取决于材料固有的性质以及温度、外力的大小。聚合物的松弛

时间一般都比较长,当外场作用时间较短或者实验的观察时间不够长时,不能观察到高分子的运动,只有当外场作用时间或实验观察时间足够长时,才能观察到松弛过程。此外,由于聚合物相对分子质量具有多分散性,运动单元具有多重性,所以实际聚合物的松弛时间不是单一的值,可以从与小分子相似的松弛时间 10^{-8} s 起,一直到 $10^{-1} \sim 10^4$ s 甚至更长。

3. 分子运动的温度依赖性

温度变化对于高聚物分子运动的影响非常显著。温度升高,一方面运动单元热运动能量提高,另一方面由于体积膨胀,分子间距离增加,运动单元活动空间增大,使松弛过程加快,松弛时间减小。

对于高聚物中的许多松弛过程,特别是那些由于侧基运动或主链局部运动引起的松弛过程,松弛时间与温度的关系符合 Eyring 关于速度过程的一般理论,即

$$\tau = \tau_0 e^{\frac{\Delta E}{RT}} \tag{3.2}$$

式中,τ_0 为常数;R 为气体常数;T 为绝对温度;ΔE 为松弛过程所需的活化能,kJ/mol。

ΔE 相应于运动单元进行某种方式运动所需要的能量(kJ/mol),其值可以通过测定各种温度下过程的松弛时间,以 $\ln \tau$ 对 $\frac{1}{T}$ 作图,从所得直线的斜率 $\frac{\Delta E}{R}$ 求出。

由式(3.2)可以看出,温度增加,τ 减小,松弛过程加快,可以在较短的时间内观察到分子运动;反之,温度下降,τ 增大,则需要较长的时间才能观察到分子运动。所以,对于分子运动或对于一个松弛过程,升高温度和延长观察时间具有等效性。

3.2.2 聚合物的物理状态

1. 相态和凝聚态

相态是热力学概念,是根据结构学来判别的。具体地说,相态取决于自由焓、温度、压力、体积等热力学参数,相之间的转变必定有热力学参数的突跃变化。

凝聚态是动力学概念,是根据物体对外场特别是外力场的响应特性来划分的,所以也常称为力学状态。凝聚态所涉及的是松弛过程。一种物质的力学状态与时间因素密切相关,这是与相态的根本区别。

气相和气态是一致的。液态一般即为液相,但有时力学状态为液体,结构上却划入晶相,如液晶的情况。液相也不一定是液态,如玻璃属于液相,但表现固体的性质。液相的水,在频率极大的外力作用下会表现固体的弹性。对凝聚态而言,速度和时间是关键,因此它只有相对的意义。当然,我们平常所指的凝聚态(固态、液态和气态)都是指一般时间尺度下的情况。

2. 非晶态聚合物的三种力学状态

聚合物无气相和气态。聚合物存在晶相和非晶态(无定形)两种相态,非晶态在热力学上可视为液相。

当液体冷却固化时,有两种转变过程:一种是分子作规则排列,形成晶体,这是相变过程;另一种情况,液体冷却时,分子来不及作规则排列,体系黏度已变得很大(如 10^{12} Pa·s),冻结成无定形状态的固体,这种状态又称为玻璃态或过冷液体,此转变过程

称为玻璃化过程。玻璃化过程中,热力学性质无突变现象,而有渐变区,取其折中温度,称为玻璃化温度 T_g。

非晶态聚合物,在玻璃化温度以下时处于玻璃态。玻璃态聚合物受热时,经高弹态最后转变成黏流态(图 3.25),开始转变为黏流态的温度称为流动温度或黏流温度,这三种状态称为力学三态。在图 3.25 所示的温度 – 形变曲线(热机械曲线)上有两个斜率突变区,分别称为玻璃化转变区和黏弹转变区。

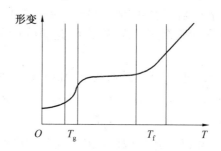

图 3.25　非晶态聚合物的温度 – 形变曲线

(1) 玻璃态

由于温度低,链段的热运动不足以克服主链内旋转位垒,因此,链段的运动处于“冻结”状态,只有侧基、链节、键长、键角等的局部运动。在力学行为上表现为模量高(10^9 ~ 10^{10} Pa)和形变小(1% 以下),具有虎克弹性行为,质硬而脆。

玻璃态转变区是对温度十分敏感的区域,温度约为 3 ~ 5 ℃。在此温度范围内,链段运动已开始“解冻”,大分子链构象开始改变,进行伸缩,表现出明显的力学松弛行为,具有坚韧的力学特性。

(2) 高弹态

在 T_g 以上,链段运动已充分发展。聚合物弹性模量降为 10^5 ~ 10^6 Pa,在较小应力下,即可迅速发生很大的形变,除去外力后,形变可迅速恢复,因此称为高弹性或橡胶弹性。

黏弹转变区是大分子链开始能进行重心位移的区域,模量降至 10^4 Pa 左右。在此区域,聚合物同时表现黏性流动和弹性形变两个方面,这是松弛现象十分突出的区域。

应当指出,交联聚合物不发生黏性流动。对线型聚合物,高弹态的温度范围随相对分子质量的增大而增大,相对分子质量过小的聚合物无高弹态。

(3) 黏流态

温度高于 T_f 以后,由于链段的剧烈运动,在外力作用下,整个大分子链质心可发生相对位移,产生不可逆形变即黏性流动,此时聚合物为黏性液体。相对分子质量越大,T_f 就越高,黏度也越大。交联聚合物则无黏流态存在,因为它不能产生分子间的相对位移。

同一聚合物材料,在某一温度下,由于受力大小和时间的不同,可能呈现不同的力学状态。因此上述的力学状态只具有相对意义。

在室温下,塑料处于玻璃态,玻璃化温度是非晶态塑料使用的上限温度,熔点则是结晶聚合物使用的上限温度。对于橡胶,玻璃化温度则是其使用的下限温度。

3. 结晶聚合物的力学状态

结晶聚合物因存在一定的非晶部分,因此也有玻璃化转变。但由于结晶部分的存在,链段运动受到限制,所以在 T_g 以上,模量下降不大;T_g 和 T_m 之间不出现高弹态;在 T_m 以上模量迅速下降。若聚合物相对分子质量很大且 $T_m < T_f$,则在 T_m 与 T_f 之间将出现高弹态;若相对分子质量较低且 $T_m > T_f$,则熔融之后即转变成黏流态。

3.3 聚合物的性能

由于高聚物的相对分子质量很大,所以其力学性能、热性能、溶解性等与小分子化合物大为不同。

3.3.1 聚合物的力学性能

聚合物作为材料使用时,对它性质的要求最重要的还是力学性质,如作为纤维要经得起拉力;作为塑料制品要经得起敲击;作为橡胶要富有弹性和耐磨损等。聚合物的力学性质,主要是研究其在受力作用下的形变,即应力 – 应变关系。

1. 应力 – 应变曲线

(1)应力和应变

当材料在外力作用下,而材料不能产生位移时,它的几何形状和尺寸将发生变化,这种形变称为应变。材料发生形变时内部产生了大小相等但方向相反的反作用力抵抗外力,定义单位面积上的这种反作用力为应力。

材料受力方式不同,形变方式也不同。常见的应力和应变有以下几种:

① 张应力、张应变和拉伸模量。材料受简单拉伸时(图 3.26),张应力为 $\sigma = \dfrac{F}{A_0}$;张应变(又称伸长率)为 $\varepsilon = \dfrac{l - l_0}{l_0} = \dfrac{\Delta l}{l_0}$;拉伸模量(又称杨氏模量)为 $E = \dfrac{\sigma}{\varepsilon}$。

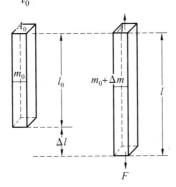

图 3.26　简单拉伸示意图

②(剪)切应力、(剪)切应变和剪切模量。剪切(Shear)时应力方向平行于受力平面,如图 3.27 所示。切应力 $\sigma_s = \dfrac{F}{A_0}$;切应变 $\gamma = \tan\theta$;剪切模量 $G = \dfrac{\sigma_s}{\gamma}$。

还有一个材料常数称为泊松(Poisson)比,定义为在拉伸试验中,材料横向单位宽度的减小与单位长度的增加的比值 $\nu = -\dfrac{\dfrac{\Delta m}{m_0}}{\dfrac{\Delta l}{l_0}}$（注:加负号是因为 Δm 为负值）。

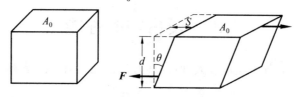

图 3.27　简单剪切示意图

可以证明没有体积变化时, $\nu = 0.5$,橡胶拉伸时就是这种情况。其他材料拉伸时, $\nu < 0.5$。ν 与 E 和 G 之间有关系式 $E = 2G(1 + \nu)$。

因为 $0 < \nu \leqslant 0.5$,所以 $2G < E \leqslant 3G$。也就是 $E > G$,即拉伸比剪切困难,这是因为在拉伸时高分子链要断键,需要较大的力;剪切时是层间错动,较容易实现。

（2）极限强度

极限强度是材料抵抗外力破坏能力的量度,不同形式的破坏力对应于不同意义的强度指标。极限强度在实用中有重要意义。

① 抗张强度。在规定的试验温度、湿度和试验速率下,在标准试样（通常为哑铃形）上沿轴向施加载荷直至拉断为止。抗张强度（Tensile Strength）定义为断裂前试样承受的最大载荷 P 与试样的宽度 b 和厚度 d 的乘积的比值,即

$$\sigma_t = \frac{P}{bd}$$

② 冲击强度。冲击强度（Impact Strength）是衡量材料韧性的一种强度指标,定义为试样受冲击载荷而折断时单位截面积所吸收的能量,即

$$\sigma_i = \frac{W}{bd}$$

式中, W 为冲断试样所消耗的功; b 为试样宽度; d 为试样厚度。

有简支梁和悬臂梁两种冲击方式。前者试样两端支承,摆锤冲击试样的中部（图3.28）;后者试样一端固定,摆锤冲击自由端。试样可用带缺口和不带缺口两种,带缺口试样更易冲断,其厚度 d 指缺口处剩余厚度。

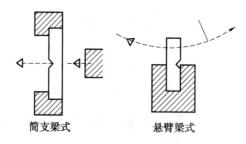

简支梁式　　　　悬臂梁式

图 3.28　简支梁式和悬臂梁式摆锤冲击试验

根据材料的室温(20 ℃)冲击强度,可以将聚合物分为三类:

脆性 —— 聚苯乙烯、聚甲基丙烯酸甲酯;

缺口脆性 —— 聚丙烯、聚氯乙烯(硬)、尼龙(干)、高密度聚乙烯、聚苯醚、聚对苯二甲酸乙二醇酯、聚砜、聚甲醛、纤维素酯、ABS(某些)、聚碳酸酯(某些);

韧性 —— 低密度聚乙烯、聚四氟乙烯、尼龙(湿)、ABS(某些)、聚碳酸酯(某些)。

③ 硬度。硬度(Hardness)是衡量材料表面抵抗机械压力的能力的一种指标。硬度实验方法很多,采用的压入头及方式不同,计算公式也不同。硬度可分为布氏、洛氏和邵氏等几种。

(3) 玻璃态聚合物拉伸时的应力 - 应变曲线

玻璃态聚合物在拉伸时典型的应力 - 应变关系如图3.29所示。应力 - 应变曲线可以分为以下5个阶段。

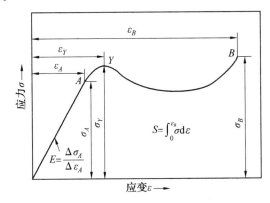

图 3.29　玻璃态聚合物拉伸时的应力 - 应变曲线示意图

① 弹性形变。在 Y 点之前应力随应变正比地增加,从直线的斜率可以求出杨氏模量 E。从分子机理看来,这一阶段的普弹性行为主要是由于高分子的键长键角变化引起的。

② 屈服(Yield)。应力在 Y 点达到极大值,这一点称为屈服点,其应力 σ_Y 为屈服应力。

③ 强迫高弹形变(又称大形变)。过了 Y 点应力反而降低,这是由于此时在大的外力帮助下,玻璃态聚合物本来被冻结的链段开始运动,高分子链的伸展提供了材料的大的形变。这种运动本质上与橡胶的高弹形变一样,只不过是在外力作用下发生的,为了与普通的高弹形变相区别,通常称为强迫高弹形变。这一阶段加热可以恢复。

④ 应变硬化。继续拉伸时,由于分子链取向排列,使硬度提高,从而需要更大的力才能形变。

⑤ 断裂。达到 B 点时材料断裂,断裂时的应力 σ_B 即是抗张强度 σ_t;断裂时的应变 ε_B 又称为断裂伸长率。直至断裂,整条曲线所包围的面积 S 相当于断裂功。

因而,从应力 - 应变曲线上可以得到以下重要力学指标:E 越大,说明材料越硬,相反则越软;σ_B 或 σ_Y 越大,说明材料越强,相反则越弱;S 越大,说明材料越韧,相反则越脆。

实际聚合物材料,通常只是上述应力 - 应变曲线的一部分或其变异,如图3.30所示5类典型的聚合物应力 - 应变曲线,它们的特点分别为软而弱、硬而脆、硬而强、软而韧和硬而韧。其代表性聚合物如下：

软而弱 —— 聚合物凝胶；

硬而脆 —— 聚苯乙烯、聚甲基丙烯酸甲酯、酚醛塑料；

硬而强 —— 硬聚氯乙烯；

软而韧 —— 橡胶、增塑聚氯乙烯、聚乙烯、聚四氟乙烯；

硬而韧 —— 尼龙、聚碳酸酯、聚丙烯、醋酸纤维素。

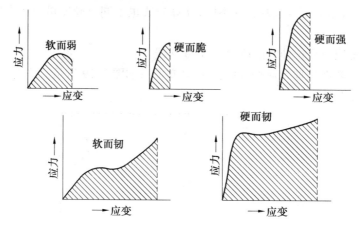

图3.30 聚合物的应力 - 应变曲线类型

总体来说,聚合物的断裂分为脆性断裂和韧性断裂两类。仔细观察拉伸过程中聚合物试样的变化不难发现,脆性聚合物在断裂前试样没有明显变化,断裂面光滑且与拉伸方向相垂直。而韧性聚合物拉伸到屈服点时,常可以看到试样出现与拉伸方向成大约45°角倾斜的"剪切滑移变形带"(图3.31)。这是由于剪切模量小于拉伸模量($G < E$),在材料断裂前45°斜面上的剪切应力首先达到材料的剪切强度。

（4）结晶态聚合物拉伸时的应力 - 应变曲线

图3.32为晶态聚合物拉伸时的应力 - 应变曲线,也同样经历了5个阶段。除了E和σ_t都较大外,其主要特点是细颈化和冷拉。所谓"细颈化"是指试样在一处或几处薄弱环节首先变细,此后细颈部分不断扩展,非细颈部分逐渐缩短,直至整个试样变细为止。这一阶段应力不变,应变可达500%以上。由于是在较低温度下出现的不均匀拉伸(注:玻璃态聚合物试样在拉伸时横截面是均匀收缩的),所以又称为"冷拉"。

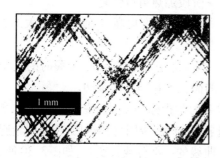

图3.31 聚苯乙烯试样的剪切屈服

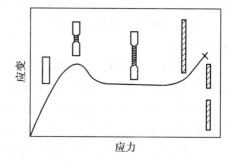

图3.32 结晶态聚合物拉伸时应力 - 应变曲线

（5）影响聚合物强度的结构因素和增强增韧途径

聚合物断裂的机理是：首先局部范德瓦尔斯力或氢键力等分子间作用力被破坏，然后应力集中在取向的主链上，使这些主链的共价键断裂。因而聚合物的强度上限取决于主链化学键力和分子链间作用力。一般情况下，增加分子间作用力如增加极性或氢键可以提高强度。例如，高密度聚乙烯的抗张强度只有 22 ~ 38 MPa，聚氯乙烯因有极性基团，抗张强度为 49 MPa，尼龙 - 66 有氢键，抗张强度为 81 MPa。

主链有芳环，其强度和模量都提高。例如，芳香尼龙高于普通尼龙，聚苯醚高于脂肪族聚醚等。实际上工程塑料大都在主链上含有芳环。

支化使分子间距离增加，分子间作用力减少，因而抗张强度降低；但交联增加了分子链间的联系，使分子链不易滑移，抗张强度提高；结晶起了物理交联的作用，与交联的作用类似；取向使分子链平行排列，断裂时破坏主链化学键的比例大大增加，从而强度大为提高，因而拉伸取向是提高聚合物强度的主要途径。

相对分子质量越大，强度越高。因为相对分子质量较小时，分子间作用力较小，在外力作用下，分子间会产生滑动而使材料开裂。但当相对分子质量足够大时，分子间的作用力总和大于主链化学键力，材料更多地发生主价键的断裂，也就是说达到临界值后，抗张强度达到恒定值（但冲击强度不存在临界值）。

以上讨论主要是对于抗张强度，对于冲击强度，除了上述结构因素外，还与自由体积有关。总的来说，自由体积越大，冲击强度越高。结晶时体积收缩，自由体积减小，因而结晶度太高时材料变脆。支化使自由体积增加，因而冲击强度较高。

聚合物的增强除了根据上述原理改变结构外，还可以添加增强剂。增强剂主要是碳纤维、玻璃纤维等纤维状的物质，以及木粉、炭黑等活性填料。前者所形成的复合材料有很高的强度，例如，玻璃纤维增强的环氧树脂的比强度超过了高级合金钢，所以又称为环氧玻璃钢。后者不同于一般只为了降低成本的增量型填料，例如，在天然橡胶中加入 20% 的炭黑，抗张强度从 150 MPa 提高到 260 MPa，这种作用称为对橡胶的补强作用。

如果脆性塑料中加入一些橡胶共混，可以达到提高冲击强度的效果，又称为增韧。增韧的机理是橡胶粒子作为应力集中物，在应力下会诱导大量银纹，从而吸收大量冲击能。所谓银纹是 PS、PMMA 等聚合物在受力时会在垂直于应力方向上出现一些肉眼可见的微细凹槽或裂纹，由于光的散射和折射而闪闪发光，如图 3.33 所示。银纹不等于裂缝，它还保留有 50% 左右的密度，残留的分子链沿应力方向取向，所以它仍然有一定强度。在橡胶增韧塑料中银纹产生自一个橡胶粒子，又终止于另一个橡胶粒子，从而不发展成裂缝而导致断裂。

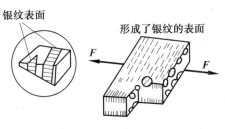

图 3.33 银纹结构示意图

2. 高弹性

处于高弹态的聚合物表现出高弹性能。高弹性是分子材料极重要的性能。以高弹性为主要特征的橡胶,是一类极其重要的高分子材料。聚合物在高弹态能表现一定程度的高弹性,但并非都可作橡胶使用。作为橡胶材料必须具备一定的结构要求。以下对高弹性的特点、本质及橡胶材料的结构特征作一简要阐述。

（1）高弹性的特点

高弹性即橡胶弹性,同一般的固体物质所表现的普弹性相比具有如下的主要特点,这些特点也就是橡胶材料的特点。

① 弹性模量小、形变大。一般材料,如铜、钢等,形变量最大为1%左右,而橡胶的高弹形变很大,可拉伸5～10倍。橡胶的弹性模量则只有一般固体物质的万分之一左右。

② 弹性模量与绝对温度成正比,而一般固体的模量随温度的提高而下降。

③ 形变时有热效应,伸长时放热,回缩时吸热。

④ 在一定条件下,高弹形变表现明显的松弛现象。

上述特点是由高弹形变的本质所决定的。

（2）高弹形变的本质

对固体的弹性形变如可逆平衡的拉伸形变,根据热力学第一定律和第二定律,可导出弹性回复力关系式为

$$f = \left(\frac{\partial u}{\partial l}\right)_{T,V} - T\left(\frac{\partial S}{\partial l}\right)_{T,V} \tag{3.3}$$

或

$$f = \left(\frac{\partial u}{\partial l}\right)_{T,V} + T\left(\frac{\partial f}{\partial T}\right)_{l,V} \tag{3.4}$$

可将弹性区分为能弹性和熵弹性两个基本类型。晶体、金属、玻璃以及处于 T_g 以下的塑料等,弹性产生的原因是键长、键角的微小改变所引起的内能变化,熵变化的因素可以忽略,所以称为能弹性。表现能弹性的物体,弹性模量大,形变小,一般为0.1～1%。绝热伸长时变冷,即形变时吸热,恢复时放热（释放出形变时储存的内能）。能弹性又称为普弹性,弹力 $f = \left(\frac{\partial u}{\partial l}\right)_{T,V}$,即式（3.3）及式（3.4）中的第二项可以忽略。普弹形变遵从虎克定律。

理想气体、理想橡胶的弹性起源于熵的变化,内能不变,即式（3.3）及式（3.4）中的第一项可以忽略,故称为熵弹性。例如压缩理想气体时,其弹性来源于体系的熵值随体积的减小而减小,即 $f = -T\left(\frac{\partial S}{\partial l}\right)_{T,V}$ 。实验表明,典型的橡胶材料进行拉伸形变时,其弹力可表示为 $f = -T\left(\frac{\partial S}{\partial l}\right)_{T,V}$,属于熵弹性。

大分子链在自然状态下处于无规线团状态,这时构象数最大,因此熵值最大。当处于拉伸应力作用下时,拉伸形变是大分子链被伸展的结果。大分子链被伸展时,构象数减少,熵值下降,即 $\left(\frac{\partial S}{\partial l}\right)_{T,V} < 0$ 。热运动可使大分子链恢复到熵值最大、构象数最多的卷曲

状态,因而产生弹性回复力,这就是高弹形变的本质。由此本质出发即可解释高弹形变的一系列特点,例如根据 $f = -T\left(\dfrac{\partial S}{\partial l}\right)_{T,V}$ 即可解释温度上升时何以弹性模量提高。

由线型无交联的大分子构成的聚合物,虽然在高弹态能表现一定的高弹形变,但力作用时间稍长时,会发生大分子之间的相对位移而产生永久形变,所以不能表现典型的高弹性。适度交联的聚合物,如交联的天然橡胶,则表现出典型的高弹行为。

3. 聚合物的力学松弛 —— 黏弹性

聚合物的黏弹性是指聚合物既有黏性又有弹性的性质,实质是聚合物的力学松弛行为。在玻璃化转变温度以上,非晶态线型聚合物的黏弹性表现最为明显。

对理想的黏性液体,即牛顿液体,其应力 – 应变行为遵从牛顿定律,$\sigma = \eta\dot{\gamma}$。对虎克体,应力 – 应变关系遵从虎克定律,即应变与应力成正比,$\sigma = G\gamma$。聚合物既有弹性又有黏性,其形变和应力或其柔量和模量都是时间的函数。多数非晶态聚合物的黏弹性都遵从 Boltzman 叠加原理,即当应变是应力的线性函数时,若干个应力作用的总结果是各个应力分别作用效果的总和。遵从此原理的黏弹性称为线性黏弹性。线性黏弹性可用牛顿液体模型及虎克体模型的简单组合来模拟。

温度提高会加速黏弹过程,也就是使过程的松弛时间减少。黏弹过程中时间 – 温度的相互转化效应可用 WLF 方程表示。

(1)静态黏弹性

静态黏弹性是指在固定的应力(或应变)下形变(或应力)随时间延长而发展的性质。典型的表现是蠕变和应力松弛。

① 蠕变。在一定温度、一定应力作用下,材料的形变随时间的延长而增加的现象称为蠕变(Creep)。对线型聚合物,形变可无限发展且不能完全回复,保留一定的永久形变;对交联聚合物,形变可达一平衡值。

蠕变的简易测定方法:把 PVC 薄膜切成一长条,用夹具分别夹住两端。上端固定,下端挂上一定质量的砝码,就会观察到薄膜慢慢地伸长;解下砝码后,薄膜会慢慢地回缩。记录形变与时间的关系,得到如图 3.34 所示的蠕变及其回复曲线。

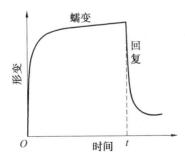

图 3.34 线型非晶态聚合物的蠕变及其回复曲线

从分子机理来看,蠕变包括三种形变:普弹形变、高弹形变和黏性流动。

a. 普弹形变。当外力作用在高分子材料上时,分子链内部的键长、键角的改变是瞬间发生的,但形变量很小,称普弹形变,用 ε_1 表示。外力除去后,普弹形变能立刻完全回复。

　　b. 高弹形变。当外力作用时间和链段运动所需要的松弛时间同数量级时,分子链通过链段运动逐渐伸展,形变量比普弹形变大得多,称高弹形变,用 ε_2 表示。外力除去后,高弹形变能逐渐完全回复。

　　c. 黏性流动。对于线型聚合物,还会产生分子间的滑移,称为黏性流动,用 ε_3 表示。外力除去后黏性流动产生的形变不可回复,是不可逆形变。

　　所以聚合物受外力时总形变可表达为

$$\varepsilon = \varepsilon_1 + \varepsilon_2 + \varepsilon_3$$

　　蠕变影响了材料的尺寸稳定性。例如,精密的机械零件必须采用蠕变小的工程塑料制造;相反聚四氟乙烯的蠕变性很大,利用这一特点可以用作很好的密封材料(用于密封水管接口等的生料带)。

　　② 应力松弛。在温度、应变恒定的条件下,材料的内应力随时间延长而逐渐减小的现象称为应力松弛(Stress Relaxation)。这种现象在日常生活中能观察到,例如橡胶松紧带开始使用时感觉比较紧,用过一段时间后越来越松。也就是说,实现同样的形变量,所需的力越来越少。

　　从分子机理来看,线型聚合物拉伸时张力迅速作用使缠结的分子链伸长,但这种伸直的构象是不平衡的,由于热运动分子链会重新卷曲,但形变量被固定不变,于是链可能解缠结而转入新的无规卷曲的平衡态,于是应力松弛为零。交联聚合物不能解缠结,因而应力不能松弛到零。

　　应力松弛同样也有重要的实际意义。成型过程中总离不开应力,在固化成制品的过程中应力来不及完全松弛,或多或少会被冻结在制品内。这种残存的内应力在制品的存放和使用过程中会慢慢发生松弛,从而引起制品翘曲、变形甚至应力开裂。消除的方法是退火或溶胀(如纤维热定形时吹入水蒸气)以加速应力松弛过程。

　　(2) 动态黏弹性

　　① 滞后现象。当外力不是静力,而是交变力(应力大小呈周期性变化) 时,应力和应变的关系就会呈现出滞后现象。所谓滞后现象(Retardation),是指应变随时间的变化一直跟不上应力随时间的变化的现象。

　　例如,自行车行驶时橡胶轮胎的某一部分一会儿着地,一会儿离地,因而受到的是一个交变力。在这个交变力作用下,轮胎的形变也是一会儿大一会儿小的变化。形变总是落后于应力的变化,这种滞后现象的发生是由于链段在运动时要受到内摩擦力的作用。当外力变化时,链段的运动跟不上外力的变化,所以落后于应力,有一个相位差 δ。相位差越大,说明链段运动越困难。

　　② 力学损耗。当应力与应变有相位差时,每一次循环变化过程中要消耗功,称为力学损耗(又称内耗,Internal Friction)。相位差 δ 又称为力学损耗角,人们常用力学损耗角的正切 $\tan \delta$ 来表示内耗的大小。

　　从分子机理看,橡胶在受拉伸阶段外力对体系做的功,一方面改变链段构象,另一方面克服链段间的摩擦力。在回缩阶段体系对外做功,一方面使构象改变重新卷曲,另一方面仍需克服链段间的摩擦力。这样在橡胶的一次拉伸 – 回缩的循环中,链构象完全恢复,不损耗功,所损耗的功全用于克服内摩擦力,转化为热。内摩擦力越大,滞后现象越严重,消耗的功(内耗)也越大,所以橡胶轮胎行驶一段时间后会发烫。

内耗大小与聚合物结构有关。顺丁橡胶内耗小,因为它没有侧基,链段运动的内摩擦力较小;相反丁苯橡胶和丁腈橡胶内耗大,因为有庞大的苯基侧基或极性很强的氰基侧基。丁基橡胶的侧基虽不大,极性也弱,但由于侧基数目非常多,所以内耗比丁苯橡胶和丁腈橡胶还大。

对于制作轮胎的橡胶来说,希望它具有最小的内耗。但用作吸音或消震材料来说,希望有较大的内耗,从而能吸收较多的冲击能量。

3.3.2 聚合物的溶液性质

高分子溶液是高分子材料应用和研究中常碰到的对象。实际应用的常是高分子浓溶液,如纺丝液、胶黏剂、涂料以及增塑的塑料等;稀溶液一般作研究之用,如测定聚合物相对分子质量等。稀和浓之间并无绝对界限,视溶质与溶剂的性质以及溶质的相对分子质量而定。一般而言,浓度在1%以下者为稀溶液。

高分子溶液是大分子分散的真溶液,它和小分子溶液一样是热力学稳定体系。但是,由于高分子溶液中溶质大分子比溶剂分子大得多,而且相对分子质量具有多分散性,使得高分子溶液的性质具有与小分子溶液不同的特殊性,突出地表现在以下几个方面。

① 高聚物溶解过程比小分子要缓慢得多。

② 高分子溶液的性质随浓度的不同而有很大变化,当浓度较大时,大分子链之间的密切接触、相互缠结,可使体系产生冻胶或凝胶,呈半固体状态。

③ 小分子稀溶液和热力学性质一般接近于理想溶液,但高分子稀溶液的热力学性质与理想溶液有较大的偏差。

④ 高分子溶液的热力学性质(如黏度、扩散)和小分子溶液很不相同。例如高分子溶液的黏度很大,浓度为1%左右的高分子溶液,其黏度可比纯溶剂的黏度高一个数量级,5%的天然橡胶苯溶液已呈冻胶状态。

这些特性来源于大分子的长链状结构。当溶剂分子与大分子的亲和性能较大时,在溶剂分子作用下,大分子无规线团大幅度扩展,大分子线团周围束缚大量溶剂分子,使得能自由流动的溶剂分子大量减少,表现出大的黏度。浓度越大,被束缚的溶剂分子越多,并且大分子线团之间的相互缠结越多,因此黏度急剧提高,最后导致冻胶或凝胶的出现。这类溶剂也称为良溶剂,其特点是使大分子链均方末端距大幅度增加。若溶剂分子与大分子的亲和性较小(不良溶剂),则大分子链的均方末端距增加得就少。当溶剂分子与大分子链段的相互作用相当时,大分子线团可基本上不扩展,均方末端距不增加,此种溶剂称为θ溶剂。这时高分子溶液的特性消失,在行为上接近理想溶液。对于不良溶剂,也存在所谓的θ温度,在此温度,高分子溶液也接近于理想溶液。

1. 高聚物的溶解

高分子与溶剂分子的尺寸相差悬殊,两者的分子运动速度也差别很大,溶剂分子能较快地渗入高聚物,而大分子向溶剂的扩散则甚慢。因此,高聚物的溶解过程要经过两个阶段。首先是溶剂分子渗入高聚物内部,使高聚物体积膨胀,称为"溶胀",然后才是高分子均匀分散在溶剂中,形成完全溶解的均相体系。对于交联高聚物,与溶剂接触时也发生溶胀,但因交联化学键的存在,不能再进一步溶解,只能停留在溶胀阶段。溶胀达到的极限程度称为"溶胀平衡",此极限程度亦称为溶胀度。图3.35是高分子与小分子溶解过程的示意图。

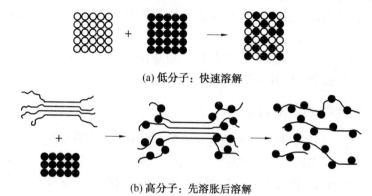

(a) 低分子:快速溶解

(b) 高分子:先溶胀后溶解

图3.35　高分子与低分子溶解过程的比较示意图

溶解度与高聚物的相对分子质量有关。相对分子质量大的溶解度小,相对分子质量小的溶解度大。这是高聚物按相对分子质量大小进行所谓"分级"的基础。例如将相对分子质量多分散的样品溶于适当溶剂中,再加入沉淀剂,则相对分子质量大的部分先沉淀出来,于是可将试样分成相对分子质量大小不同的级分,再测定每一级分的相对分子质量,从而可测得试样的平均相对分子质量和相对分子质量的分布。

对于交联高聚物,交联度大的溶胀度小,交联度小的溶胀度大。依此,可通过测定溶胀度来计算出交联程度的大小。

非晶态高聚物分子堆砌较松,分子间相互作用较弱,溶剂分子较易渗入使之溶胀和溶解。晶态高聚物分子排列规整,分子间相互作用力强,致使溶剂分子的渗入较难。因此晶态高聚物的溶解比非晶态的要困难得多,非极性晶态高聚物室温时很难溶解,常需升高温度,甚至升高到熔点附近才能溶解,而极性晶态高聚物在室温就能溶解在极性溶剂中。这是由于极性大分子与极性溶剂分子之间具有较大的相互作用力。

溶解过程是溶质分子和溶剂分子相互混合的过程。在恒温恒压下,过程能自发进行的必要条件是混合自由焓 $\Delta G_m < 0$,即

$$\Delta G_m = \Delta H_m - T\Delta S_m < 0 \tag{3.5}$$

式中,T 为溶解时的温度;ΔS_m 为混合熵。

溶解时,分子排列趋于混乱,所以一般总是 $\Delta S_m > 0$,ΔG_m 的正负取决于混合热 ΔH_m 的正负及大小。

极性高聚物在极性溶剂中,由于溶质分子与溶剂分子具有强烈的相互作用,溶解时放热,$\Delta H_m < 0$,使体系自由焓下降,所以溶解能自发进行。

对于非极性高聚物,其溶解过程一般是吸热的($\Delta H_m > 0$)。因此只有 $|\Delta H| < T|\Delta S_m|$ 时才能溶解,也就是说升高温度 T 或减小 ΔH_m 才能使体系自发溶解。关于 ΔH_m 的计算,可借用小分子溶度公式来计算。假定混合过程中无体积变化,则混合热为

$$\Delta H_m = V\varphi_1\varphi_2 (\delta_1 - \delta_2)^2 \tag{3.6}$$

式中，φ_1、φ_2、δ_1、δ_2 分别为溶剂和溶质的体积分数及溶解度参数；V 为溶液的总体积。

式(3.6) 即经典的 Hildebrand 溶度公式。式(3.6) 中，ΔH_m 总是正的，溶质与溶剂的溶度参数越接近，ΔH_m 越小，越易溶解，一般 δ_1 和 δ_2 的差值不能超过 $1.7 \sim 2.0$。这就是溶度参数相近的原则。表 3.1 和表 3.2 分别列出了一些常用高聚物及溶剂的溶度参数。

表 3.1 某些高聚物溶度参数实验值

聚合物	δ_2 的实验值 $/(J \cdot cm^{-3})^{\frac{1}{2}}$		聚合物	δ_2 的实验值 $/(J \cdot cm^{-3})^{\frac{1}{2}}$	
	下限值	上限值		下限值	上限值
聚乙烯	15.8	17.1	聚丙烯腈	25.6	31.5
聚丙烯	16.8	18.8	聚丁二烯	16.6	17.6
聚异丁烯	16.0	16.6	聚异戊二烯	16.2	20.5
聚苯乙烯	17.4	19.0	聚氯丁二烯	16.8	18.9
聚氯乙烯	19.2	22.1	聚甲醛	20.9	22.5
聚四氟乙烯	12.7	–	聚对苯二甲酸乙二酯	19.9	21.9
聚乙烯醇	25.8	29.1	聚己二酰己二胺	27.8	–
聚甲基丙烯酸甲酯	18.6	26.2			

表 3.2 常用溶剂的溶度参数

溶剂名称	$\delta_1/(J \cdot cm^{-3})^{1/2}$	溶剂名称	$\delta_1/(J \cdot cm^{-3})^{1/2}$	溶剂名称	$\delta_1/(J \cdot cm^{-3})^{1/2}$
己烷	$14.8 \sim 14.9$	乙醚	$15.2 \sim 15.6$	苯甲醛	$19.2 \sim 21.3$
环己烷	16.7	苯甲醚	$19.5 \sim 20.3$	甲醇	$29.2 \sim 29.7$
苯	$18.5 \sim 18.8$	四氢呋喃	19.5	乙醇	$26.0 \sim 26.5$
甲苯	$18.2 \sim 18.3$	乙酸乙酯	18.6	环己醇	$22.4 \sim 23.3$
十氢化萘	18.0	丙酮	$20.0 \sim 20.5$	苯酚	25.6
三氯甲烷	$18.9 \sim 19.0$	2 - 丁酮	19.0	二甲基甲酰胺	24.9
四氯化碳	17.7	环己酮	$19.0 \sim 20.2$		

在选择高聚物溶剂时，还经常使用混合溶剂。混合溶剂的溶度参数 $\delta_{混}$ 可依下式估算：

$$\delta_{混} = \delta_1 \varphi_1 + \delta_2 \varphi_2$$

式中，δ_1、δ_2 为两种纯溶剂的溶度参数；φ_1、φ_2 为两种纯溶剂的体积分数。

2. 高分子溶液的热力学性质

高分子溶液是真溶液，是热力学稳定的体系，但其热力学性质与理想溶液有较大的偏差，这是因为：

(1) 理想溶液的两组分的分子尺寸差不多，混合后体积不变；高分子的体积比溶剂分子大得多，不符合理想溶液的条件。

(2) 理想溶液的分子间能在相同分子及不同分子间均相等，混合后无热量变化；高分子之间、溶剂分子之间以及高分子与溶剂分子之间这三种作用力不可能相等，所以混合热 $\Delta H_m \neq 0$。

(3) 高分子溶解时，由聚集态分散到溶液中形成单个分子链，构象数增加，高分子本身的熵值就大为增加，所以混合熵特别大，即 $\Delta S_m > \Delta S_m^i$。

Flory-Huggins 从"似晶格模型"出发,运用统计热力学的方法推导出了高分子溶液的混合熵、混合热、混合自由能和溶剂的化学位的关系式如下:

$$\Delta S_m = -R(n_1 \ln \varphi_1 + n_2 \ln \varphi_2)$$

$$\Delta H_m = RT\chi_1 n_1 \varphi_2$$

$$\Delta F_m = RT(n_1 \ln \varphi_1 + n_2 \ln \varphi_2 + \chi_1 n_1 \varphi_2)$$

$$\Delta \mu_1 = RT\left[\ln \varphi_1 + \left(1 - \frac{1}{x}\right)\varphi_2 + \chi_1 \varphi_2^2\right]$$

式中,R 为摩尔气体常数;n_1 和 n_2 分别是溶剂和高分子的物质的量;φ_1 和 φ_2 分别是溶剂和高分子的体积分数;x 是链段数;χ_1 称为 Huggins 相互作用参数,是一个表征溶剂分子与高分子相互作用程度大小的物理量。

$\Delta \mu_1$ 可分解为两项。第一项相当于理想溶液的化学位变化;第二项相当于非理想部分,称为"过量化学位"(又称"超额化学位"),加上标 E 表示。

$$\Delta \mu_1^E = RT\left(\chi_1 - \frac{1}{2}\right)\varphi_2^2$$

可见 $\chi_1 = \frac{1}{2}$,即 $\Delta \mu_1^E = 0$ 时才符合理想溶液的条件,此时的状态称为 θ 状态。θ 状态下的溶剂为 θ 溶剂,温度为 θ 温度。θ 状态必须同时满足溶剂和温度两个条件。在 θ 状态下高分子链不扩张也不紧缩,可以相互自由贯穿,所以又称"无扰状态"。当 $\chi_1 < \frac{1}{2}$,即 $\Delta \mu_1^E < 0$,溶解自发发生。

3.3.3 聚合物的物理性能

1. 热性能

(1) 热导率

从微观的角度看,在一块冷平板的一个面上,外加热能的影响是增加该面上原子及分子的振动振幅。然后,热能以一定的速率向对面方向扩散。对非金属材料,扩散速率主要取决于邻近原子或分子的结合强度。主价键结合时,热扩散快,是良好的热导体,热导率大;次价键结合时,导热性差,热导率小。

根据固体物理理论,热导率 λ 与材料的体积模量 B 的关系为

$$\lambda = C_P (\rho B)^{\frac{1}{2}} l$$

式中,C_P 为比热容;ρ 为密度;l 为热振动的平均自由行程(声子),即原子或分子间距离。

例如对聚合物,得到 $\lambda \approx 0.3 \ W \cdot m^{-1} \cdot K^{-1}$,与实验值大致吻合。

对金属材料,原子晶格的振动对热导率的贡献是次要的,主要是自由电子的热运动,因此金属的热导率与电导率是成比例的。除很低温度的情况外,一般金属的热导率比其他材料要大得多。

聚合物一般是靠分子间力结合的,所以导热性一般较差。固体聚合物的热导率范围较窄,一般在 $0.22 \ W \cdot m^{-1} \cdot K^{-1}$ 左右。结晶聚合物的热导率稍高一些。非晶聚合物的热导率随相对分子质量增大而增大,这是因为热传递沿分子链进行比在分子间进行的要容

易。同样加入低分子的增塑剂会使热导率下降。聚合物热导率随温度的变化有所波动，但波动范围一般不超过 10%。取向引起热导率的各向异性，沿取向方向热导率增大，横向减小。例如聚氯乙烯伸长 300% 时，轴向的热导率比横向的要大一倍多。

微孔聚合物的热导率非常低，一般为 $0.03\ \mathrm{W \cdot m^{-1} \cdot K^{-1}}$ 左右，随密度的下降而减小。热导率大致是固体聚合物和发泡气体热导率的平均值。

图 3.36 为各种材料的热导率。表 3.3 是一些常见聚合物的热导率及其他热性能。

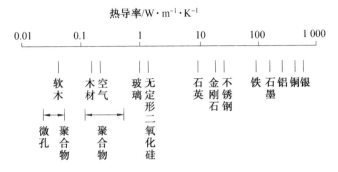

图 3.36　各种材料的热导率

表 3.3　高分子材料的热性能

聚合物	线性热膨胀系数 $10^{-5}/K^{-1}$	比热容 $/(kJ \cdot kg^{-1} \cdot K^{-1})$	热导率 $/(W \cdot m^{-1} \cdot K^{-1})$	聚合物	线性热膨胀系数 $10^{-5}/K^{-1}$	比热容 $/(kJ \cdot kg^{-1} \cdot K^{-1})$	热导率 $/(W \cdot m^{-1} \cdot K^{-1})$
聚甲基丙烯酸甲酯	4.5	1.39	0.19	尼龙 6	6	1.60	0.31
聚苯乙烯	6 ~ 8	1.20	0.16	尼龙 66	9	1.70	0.25
聚氨基甲酸酯	10 ~ 20	1.76	0.30	聚对苯二甲酸乙二醇酯		1.01	0.14
PVC(未增塑)	5 ~ 18.5	1.05	0.16	聚四氟乙烯	10	1.06	0.27
聚合物	*线性热膨胀系数* $10^{-5}/K^{-1}$	*比热容* $/(kJ \cdot kg^{-1} \cdot K^{-1})$	*热导率* $/(W \cdot m^{-1} \cdot K^{-1})$	*聚合物*	*线性热膨胀系数* $10^{-5}/K^{-1}$	*比热容* $/(kJ \cdot kg^{-1} \cdot K^{-1})$	*热导率* $/(W \cdot m^{-1} \cdot K^{-1})$
PVC(含 35% 增塑剂)	725		0.15	环氧树脂	8	1.05	0.17
低密度聚乙烯	13 ~ 20	1.90	0.35	氯丁橡胶	24	1.70	0.21
高密度聚乙烯	11 ~ 13	2.31	0.44	天然橡胶		1.92	0.18
聚丙烯	6 ~ 10	1.93	0.24	聚异丁烯		1.95	
聚甲醛	10	1.47	0.23	聚醚砜	5.5	1.12	0.18

（2）比热容及热膨胀性

高分子材料的比热容主要是由化学结构决定的，一般在 $1 \sim 3\ \mathrm{kJ \cdot kg^{-1} \cdot K^{-1}}$ 之间，比金属及无机材料的大。一些聚合物的比热容见表 3.3。

聚合物的热膨胀性比金属及陶瓷大，一般在 $4 \times 10^{-5} \sim 3 \times 10^{-4}$ 之间。聚合物的膨胀系数随温度的提高而增大，但一般并非温度的线性函数。

2. 电性能

聚合物,如聚四氟乙烯、聚乙烯、聚氯乙烯、环氧树脂、酚醛树脂等,是极好的电器材料。聚合物的电性能主要由其化学结构所决定,受显微结构影响较小。电性能可以通过考察它对施加的不同强度和频率电场的响应特性来研究,正如力学性能可通过静态的和周期性应力的响应特性来确定一样。

(1)电阻率和介电常数

聚合物的体积电阻率常随充电时间的延长而增加。因此常规定采用 1 min 的体积电阻率数值。在各种电工材料中,聚合物是电阻率非常高的绝缘体,如图 3.37 所示。

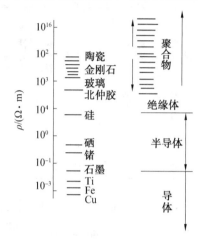

图 3.37 电工材料的体积电阻率

用来隔开电容器极板的物质叫电介质,这时的电容与极板间为真空时的电容之比称该电介质的介电常数,以无因次量 ε 表示,其数值范围为 1 ~ 10。非极性聚合物介电常数为 2 左右,极性高聚物为 3 ~ 9。表 3.4 是某些聚合物的直流介电常数。

表 3.4 某些聚合物的介电常数

聚合物	ε	聚合物	ε	聚合物	ε
聚乙烯	2.3	聚四氟乙烯	2.1	尼龙 66	6.1
聚丙烯	2.3	聚氨酯弹性体	9	聚苯乙烯	2.5
聚甲基丙烯酸甲酯	3.8	聚醚砜	3.5	酚醛树脂	6.0
聚氯乙烯	3.8	氯磺化聚乙烯	8 ~ 10		

产生介电现象的原因是分子极化。在外电场作用下,分子中电荷分布的变化称为极化。分子极化包括电子极化、原子极化、取向极化及界面极化。电子极化及原子极化又称为变形极化或诱导极化,所需时间很短,为 10^{-15} ~ 10^{-11} s。由永久偶极所产生的取向极化与温度有关。取向极化所产生的偶极矩与绝对温度成反比。取向极化所需时间在 10^{-9} s 以上。界面极化是由于电荷在非均匀介质分界面上聚集而产生的。界面极化所需时间为几分之一秒至几分钟乃至几个小时。材料的介电常数是以上几种因素所产生介电常数分量的总和。

(2)介电损耗

电介质在交变电场作用下,由于发热而消耗的能量称为介电损耗。产生介电损耗的原因有两个:一是电介质中微量杂质而引起的漏导电流;另一个原因是电介质在电场中发生极化取向时,由于极化取向与外加电场有相位差而产生的极化电流损耗,这是主要原因。

在交变电场中,介电常数可用复数形式表示为

$$\varepsilon = \varepsilon' - i\varepsilon''$$

式中,ε' 为与电容电流相关的介电常数,即实数部分,它是实验测得的介电常数;ε'' 为与电阻电流相关的分量,即虚数部分。损耗角 δ 的正切 $\tan\delta = \dfrac{\varepsilon''}{\varepsilon'}$,称为介电损耗。

聚合物的介电损耗即介电松弛与力学松弛原理上是一样的。介电松弛是在交变电场刺激下的极化响应,它取决于松弛时间与电场作用时间的相对值。当电场频率与某种分子极化运动单元松弛时间的倒数接近或相等时,相位差最大,产生共振吸收峰即介电损耗峰。从介电损耗峰的位置和形状可推断所对应的偶极运动单元的归属。聚合物在不同温度下的介电损耗称介电谱。

在一般电场的频率范围内,只有取向极化及界面极化才可能对电场变化有明显的响应。在通常情况下,只有极性聚合物才有明显的介电损耗。极性基团可位于大分子主链,如硅橡胶,或处于侧基,如 PVC。当极性侧基柔性较大时,如 PMMA 极性基团的运动几乎与主链无关。还有,如 PE,因氧化而产生的末端羰基是大分子链极性的来源。非晶态极性聚合物介电谱上一般均出现两个介电损耗峰,分别记作 α 和 β(图 3.38)。α 峰相应于主链链段构象重排,它和 T_g 是对应的。β 峰相应于次级转变,对聚醋酸乙烯酯是柔性侧基的运动,对 PVC 相应于主链的局部松弛运动。

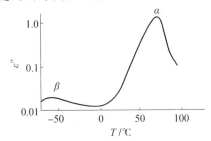

图 3.38　聚醋酸乙烯酯的 ε'' 与温度的关系(电场频率 10^4 Hz)

对非极性聚合物,极性杂质常常是介电损耗的主要原因。非极性聚合物的 $\tan\delta$ 一般小于 10^{-4},极性聚合物的 $\tan\delta$ 在 $5\times10^{-3} \sim 10^{-1}$ 之间。

(3) 介电强度

当电场强度超过某一临界值时,电介质就丧失其绝缘性能,这称为电击穿。发生电击穿的电压称为击穿电压。击穿电压与击穿处介质厚度之比称为击穿电场强度,简称介电强度。

聚合物介电强度可达 $1\,000\ \mathrm{MV\cdot m^{-1}}$。介电强度的上限是由聚合物结构内共价键电离能所决定的。当电场强度增加到临界值时,撞击分子发生电离,使聚合物击穿,称为纯电击穿或固有击穿。这种击穿过程极为迅速,击穿电压与温度无关。

在强电场下,因温度上升导致聚合物的热破坏而引起的击穿称热击穿。这时,击穿电压要比固有击穿电压小。

（4）静电现象

两种物体互相接触和摩擦时，会有电子的转移而使一个物体带正电，另一个带负电，这种现象称为静电现象。聚合物的高电阻率使它有可能积累大量静电荷，将带来麻烦的后果。例如聚丙烯腈纤维因摩擦可产生高达 1 500 V 的静电压。

由实验得知，一般介电常数大的聚合物带正电，小的带负电，如以下序列。

⊕	聚酰胺	尼龙66	羊毛	蚕丝	皮肤	纤维素（棉花）	聚甲基丙烯酸甲酯	聚乙烯醇缩醛	涤纶	聚丙烯腈	聚氯乙烯	聚碳酸酯	聚乙烯	聚丙烯	聚四氟乙烯	⊖

当上述序列中的两种物质进行相互摩擦时，总是左边的带正电，右边的带负电，二者相距越远，产生的电量越多。

可通过体积传导、表面传导等不同途径来消除静电现象，其中以表面传导为主。目前工业上广泛采用的抗静电剂都用以提高聚合物的表面导电性。抗静电剂一般都具有表面活性剂的功能，常增加聚合物的吸湿性而提高表面导电性，从而消除静电现象。

（5）聚合物驻极体和热释电流

将聚合物薄膜夹在两个电极当中，加热到薄膜成型温度。施加每厘米数千伏的电场，使聚合物极化、取向。再冷却至室温，而后撤去电场。这时由于聚合物的极化和取向单元被冻结，因而极化偶矩可长期保留。这种具有被冻结的寿命很长的非平衡偶极矩的电介质称为驻极体。如聚偏氟乙烯、涤纶树脂、聚丙烯、聚碳酸酯等聚合物超薄薄膜驻极体已广泛用于电容器传声隔膜及计算机储存器等方面。

若加热驻极体以激发其分子运动，极化电荷将被释放出来，产生退极化电流，称为热释电流（TSC）。热释电流的峰值对应的温度取决于聚合物偶极取向机理，因此可用以研究聚合物的分子运动。

就分子机理而言，聚合物驻极体和热释电流现象与聚合物的强迫高弹性现象（即屈服形变）是极为相似的。这是同一本质的两种表现形式。

3. 光性能

（1）折射

当光由一种介质进入另一种介质时，由于光在两种介质中的传播速度不同而产生折射现象。设入射角为 α，折射角为 β，则折射率定义为

$$n = \frac{\sin \alpha}{\sin \beta}$$

式中，n 与两种介质的性质及光的波长有关。通常以各种物质对真空的折射率作为该物质的折射率。聚合物的折射率由其分子的电子结构因辐射的光频电场作用发生形变的程度所决定。聚合物的折射率一般都在 1.5 左右。

结构上各向同性的材料，如无应力的非晶态聚合物，在光学上也是各向同性的，因此

只有一个折射率。结晶的和其他各向异性的材料,折射率沿不同的主轴方向有不同的数值,该材料被称为双折射的,如非晶态聚合物因分子取向而产生双折射。因此,双折射是研究形变微观机理的有效方法。在高分子材料中,由应力产生的双折射可应用于光弹性应力分析。

（2）透明性及光泽

大多数聚合物不吸收可见光谱范围内的辐射,当其不含结晶、杂质和疵痕时都是透明的。如聚甲基丙烯酸甲酯(有机玻璃)、聚苯乙烯等,它们对可见光的透过程度达92%以上。

透明度的损失,除光的反射和吸收外,主要起因于材料内部对光的散射,而散射是由结构的不均匀性造成的。例如聚合物表面或内部的疵痕、裂纹、杂质、填料、结晶等,都使透明度降低。这种降低与光所经的路程(物体厚度)有关,厚度越大,透明度越小。

光泽是材料表面的光学性能。越平滑的表面,越光泽。从0°～90°的入射角,反射光强与入射光强之比称为直接反射系数,它用以表示表面光泽程度。

（3）反射和内反射

对透明材料,当光垂直射入时,透过光强与入射光强之比为 $T = 1 - \dfrac{(n-1)^2}{(n+1)^2}$。大多数聚合物,$n \approx 1.5$,所以 $T \approx 92\%$,反射光约占 8% 左右。在不同入射角时,反射率也不太高。

设光从聚合物射入空气的入射角为 α,若 $\sin \alpha \geqslant \dfrac{1}{n}$,即发生内反射,即光线不能射入空气中而全部折回聚合物中。对大多数聚合物,$n \approx 1.5$,所以最小为42°左右。光线在聚合物内全反射,使其显得很明亮,利用这一特性可制造各种发光制品,如汽车的尾灯、信号灯、光导管等。图 3.39 为一透明的塑料棒光导管中光的内反射。因为当 $n = 1.5$ 时,$\sin \alpha = \dfrac{\gamma - d}{\gamma}$,所以只要使其弯曲部分的曲率半径 γ 不小于棒直径 d 的 3 倍,即满足 $\sin \alpha \geqslant \dfrac{2}{3}$ 的条件。这时若光从棒的一端射入,在弯曲处不会射出棒外,而全反射传播到棒的另一端。这种光导管可用于外科手术的局部照明。这种全反射特性也是制造光导纤维的依据之一。

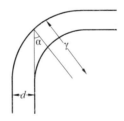

图 3.39　光导管中光的内反射

4. 渗透性

液体分子或气体分子可从聚合物膜的一侧扩散到其浓度较低的另一侧,这种现象称为渗透或渗析。若在低浓度聚合物膜的一侧施加足够高的压力(超过渗透压)则可使液体或气体分子向高浓度一侧扩散,这种现象称为反向渗透。根据聚合物的渗透性,高分子材料在薄膜包装、提纯、医学、海水淡化等方面都获得了广泛的应用。

　　液体或气体分子透过聚合物时,先是溶解在聚合物内,然后再向低浓度处扩散,最后从薄膜的另一侧逸出。所以聚合物的渗透性和液体及气体在其中的溶解性有关。当溶解性不大时,透过量 q 可由 Fick 第一定律表示为

$$q = -D \frac{dc}{dz} \cdot At$$

式中,A、t、D 为分别为面积、时间及扩散系数;$\frac{dc}{dz}$ 为浓度梯度。

　　达到稳态时,设膜厚为 L,膜两侧浓度差为 $(c_1 - c_2)$,则扩散速率 J 为

$$J = \frac{q}{At} = \frac{D}{L}(c_1 - c_2) \qquad (c_1 > c_2)$$

　　根据亨利定律,溶质的浓度 c 与其蒸气压 p 的关系为 $c = Sp$,式中 S 为溶解度系数。

$$P_g = DS$$

式中,P_g 为渗透系数。

　　可见在其他条件相同时,溶解性越好,即 S 越大,渗透系数就越大。因为

$$J = DS \frac{p_1 - p_2}{L} = P_g \frac{p_1 - p_2}{L}$$

所以渗透性也越好。以上所述规律对气体基本是符合的;对液体,由于 D 与浓度有关,情况比较复杂,但基本原理是一样的。

　　在溶解度系数 S 相同时,气体分子越小,在聚合物中越易扩散,P_g 越大。若 D 和 S 都不同,D 或 S 何者占支配地位,则视具体情况而论。

　　聚合物的结构和物理状态对渗透性影响甚大。一般而言,链的柔性增大时渗透性提高;结晶度越大,渗透性越小。因为一般气体是非极性的,当大分子链上引入极性基团,使其对气体的渗透性下降。表 3.5 是常见聚合物对 N_2、O_2、CO_2 和水蒸气的渗透系数。

表 3.5　聚合物的渗透系数

聚合物	气体或蒸气渗透系数 $\times 10^{10}/cm^2$（标准状态）· $mm/(cm^2 \cdot s \cdot cmHg$ 柱$)$[①]			
	N_2	O_2	CO_2	H_2O
乙酸纤维素	1.6 ~ 5	4.0 ~ 7.8	24 ~ 180	15 000 ~ 106 000
氯磺化聚乙烯	11.6	28	208	12 000
环氧树脂		0.49 ~ 16	0.86 ~ 14	
乙基纤维素	84	265	410	14 000 ~ 130 000
氟化乙烯丙烯共聚物	21.5	50	17	500
天然橡胶	84	230	1 330	30 000
酚醛塑料	0.95			
聚酰胺	0.1 ~ 0.2	0.36	1.6	700 ~ 17 000
聚丁二烯	64.5	191	1 380	49 000
丁腈橡胶	2.4 ~ 25	9.5 ~ 82	75 ~ 636	10 000
丁苯橡胶	63.5	172	1 240	24 000
聚碳酸酯	3	20	85	7 000
氯丁橡胶	11.8	40	250	18 000

续表 3.5

聚合物	气体或蒸气渗透系数 $\times 10^{10}/cm^2$ （标准状态）$\cdot$ mm/$(cm^2 \cdot s \cdot cmHg$ 柱$)$[①]			
	N_2	O_2	CO_2	H_2O
聚三氟氯乙烯	0.09 ~ 1.0	0.25 ~ 5.4	0.48 ~ 12.5	3 ~ 360
聚二甲丁二烯	4.8	21	73	
聚乙烯	3.5 ~ 20	11 ~ 59	43 ~ 260	120 ~ 200
聚对苯二甲酸乙二醇酯	0.05	0.3	1.0	1 300 ~ 3 300
聚甲醛	0.22	0.38	1.9	5 000 ~ 10 000
聚异丁烯 – 异戊二烯	3.2	13	52	400 ~ 2 000
聚丙烯	4.4	23	92	700
聚苯乙烯	3 ~ 80	15 ~ 250	75 ~ 370	10 000
苯乙烯 – 丙烯腈共聚物	0.46	3.4	10.8	9 000
苯乙烯 – 甲基丙烯腈共聚物	0.21	1.6		
聚四氟乙烯				360
聚氨酯	4.3	15.2 ~ 48	140 ~ 400	3 500 ~ 125 000
聚乙烯醇				29 000 ~ 140 000
聚氯乙烯	0.4 ~ 1.7	1.2 ~ 6	10.2 ~ 37	2 600 ~ 6 300
聚氟乙烯	0.04	0.2	0.9	3 300
聚偏氯乙烯	0.01	0.05	0.29	14 ~ 1 000
偏氟乙烯六氟丙烯共聚物	4.4	15	78	520
氯化烃橡胶	0.08 ~ 6.2	0.25 ~ 5.4	1.7 ~ 18.2	250 ~ 19 000
硅橡胶		1 000 ~ 6 000	6 000 ~ 30 000	106 000

注：①1 cm^3（标准状态）$\cdot$ mm/$(m^2 \cdot s \cdot cmHg$ 柱$)$ = 7.5 cm^3（标准状态）$\cdot$ mm/$(m^2 \cdot s \cdot Pa)$。

第4章　聚合物成型加工

4.1　塑料的成型加工

4.1.1　挤出成型

挤出成型是目前比较普遍的塑料成型方法之一,适用于所有的热塑性塑料及部分热固性塑料,可以成型各种塑料管材、棒材、板材、电线电缆及异形截面型材等,还可以用于塑料的着色、造料和共混等。

1. 挤出成型原理

挤出成型主要用于成型热塑性塑料,其成型原理如图4.1所示(以管材的挤出为例)。首先将粒状或粉状塑料加入料斗中,在挤出机旋转螺杆的作用下,加热的塑料沿螺杆的螺旋槽向前方输送。在此过程中,塑料不断地接受外加热和螺杆与物料之间、物料与物料之间及物料与料筒之间的剪切摩擦热,逐渐熔融呈黏流态,然后在挤压系统的作用下,塑料熔体通过具有一定形状的挤出模具(机头)口模以及一系列辅助装置(定型、冷却、牵引、切割等装置),从而获得截面形状一定的塑料型材。

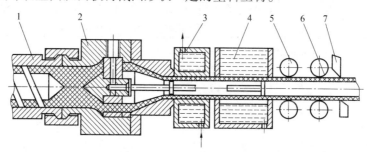

图 4.1　挤出成型原理

1— 挤出机料筒;2— 机头;3— 定径装置;4— 冷却装置;5— 牵引装置;6— 塑料管;7— 切割装置

2. 挤出成型特点

挤出成型所用的设备为挤出机,结构比较简单,操作方便,应用非常广泛,所成型的塑件均为具有恒定截面形状的连续型材。挤出成型的特点如图4.2所示。

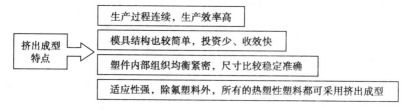

挤出成型特点

- 生产过程连续,生产效率高
- 模具结构也较简单,投资少、收效快
- 塑件内部组织均衡紧密,尺寸比较稳定准确
- 适应性强,除氟塑料外,所有的热塑性塑料都可采用挤出成型

图 4.2　挤出成型特点

3. 挤出成型工艺

热塑性塑料的挤出成型工艺过程可分为三个阶段。

第一阶段是塑料原料的塑化。塑料原料在挤出机的机筒温度和螺杆的旋转压实及混合作用下,由粉状或粒状变成黏流态物质。

第二阶段是成型。黏流态塑料熔体在挤出机螺杆螺旋力的推动作用下,通过具有一定形状的机头口模,得到截面与口模形状一致的连续型材。

第三阶段是定型。通过适当的处理方法,如定径处理、冷却处理等,使已挤出的塑料连续型材固化为塑件。

具体成型工艺如下:

(1) 原料的准备

挤出成型用的大部分塑料是粒状塑料,粉状塑料用得较少。因为粉状塑料含有较多的水分,会影响挤出成型的顺利进行,同时影响塑件的质量,例如塑件出现气泡、表面灰暗无光、皱纹、波浪等,其物理性能和力学性能也随之下降,而且粉状物料的压缩比大,不利于输送。当然,不论是粉状物料还是粒状物料,都会吸收一定的水分,所以在成型之前应进行干燥处理,将原料的水分控制在 0.5% 以下。原料的干燥一般是在烘箱或烘房中进行。此外,在准备阶段还要尽可能除去塑料中存在的杂质。

(2) 挤出成型

将挤出机预热到规定温度后,启动电机带动螺杆旋转输送物料,同时向料筒中加入塑料。料筒中的塑料在外加热和剪切摩擦热作用下熔融塑化。由于螺杆旋转时对塑料不断推挤,迫使塑料经过滤板上的过滤网,再通过机头成型为一定口模形状的连续型材。初期的挤出塑件质量较差,外观也欠佳,要调整工艺条件及设备装置直到正常状态后才能投入正式生产。在挤出成型过程中,要特别注意温度和剪切摩擦热两个因素对塑件质量的影响。

(3) 塑件的定型与冷却

热塑件在离开机头口模以后,应该立即进行定型和冷却,否则,塑件在自重力作用下就会变形,出现凹陷或扭曲现象。在大多数情况下,定型和冷却是同时进行的,只有在挤出各种棒料和管材时,才有一个独立的定径过程,而挤出薄膜、单丝等则无需定型,仅通过冷却即可。挤出板材与片材,有时还需要通过一对压辊压平,也有定型与冷却作用。管材的定型方法可用定径套,也有采用能通水冷却的特殊口模来定径的,但不管哪种方法,都是使管坯内外形成压力差,使其紧贴在定径套上而冷却定型。

冷却一般采用空气冷却或水冷却,冷却速度对塑件性能有很大影响。硬质塑件(如聚苯乙烯、低密度聚乙烯和硬聚氯乙烯等)不能冷却得过快,否则容易造成残余内应力,影响塑件的外观质量;软质或结晶型塑件则要求及时冷却,以免塑件变形。

(4) 塑件的牵引、卷取和切割

塑件自口模挤出后,会由于压力突然解除而发生离模膨胀现象,而冷却后又会发生收缩现象,从而使塑件的尺寸和形状发生改变。此外,由于塑件被连续不断地挤出,自重越来越大,如果不加以引导,会造成塑件停滞,使塑件不能顺利挤出。因此,在冷却的同时,要连续均匀地牵引塑件。

牵引过程由挤出机辅机之一的牵引装置来完成。牵引速度要与挤出速度相适应,一般是牵引速度大于挤出速度,以消除塑件尺寸的变化,同时对塑件进行适当的拉伸以提高质量。不同塑件的牵引速度不同。通常单丝的牵引速度可以快些,其原因是牵引速度大,塑件的厚度和直径减小,纵向抗断裂强度增高,扯断伸长率降低。挤出硬质塑件的牵引速度则不能大,通常需将牵引速度规定在一定范围内,并且要十分均匀,不然就会影响其尺寸均匀性和力学性能。

通过牵引的塑件根据使用要求在切割装置上裁剪(如棒、管、板、片等),或在卷取装置上绕制成卷(如单丝、电线电缆等)。此外,有些塑件有时还需进行后处理,以提高其尺寸稳定性。

图4.3是常见的挤出工艺过程示意图。

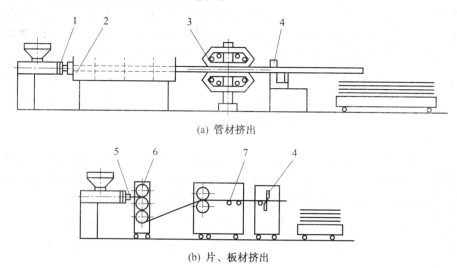

(a) 管材挤出

(b) 片、板材挤出

图4.3　常见的挤出工艺过程示意图
1— 挤管机头;2— 定型与冷却装置;3— 牵引装置;4— 切断装置;
5— 片(板)坯挤出机头;6— 碾平与冷却装置;7— 切边与牵引装置

4.1.2　注塑成型

注塑成型是塑料成型的一种重要方法,主要适用于热塑性塑料的成型。注塑成型所用的注塑机价格较高,模具的结构较为复杂,生产成本高,适合于塑件的大批量生产。

1. 注塑成型工艺原理

按成型设备不同,注塑成型分为螺杆式注塑成型和柱塞式注塑成型。螺杆式注塑成型原理如图4.4所示。颗粒状或粉状的塑料加入到料斗中,在螺杆转动作用下,被输送至外侧安装有电加热圈的料筒中,塑料在加热及螺杆的转动剪切、摩擦热的作用下逐步得以均匀塑化,并向料筒前端堆积,当料筒前端的熔料堆积对螺杆造成一定压力时(称为螺杆的背压),螺杆就在转动中后退,直至与调整好的行程开关接触,螺杆的转动后退结束(即料筒前部熔融塑料的储量具有模具一次注塑量)。接着与注塑液压缸活塞相连接的螺杆以一定的速度和压力推进,将熔料通过料筒前端的喷嘴快速注入温度较低的闭合模具型腔中,通过保压、冷却一定时间,熔融塑料固化,从而得到模具型腔所赋予的形状和尺寸。最后开合模机构将模具打开,在推出机构的作用下,即可取出注塑成型的塑料制件。

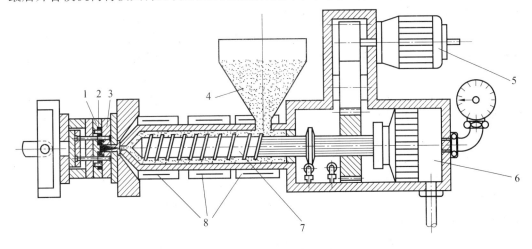

图 4.4　螺杆式注塑成型原理

1— 动模;2— 塑件;3— 定模;4— 料斗;5— 传动装置;6— 油缸;7— 螺杆;8— 加热器

2. 注塑成型特点

注塑成型是热塑性塑料成型的一种重要方法,成型周期短,能一次成型形状复杂、尺寸精确、带有金属或非金属嵌件的塑料制件。注塑成型的生产率高,易实现自动化生产。到目前为止,除氟塑料以外,几乎所有的热塑性塑料都可以用注塑成型的方法成型,因此,注塑成型广泛应用于各种塑件的生产。除了热塑性塑料外,一些流动性好的热固性塑料也可用注塑方法成型,其原因是这种方法生产效率高,塑件质量稳定。注塑成型的缺点是:所用的注塑设备价格较高,注塑模具的结构复杂,生产成本高,生产周期长,不适合于单件小批量的塑件生产。

3. 注塑成型工艺过程

注塑成型工艺过程包括成型前的准备、注塑成型过程和成型后塑件的处理,如图 4.5 所示。

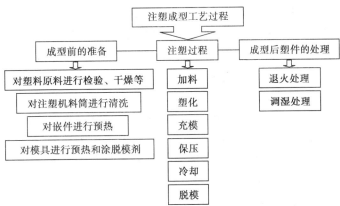

图 4.5　注塑成型工艺过程示意图

（1）成型前的准备

为了保证注塑成型的正常进行和保证塑件质量,在注塑成型前应做一定的准备工作,如对塑料原料进行外观检验,即检查原料的色泽、细度及均匀度等,必要时还应对塑料的工艺性能进行测试。对于吸湿性强的塑料,如尼龙、聚碳酸酯、ABS 等,成型前应进行充分预热、干燥,除去物料中过多的水分和挥发物,以防止成型后塑件出现气泡和银纹等缺陷。

生产中,如果需改变塑料品种、调换颜色,或发现成型过程中出现了热分解或降解反应,则应对注塑机料筒进行清洗。通常,柱塞式注塑机的料筒存量大,必须将料筒拆卸清洗。而螺杆式注塑机的料筒可采用对空注塑法清洗。采用对空注塑法清洗螺杆式料筒时,若欲更换的塑料的成型温度高于料筒内残料的成型温度时,则应将料筒和喷嘴温度升高到欲换塑料的最低成型温度,然后加入欲换塑料或其回料,并连续对空注塑,直到将全部残料排除为止。若欲更换的塑料的成型温度低于料筒内残料的成型温度时,应将料筒和喷嘴温度升高到欲换塑料的最高成型温度,切断电源,加入欲换塑料的回料,并连续对空注塑,直到将全部残料排除为止。当两种塑料的成型温度相差不大时,则不必变更温度,先用回料,然后用欲更换塑料对空注塑即可。残料属热敏性塑料时,应从流动性好、热稳定性好的聚乙烯和聚苯乙烯等塑料中选择黏度较高的品级作为过渡料对空注塑。

对于有嵌件的塑件,由于金属与塑料的收缩率不同,嵌件周围的塑料容易出现收缩应力和裂纹,因此,成型前可对嵌件进行预热,以减少它在成型时与塑料熔体的温差,避免或抑制嵌件周围的塑料容易出现的收缩应力和裂纹。在嵌件较小时,对分子链柔顺性大的塑料也可以不进行预热。

为了使塑料制件容易从模具内脱出,有的模具型腔或模具型芯还需要涂上脱膜剂,常用的脱模剂有硬脂酸锌、液体石蜡和硅油等。在成型前,有时还需对模具进行预热。

（2）注塑过程

完整的注塑过程包括加料、塑化、充模、保压、冷却和脱模等几个阶段。

① 加料。将颗粒状或粉状塑料加入注塑机料斗,由柱塞或螺杆带入料筒进行加热。

② 塑化。成型塑料在注塑机料筒内经过加热、混料等作用以后,由松散的粉状颗粒或粒状的固态转变成熔融状态并具有良好的可塑性,这一过程称为塑化。

③ 充模。塑化好的塑料熔体在注塑机柱塞或螺杆的推进作用下,以一定的压力和速度经过喷嘴和模具的浇注系统进入并充满模具型腔,这一阶段称为充模。

④ 保压。充模结束后,在注塑机柱塞或螺杆推动下,熔体仍然保持压力进行补料,使料筒中的熔料继续进入型腔,以补充型腔中塑料的收缩,从而成型出形状完整、质地致密的塑件,这一阶段称为保压。保压结束后,柱塞或螺杆后退,型腔中的熔料压力解除,这时,型腔中的熔料压力将比浇口前方的压力高,如果此时浇口尚未冻结,型腔中熔料就会通过浇口流向浇注系统,使塑件产生收缩、变形及质地疏松等缺陷,这种现象称为倒流。如果撤除注塑压力时,浇口已经冻结,则倒流现象就不会发生。由此可见,倒流是否发生或倒流的程度如何,均取决于浇口是否冻结或浇口的冻结程度。

⑤ 冷却。塑件在模内的冷却过程是指从浇口处的塑料熔体完全冻结时起到塑件将从模具型腔内推出为止的全部过程。在此阶段,补缩或倒流均不再继续进行,型腔内的塑

料继续冷却、硬化和定型。实际上冷却过程从塑料注入模具型腔起就开始了,它包括从充模完成、保压开始到脱模前的这一段时间。

⑥ 脱模。塑件冷却到一定的温度即可开模,在推出机构的作用下将塑件推出模外。

（3）塑件的后处理

由于塑化不均匀或塑料在型腔内的结晶、取向和冷却及金属嵌件的影响等原因,塑件内部不可避免地存在一些内应力,从而导致塑件在使用过程中产生变形或开裂。为了解决这些问题,可对塑件进行一些适当的后处理。常用的后处理方法有退火和调湿两种。

① 退火处理。退火处理是将塑件放在定温的加热介质（如热水、热油、热空气和液体石蜡等）中保温一段时间,然后缓慢冷却的热处理过程。利用退火时的热量,能加速塑料中大分子松弛,从而消除塑件成型后的残余应力。退火温度一般在塑件使用温度以上 10 ~ 20 ℃ 至热变形温度以下 10 ~ 20 ℃ 之间进行选择和控制。保温时间与塑料品种和塑件的厚度有关,一般可按每毫米约半小时计算。退火处理时,冷却速度不应过快,否则会产生应力。

② 调湿处理。调湿处理是一种调整塑件含水量的后处理工序,主要用于吸湿性很强且又容易氧化的聚酰胺等塑料。调湿处理除了能在加热条件下消除残余应力外,还能使塑件在加热介质中达到吸湿平衡,以防止在使用过程中发生尺寸变化。调湿处理所用的介质一般为沸水或醋酸钾溶液（沸点为 121 ℃）,加热温度为 100 ~ 121 ℃,热变形温度高时取上限,反之取下限。保温时间与塑件的厚度有关,通常取 2 ~ 9 h。

4.1.3 压缩成型

压缩成型又称为压塑成型、压制成型等,是将粉状或松散粒状的固态塑料直接加入到模具中,通过加热、加压的方法使它们逐渐软化熔融,然后根据模腔形状成型,经固化成为塑件,主要用于成型热固性塑料。

1. 压缩成型原理

压缩成型原理如图 4.6 所示。成型时,先将粉状、粒状、碎屑状或纤维状的热固性塑料原料直接加入到敞开的模具加料室内,如图 4.6（a）所示;然后合模加热,使塑料融熔,在合模压力的作用下,熔融塑料充满型腔各处,如图 4.6（b）所示;这时,型腔中的塑料产生化学交联反应,使熔融塑料逐步转变为不熔的硬化定型的塑件,最后脱模将塑件从模具中取出,如图 4.6（c）所示。

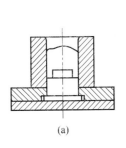 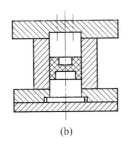 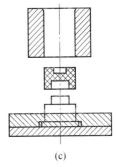

(a)　　　　　(b)　　　　　(c)

图 4.6　压缩成型原理

2. 压缩成型特点

压缩成型主要用于热固性塑料的成型。与注塑成型相比,压缩成型的优点是:可以使用普通压力机进行生产;因压缩模没有浇注系统,所以模具结构比较简单;塑件内取向组织少,取向程度低,性能比较均匀;成型收缩率小;可以生产一些带有碎屑状、片状或长纤维状填充剂,流动性很差且难以用注塑方法成型的塑件和面积很大、厚度较小的大型扁塑件。压缩成型的缺点是:成型周期长、劳动强度大、生产环境差、生产操作多用手工而不易实现自动化;塑件经常带有溢料飞边,高度方向的尺寸精度不易控制;模具易磨损,使用寿命较短。

压缩成型也可以成型热塑性塑料。在压缩成型热塑性塑料时,模具必须交替地进行加热和冷却,才能使塑料塑化和固化,故成型周期长,生产效率低,因此,它仅适用于成型光学性能要求高的有机玻璃镜片、不宜高温注塑成型的硝酸纤维汽车驾驶盘以及一些流动性很差的热塑性塑料(如聚酰亚胺等)。

3. 压缩成型工艺

(1)成型前的准备

热固性塑料比较容易吸湿,贮存时易受潮,所以,在对塑料进行加工前应对其进行预热和干燥处理。同时,又由于热固性塑料的比容比较大,因此,为了使成型过程顺利进行,有时还要先对塑料进行预压处理。

① 预热与干燥。在成型前,应对热固性塑料进行加热。加热的目的有两个:一是对塑料进行预热,以便对压缩模提供具有一定温度的热料,使塑料在模内受热均匀,缩短压缩成型周期;二是对塑料进行干燥,防止塑料中带有过多的水分和低分子挥发物,确保塑件的成型质量。预热与干燥的常用设备是烘箱和红外线加热炉。

② 预压。预压是指压缩成型前,在室温或稍高于室温的条件下,将松散的粉状、粒状、碎屑状、片状或长纤维状的成型物料压实成重量一定、形状一致的塑料型坯,使其能比较容易地被放入压缩模加料室。预压坯料的形状一般为圆片形或圆盘形,也可以压成与塑件相似的形状。预压压力通常可以在 40 ~ 200 MPa 内选择,经过预压后的坯料密度最好能达到塑件密度的 80% 左右,以保证坯料有一定的强度。

(2)压缩成型过程

模具装上压力机后要进行预热,若塑件带有嵌件,加料前应将预热嵌件放入模具型腔内。热固性塑料的成型过程一般可分为加料、闭模、排气、固化和脱模等几个阶段。

① 加料。加料就是在模具型腔中加入已预热的定量的物料,这是压缩成型生产的重要环节。加料是否准确将直接影响到塑件的密度和尺寸精度。常用的加料方法有体积质量法、容量法和记数法三种。体积质量法需用衡器称量物料的体积、质量,然后加入到模具内,采用该方法可准确地控制加料量,但操作不方便。容量法是使用具有一定容积或带有容积标度的容器向模具内加料,这种方法操作简便,但加料量的控制不够准确。记数法适用于预压坯料。对于形状较大或较复杂的模腔,还应根据物料在模具中的流动情况和模腔中各部位用料量的多少,合理地堆放物料,以免造成塑件密度不均或缺料现象。

② 闭模。加料完成后进行闭模,即通过压力使模具内成型零部件闭合成与塑件形状一致的模腔。在凸模尚未接触物料之前,应尽量使闭模速度加快,以缩短模塑周期和塑料

过早固化和过多降解。而在凸模接触物料之后,闭模速度应放慢,以避免模具中嵌件和成型杆件的位移和损坏,同时也有利于空气的顺利排放,避免物料被空气排出模外而造成缺料。闭模时间一般为几秒至几十秒不等。

③ 排气。压缩热固性塑料时,成型物料在模腔中会放出相当数量的水蒸气、低分子挥发物以及在交联反应和体积收缩时产生的气体。因此,模具闭合后有时还需要卸压以排出模腔中的气体,否则,会延长物料传热过程,延长熔料固化时间,且塑件表面还会出现烧糊、烧焦和气泡等现象,表面光泽也不好。排气的次数和时间应按需要而定,通常为 1 ~ 3 次,每次时间为 3 ~ 20 s。

④ 固化。压缩成型热固性塑料时,塑料依靠交联反应固化定型的过程称为固化或硬化。热固性塑料的交联反应程度(即硬化程度)不一定达到 100%,其硬化程度的高低与塑料品种、模具温度及成型压力等因素有关。当这些因素一定时,硬化程度主要取决于硬化时间。最佳硬化时间应以硬化程度适中时为准。固化速率不高的塑料,有时也不必将整个固化过程放在模内完成,只要塑件能够完整地脱模即可结束固化,因为延长固化时间会降低生产效率。提前结束固化时间的塑件需用后烘的方法来完成它的固化。通常酚醛压缩塑件的后烘温度范围为 90 ~ 150 ℃,时间为几小时至几十小时不等,视塑件的厚薄而定。模内固化时间取决于塑料的种类、塑件的厚度、物料的形状及预热和成型的温度等,一般由三十秒至数分钟不等,具体时间的长短需由实验方法确定,过长或过短对塑件的性能都会产生不利的影响。

⑤ 脱模。固化过程完成以后,压力机将卸载回程,并将模具开启,推出机构将塑件推出模外,带有侧向型芯或嵌件时,必须先完成抽芯才能脱模。

热固性塑件与热塑性塑件的脱模条件不同。对于热塑性塑件,必须使其在模具中冷却到自身具有一定的强度和刚度之后才能脱模;但对于热固性塑件,脱模条件应以其在热模中的硬化程度达到适中时为准,在大批量生产中,为了缩短成型周期,提高生产效率,亦可在制件尚未达到硬化程度适中的情况下进行脱模,但此时塑件必须有足够的强度和刚度以保证在脱模过程中不发生变形和损坏。对于硬化程度不足而提前脱模的塑件,必须将它们集中起来进行后烘处理。

(3)后处理

塑件脱模以后,应对模具进行清理,有时还要对塑件进行后处理。

① 模具的清理。脱模后,要用铜签或铜刷去除留在模内的碎屑、飞边等,然后再用压缩空气将模具型腔吹净。如果这些杂物留在下次成型的塑件中,将会严重影响塑件的质量。

② 塑件的后处理。塑件的后处理主要是指退火处理,其主要作用是消除内应力,提高塑件尺寸的稳定性,减少塑件的变形与开裂。进一步交联固化,可以提高塑件的电性能和力学性能。退火规范应根据塑件材料、形状、嵌件等情况确定。对于厚壁和壁厚相差悬殊以及易变形的塑件,退火处理时以采用低温和较长时间为宜;对于形状复杂、薄壁、面积大的塑件,为防止变形,退火处理时最好在夹具上进行。

常用热固性塑件的退火处理规范可参考表 4.1。

表4.1　常用热固性塑件退火处理规范

塑料种类	退火温度/℃	保温时间/h
酚醛塑料制件	80 ~ 130	4 ~ 24
酚醛纤维塑料制件	130 ~ 160	4 ~ 24
氨基塑料制件	70 ~ 80	10 ~ 12

4.1.4　压注成型

压注成型又称传递成型,是在压缩成型基础上发展起来的一种热固性塑料的成型方法,能成型外形复杂、薄壁或壁厚变化很大、带有精细嵌件的塑件。

1. 压注成型原理

压注成型原理如图4.7所示。压注成型时,将热固性塑料原料(和压缩成型时一样,塑料原料为粉料或预压成锭的坯料)装入闭合模具的加料室内,使其在加料室内受热塑化,如图4.7(a)所示;塑化后熔融的塑料在压注压力的作用下,通过加料室底部的浇注系统进入闭合的型腔,如图4.7(b)所示;塑料在型腔内继续受热、受压而固化成型,最后打开模具取出塑件,如图4.7(c)所示。

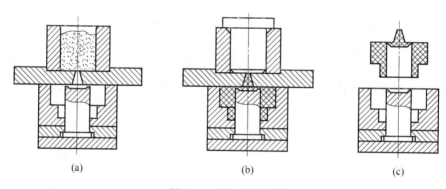

(a)　　　　　　　　　(b)　　　　　　　　　(c)

图4.7　压注成型原理

2. 压注成型特点

压注成型与压缩成型相比具有以下一些特点。

(1) 成型周期短、生产效率高

塑料在加料室首先被加热塑化,成型时塑料高速通过浇注系统被压入型腔,未完全塑化的塑料与高温的浇注系统相接触,使塑料升温快而均匀。同时,熔料在通过浇注系统的窄小部位时吸收摩擦热使温度进一步提高,有利于塑料制件在型腔内迅速硬化,从而缩短了硬化时间。压注成型的硬化时间只相当于压缩成型的 $\frac{1}{3}$ ~ $\frac{1}{5}$。

(2) 塑件的尺寸精度高、表面质量好

由于塑料受热均匀,交联硬化充分,因此改善了塑件的力学性能,使塑件的强度、力学性能、电性能都得以提高。塑件高度方向的尺寸精度较高,飞边很薄。

（3）可以成型带有细小嵌件、较深侧孔及较复杂的塑件

由于塑料是以熔融状态压入型腔的，因此对细长型芯、嵌件等产生的挤压力比压缩模小。一般的压缩成型在垂直方向上成型的孔深不大于其直径的 3 倍，侧向孔深不大于其直径的 1.5 倍，而压注成型可成型孔深不大于直径 10 倍的通孔、不大于直径 3 倍的盲孔。

（4）消耗原材料较多

由于存在浇注系统凝料，故塑料消耗比较多，这对小型塑件尤为突出。

（5）压注成型收缩率大于压缩成型收缩率

一般酚醛塑料在压缩成型时的收缩率为 0.8%，但压注成型时的收缩率则为 0.9% ~ 1%，而且收缩率具有方向性。这是由于物料在压力作用下的定向流动而引起的，因此影响塑件的精度，但对于用粉状填料填充的塑件则影响不大。

（6）压注模的结构比较复杂，工艺条件要求严格

由于压注时熔料是通过浇注系统进入模具型腔成型的，因此压注模的结构比压缩模复杂，工艺条件要求严格，特别是成型压力较高（比压缩成型时的压力要大得多），而且操作比较麻烦，制造成本也大，因此，只有在用压缩成型无法达到要求时才用压注成型。

3. 压注成型工艺

压注成型工艺过程和压缩成型工艺过程基本相似，它们的主要区别在于压缩成型过程是先加料后闭模，而一般结构的压注模在压注成型时则要求先闭模后加料。

4.1.5　其他塑料成型方法

塑料的成型方法很多，除了前面介绍的挤出成型、注塑成型、压缩成型、压注成型之外，常用的成型方法还有中空吹塑成型、真空成型、压缩空气成型、泡沫塑料成型、浇铸成型、滚塑成型、压延成型以及聚四氟乙烯冷压成型等。本章只对生产中比较常用的中空吹塑成型、真空成型、压缩空气成型、泡沫塑料成型进行简单介绍。

1. 中空吹塑成型

中空吹塑成型是将处于高弹态（接近于黏流态）的塑料型坯置于模具型腔内，通入压缩空气将其吹胀，使之紧贴于型腔壁上，经冷却定形后得到中空塑件的成型方法，主要用于制造瓶类、桶类、罐类、箱类等中空塑料容器。中空吹塑成型的方法很多，主要有挤出吹塑成型、注塑吹塑成型、拉伸注塑吹塑成型、片材吹塑成型和多层吹塑成型等。

（1）挤出吹塑成型

挤出吹塑成型是成型中空塑件的主要方法，其成型工艺过程如图 4.8 所示。成型时，先由挤出机挤出管状型坯，如图 4.8（a）所示；然后截取一段管坯趁热将其放入模具中，在闭合模具的同时夹紧型坯上下两端，如图 4.8（b）所示；再用吹管通入压缩空气，使型坯吹胀并贴于型腔表壁成型，如图 4.8（c）所示；最后经保压和冷却定型，便可排除压缩空气并开模取出塑件，如图 4.8（d）所示。

挤出吹塑成型的模具结构简单，投资少，操作容易，适合多种塑料的中空吹塑成形。缺点是：成型塑件的壁厚不均匀，塑件需要后加工以去除飞边和余料。

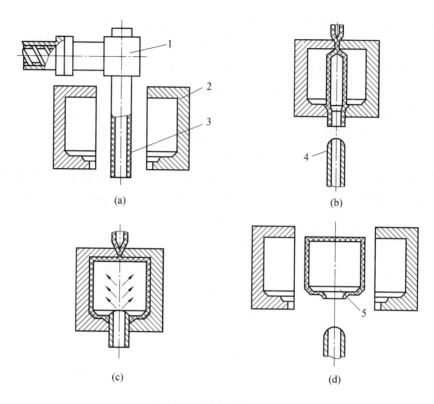

图 4.8   挤出吹塑成型
1— 挤出机头;2— 吹塑模;3— 型坯;4— 压缩空气吹管;5— 塑件

（2）注塑吹塑成型

注塑吹塑成型是先用注塑机将塑料在注塑模中注塑成型坯,然后将热的塑料型坯移入中空吹塑模具中进行中空吹塑成型,其工艺过程如图 4.9 所示。成型时,首先用注塑机将熔融塑料注入注塑模中制成型坯,型坯成型在周壁带有微孔的空心凸模上,如图 4.9(a) 所示;接着趁热将空心凸模与型坯一起移入吹塑模内,如图 4.9(b) 所示;然后合模并从空心凸模的管道内通入压缩空气,使型坯吹胀并贴于吹塑模的型壁上,如图 4.9(c) 所示;最后经保压、冷却定型后放出压缩空气并开模取出塑件,如图 4.9(d) 所示。

注塑吹塑成型的优点是:塑件壁厚均匀,无飞边,不需后加工。由于注塑的型坯有底面,因此中空塑件的底部没有拼合缝,不仅外观美、强度高,而且生产效率高。但是注塑吹塑成型所用的设备与模具的投资较大,因而多用于小型中空塑件的大批量生产。

（3）注塑拉伸吹塑成型

注塑拉伸吹塑成型是将注塑成型的有底型坯置于吹塑模内,先用拉伸杆进行周向拉伸后再通入压缩空气吹胀成型的加工方法。与注塑吹塑成型相比,注塑拉伸吹塑成型在吹塑成型工位增加了拉伸工序,塑件的透明度、抗冲击强度、表面硬度、刚度和气体阻透性能都有很大提高,最典型的产品是线型聚酯饮料瓶。

注塑拉伸吹塑成型可分为热坯法和冷坯法两种方法。

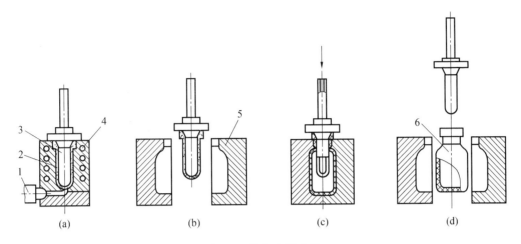

图 4.9　注塑吹塑成型

1— 注塑机喷嘴;2— 注塑型坯;3— 空心凸模;4— 加热器;5— 吹塑模;6— 塑件

热坯法注塑拉伸吹塑成型的工艺过程如图 4.10 所示。首先在注塑工位注塑一个空心有底的型坯,如图 4.10(a) 所示;接着将型坯迅速移到拉伸和吹塑工位,进行拉伸和吹塑成型,如图 4.10(b)、(c) 所示;最后经保压、冷却后开模取出塑件,如图 4.10(d) 所示。这种成型方法省去了冷型坯的再加热,节省了能源,同时由于型坯的制取和拉伸吹塑在同一台设备上进行,因而占地面积小,易于连续生产,自动化程度高。

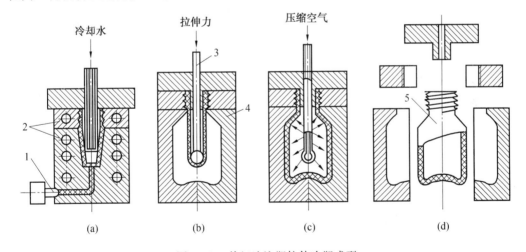

图 4.10　热坯法注塑拉伸吹塑成型

1— 注塑机喷嘴;2— 注塑模;3— 拉伸心棒(吹管);4— 吹塑模;5— 塑件

冷坯法注塑拉伸吹塑成型是将注塑好的型坯加热到合适的温度后,再将其置于吹塑模中进行拉伸吹塑的成型方法。成型过程中,型坯的注塑和塑件的拉伸吹塑成型分别在不同的设备上进行,为了补偿型坯冷却散发的热量,需要进行二次加热。这种方法的主要特点是设备结构相对比较简单。

(4) 片材吹塑成型

片材吹塑成型是将压延或挤出成型的片材再加热,使之软化后放入型腔,合模后在片材之间通入压缩空气而成型出中空塑件的成型方法,如图 4.11 所示。

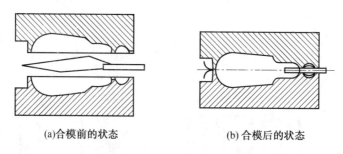

(a)合模前的状态　　　　(b) 合模后的状态

图 4.11　片材吹塑成型

2. 真空成型

真空成型又称吸塑成型,是把热塑性塑料板、片材等固定在模具上,用辐射加热器加热至软化温度,然后用真空泵把板材和模具之间的空气抽掉,借助大气的压力使板材贴在模腔上而成型,冷却后用压缩空气使塑件从模具型腔内脱出。真空成型的设备和模具结构比较简单,制件形状清晰,生产成本低,生产效率高,一般大、薄、深的塑件都能通过真空成型方法生产,但由于真空成型的压力有限,所以不能成型厚壁塑件。真空成型的不足之处是:成型的塑件壁厚不均匀;当模具的凹凸形状变化较大且相距较近及凸模拐角处为锐角时,塑件上容易出现皱折,塑件的周边要进行修整。

真空成型的方法主要有凹模真空成型、凸模真空成型、凹凸模先后抽真空成型、压缩空气延伸法真空成型、柱塞延伸法真空成型和带有气体缓冲装置的真空成型等。

（1）凹模真空成型

凹模真空成型是一种最常用、最简单的成型方法,如图 4.12 所示。成型时,把板材固定并密封在模腔的上方,在板材上方用加热器将板材加热至软化,如图 4.12（a）所示;然后移开加热器,在型腔内抽真空,板材就贴在凹模型腔上,如图 4.12（b）所示;冷却后由抽气孔通入压缩空气将成型好的塑件吹出,如图 4.12（c）所示。

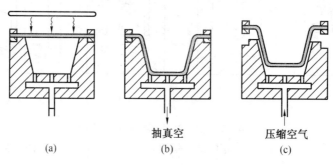

抽真空　　　　压缩空气

(a)　　　　(b)　　　　(c)

图 4.12　凹模真空成型

用凹模真空成型法成型的塑件外表面尺寸精度高,一般用于成型深度不大的塑件。对于深度很大的塑件,特别是小型塑件,其底部转角处会明显变薄。多型腔的凹模真空成型与同个数的凸模真空成型相比更经济,因为凹模模腔间距可以更近些,用同样面积的塑料板,可以加工出更多的塑件。

（2）凸模真空成型

凸模真空成型如图4.13所示。被夹紧的塑料板在加热器下加热软化,如图4.13(a)所示;接着软化的塑料板下移,覆盖在凸模上,如图4.13(b)所示;最后抽真空,塑料板紧贴在凸模上成型,如图4.13(c)所示。由于成型过程中较冷的凸模首先与板材接触,因此塑件的内表面尺寸精度较高,但底部稍厚,多用于有凸起形状较高的薄壁塑件。

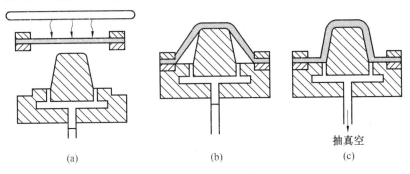

图4.13 凸模真空成型

（3）凹凸模先后抽真空成型

凹凸模先后抽真空成型如图4.14所示。首先把塑料板紧固在凹模上加热,如图4.14(a)所示;塑料板软化后将加热器移开,在通过凸模吹入压缩空气的同时在凹模框抽真空,从而使塑料板鼓起,如图4.14(b)所示;最后凸模向下插入鼓起的塑料板中并从中抽真空,同时凹模框通入压缩空气,使塑料板贴附在凸模的外表面成型,如图4.14(c)所示。实际上这种成型方法最终还是凸模抽真空成型,由于将软化了的塑料板吹鼓,使板材延伸后再成型,所以成型的塑件壁厚比较均匀,可用于成型深型腔塑件。

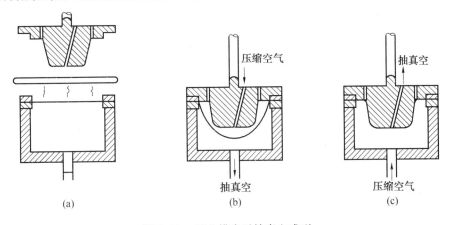

图4.14 凹凸模先后抽真空成型

（4）压缩空气延伸法真空成型

压缩空气延伸法真空成型与凹凸模先后抽真空成型基本类似,其成型过程如图4.15所示。首先将塑料板紧固在凹模上,并用加热器对其加热,如图4.15(a)所示;待塑料板加热软化后移开加热器,压缩空气通过凹模吹入把塑料板吹鼓后再将凸模顶起,如图4.15(b)所示;然后停止从凹模吹气而凸模抽真空,塑料板则贴附在凸模上成型,如图

4.15(c) 所示。

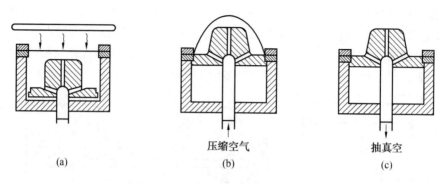

压缩空气　　　抽真空

(a)　　　　　　　(b)　　　　　　(c)

图 4.15　压缩空气延伸法真空成型

（5）柱塞延伸法真空成型

柱塞延伸法真空成型如图 4.16 所示。成型时,首先将固定在凹模上的塑料板加热至软化状态,如图 4.16(a) 所示;接着移开加热器,用柱塞将塑料板推下,这时凹模里的空气被压缩,软化的塑料板由于柱塞的推力和型腔内封闭的空气移动而延伸,如图 4.16(b) 所示;然后凹模抽真空而成型,如图 4.16(c) 所示。这种成型方法使塑料板在成型前先延伸,壁厚变形均匀,主要用于成型深型腔塑件,但是在塑件上残留有柱塞痕迹。

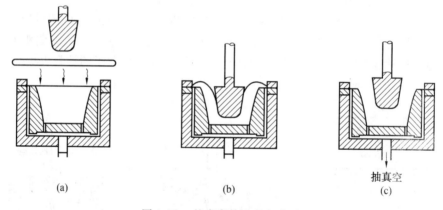

抽真空

(a)　　　　　　　(b)　　　　　　(c)

图 4.16　柱塞延伸法真空成型

（6）带有气体缓冲装置的真空成型

带有气体缓冲装置的真空成型是柱塞和压缩空气并用的形式,如图 4.17 所示。成型时,把塑料板加热后和框架上起轻轻地压向凹模,然后向凹模腔吹压缩空气把加热的塑料板吹鼓,多余的气体从板材和凹模间的缝隙中逸出,同时从板材的上面通过柱塞的孔吹出已加热的空气,这时板材就处于两个空气缓冲层之间,如图 4.17(a)、(b) 所示;柱塞逐渐下降,如图 4.17(c)、(d) 所示;最后柱塞内停吹压缩空气,凹模抽真空,塑料板贴附在凹模型腔上成型,同时柱塞升起,如图 4.17(e) 所示。用这种方法成型出的塑件壁厚比较均匀,常用于成型较深的塑件。

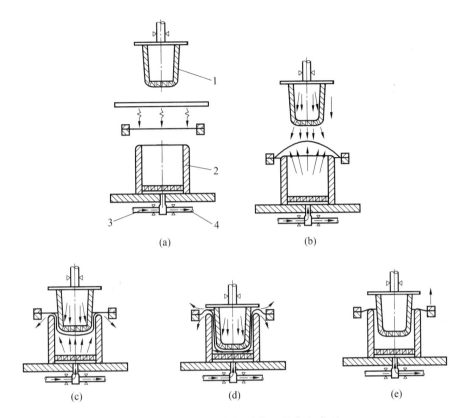

图 4.17　带有气体缓冲装置的真空成型
1— 柱塞;2— 凹模;3— 空气管路;4— 真空管路

3. 压缩空气成型

压缩空气成型是借助压缩空气的压力,将加热软化的塑料板压入型腔而成型的方法。压缩空气成型的工艺过程如图 4.18 所示。图 4.18(a) 所示是开模状态;图 4.18(b)所示是闭模后的加热过程,即从型腔通入微压空气,使塑料板直接接触加热板加热;图4.18(c) 所示为塑料板加热后,由模具上方通入预热的压缩空气,使已软化的塑料板贴在模具型腔的内表面成型;图 4.18(d) 所示是塑件在型腔内冷却定型后,加热板下降一小段距离,切除余料;图 4.18(e) 所示为加热板上升,最后借助压缩空气取出塑件。

压缩空气成型与真空成型相似,也包括凹模成型、凸模成型、柱塞加压成型等方法。不同之处在于,压缩空气成型主要依靠压缩空气成型塑件,而真空成型主要依靠抽真空吸附成型塑件。此外,压缩空气成型采用加热板(可固定在上模座上)对模内板材加热,采用型刀切除塑件周边余料。

4. 泡沫塑料成型

（1）泡沫塑料的特性

泡沫塑料是以树脂为基础、内部含有无数微小气孔的塑料,又称多空性塑料。泡沫塑料的品种很多,现代技术几乎能把所有的热固性塑料和热塑性塑料加工成泡沫塑料,目前最常用的品种有聚氨酯、聚乙烯、聚氯乙烯、聚苯乙烯、脲醛、酚醛等。虽然各种泡沫塑料的性能有所不同,但都含有大量气泡,因此具有以下共同特性。

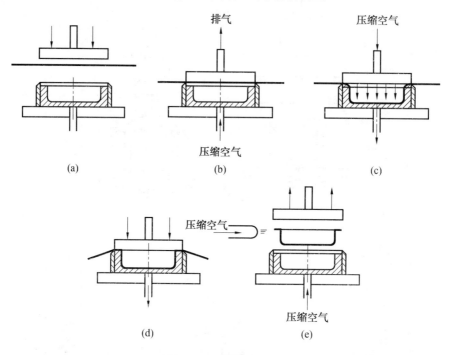

图 4.18　压缩空气成型

① 具有吸收冲击载荷的能力。泡沫塑料受到冲击载荷时,泡沫中气体通过滞留和压缩,使外来作用的能量被消耗、逸散。泡体以较小的负加速度,逐步终止冲击载荷。

② 隔热性能好。由于气体的热导率比塑料的热导率低近一个数量级,所以泡沫塑料的导热系数比纯塑料低得多。泡沫中的气体相互隔离,减少了气体中的对流传热,有助于提高泡沫塑料的隔热能力。辐射热能透过泡体中的气体层传递,泡沫塑料对辐射热的传递能力主要由塑料对红外线的吸收系数、泡孔大小、泡孔的形状和气体的容积率等因素来决定。

泡沫塑料的传热能力是气体辐射和泡体热传导两种传热结果的综合。在泡体密度很低时,辐射传热量在总的传热过程中起主要的作用;但在密度高的条件下,泡沫塑料的传热性能主要取决于泡体的热导率。

③ 具有质轻、防震、防潮、吸湿、防火、吸声隔声等特点。泡沫塑料具有质轻、防震、防潮、吸湿、防火、吸声隔声等特点,因而应用非常广泛。例如在建筑上广泛用作隔声材料;在制冷方面广泛用作绝热材料;在仪器仪表、家用电器和工艺品等方面广泛用作防震防潮的包装材料;在水面作业时常用作漂浮材料。

（2）泡沫塑料成型

泡沫塑料成型分为气发泡沫塑料和组合泡沫塑料两种,下面介绍气发泡沫塑料成型。

气发泡沫塑料的成型过程可分成泡沫的气泡核形成、泡沫的气泡核增长和泡沫的稳定固化三个阶段。

① 泡沫的气泡核形成。在合成树脂中加入化学发泡剂或气体,当加温或降压时,就会生出气体而形成泡沫,当气体在熔体或溶液中超过其饱和限度而形成过饱和溶液时,气体就会从熔体中逸出而形成气泡。在一定的温度和压力下,溶解度系数的减小将引起溶解的气体浓度降低,放出的过量气体形成气泡。

② 泡沫的气泡核增长。在发泡过程中,泡孔增长速率是由泡孔内部压力的增长速率和泡孔的变形能力决定的。在气泡形成之后,由于气泡内气体的压力与半径成反比,气泡越小,内部的压力越高,并通过成核作用增加了气泡的数量,加上气泡的膨胀扩大了泡沫的增长。促进泡沫增长的因素主要是溶解气体的增加、温度的升高、气体的膨胀和气泡的合并。

③ 泡沫的稳定固化。如果泡孔增长过程在某一阶段未被中断,则一些泡孔可以增长到非常大,使形成泡孔壁的材料达到破裂极限,最后所有泡孔会相互串通,使整个泡沫结构瘪塌,或者会出现所有的气体从泡孔中缓慢地扩散到大气中的现象,泡沫中气体的压力逐渐衰减,泡孔会渐渐地变小并消失。

在泡沫形成中,控制泡孔的增长率和稳定泡孔是非常重要的。这可以通过使聚合物母体发生突然固化或使母体变形性逐渐降低来完成,可降低其表面张力,减少气体扩散作用,使泡沫稳定。比如,在发泡过程中,通过对物料的冷却或树脂的交联都能提高塑料熔体的黏度,以达到稳定泡沫的目的。

4.2　橡胶的成型加工

4.2.1　挤出成型

橡胶制品挤出(压出)是胶料在挤出机螺杆的挤压下,通过一定形状的口型(塑料工业中常称"口模"),中空制品则是口型加芯型(塑料工业中常称"芯模")进行连续造型的工艺过程。它广泛地用于制造胎面、内胎、胶带以及各种复杂断面形状或空心的半成品,并可用于包胶操作(如电线、电缆外套等)、挤出薄片(如防水卷材、衬里用胶片等)及快速密炼机的压片(取代原有的开炼机压片)。此外,不同形式的螺杆挤出机还可用于滤胶、造粒、塑炼、连续混炼等许多方面。

橡胶的挤出具有塑料挤出一样的特点,但也有一些不同点。

① 塑料的挤出基本以成品为主;而橡胶的挤出则是以半成品为主,也可起到补充混炼和热炼的作用,使半成品质地均匀、致密。

② 物料在挤出机中变化不同,塑料是以玻璃态加入到挤出机中,经过高弹态,直到黏流态,通过口模成型;而橡胶的胶料则是以混炼胶的胶条或胶粒等加入到挤出机,而胶条或胶粒不是玻璃态。虽然混炼胶多少有些弹性,但也不是主体上的高弹态,当然也不是严格意义上黏流态。

③ 混炼胶之所以有可塑性,是因为混炼胶的相对分子质量较低,而塑料的可塑性是因为塑料处于黏流态。

1. 橡胶在挤出机中的变化

（1）胶料在挤出过程中的运动状态

胶料沿螺杆前进的过程中，受到机械和热的作用后，其黏度逐渐下降，状态发生明显变化，即由黏弹体渐变为黏流体。因此，胶料在挤出机中的运动基本与塑料在挤出机中的运动相同：既有固体沿轴向运动的特征，又有流体流动的特征。根据胶料在挤出过程中的状态变化和所受力作用，一般可将挤出机螺杆工作部分大体分为加料段、压缩段和计量段三个部分（在冷喂料挤出机中，这三段是比较明显的，而热喂料压出机不够明显），这三个部分相应的技术参数则有很大的不同。当然，橡胶挤出机与塑料挤出机的技术参数也有很大的不同。冷喂料挤出机，加料段较长；热喂料挤出机，胶料被预先热炼，故此段很短。由加料段输送来的松散胶团在压缩段将被压实和进一步软化，最后形成一体，并将胶料中夹带的空气向加料段排出。计量段的作用是将黏流态的胶料进一步均匀塑化、压缩并输送到机头和口型挤出。在挤出段中螺纹槽充满了流动的胶料，在螺杆旋转时，这些胶料沿着螺纹槽推向前进。

（2）挤出变形

胶料在口型中的流动是胶料从螺杆的螺纹槽被推出后，流入机头内。胶料的流动也由螺纹槽内有螺旋式向前流动变成在机头中的稳定直线流动。机头内表面与胶料的摩擦作用，胶料流动受到很大阻力，因此胶料在机头内的流速分布是不均匀的。例如，挤出圆形断面胶条的机头，中间流速最大，越接近机头内表面流速越小。

胶料经机头流过后便直接流向口型，胶料在口型中流动是在机头中流动的继续，为轴向流动。由于口型内表面对胶料流动的阻碍，胶料流动速度也存在着与机头类似的速度分布。只是由于口型横截面比机头横截面小，导致胶料流动速度以及中间部位和口型壁边部位的速度梯度更大，这就使得胶料离开口型后，中间部位的变形大于边缘部位。

胶料是黏弹性物质，使得挤出半成品的形状和口模尺寸不完全相同。这种经口型挤压出的半成品变形，即长度沿压出方向缩短，厚度沿垂直于压力方向增加的性质，称为挤出变形。其原因与塑料挤出时相同。

挤出变形现象不仅使挤出半成品的形状与口型形状不一致，而且也影响半成品的规格尺寸。因此，无论口型设计还是工艺中对挤出半成品要求定长时，都必须考虑挤出变形的因素。影响挤出变形的因素很多，主要决定于胶种和配方，工艺条件及半成品规格等三个方面。

① 胶种和配方的影响。不同胶种具有不同的挤出变形，在通用型胶种中，SBR、CR 和 IR 的挤出变形都大于 PB 和 NR 的挤出变形。不同胶种的胎面半成品膨胀率见表4.2。

表4.2　不同胶种的胎面半成品膨胀率

生胶种类	膨胀率/%			
	边缘	胎冠边缘	胎冠	全宽度
100% NR	33	33	33	98
NR/SBR	33	100	100	95
100% SBR	28	115	120	90

胶料配方中含胶率越高，挤出变形越大。炭黑的结构性和用量增加，可以降低胶料

的挤出变形,见表4.3。白色填料,活性大的挤出变形较小,各向异性的(如陶土等),挤出变形也小。加入油膏,再生胶及其他润滑型软化剂,能增加胶料的流动性和松弛速度,使挤出变形减小。

表 4.3 丁苯橡胶配用不同炭黑的挤出膨胀率

炭黑品种	用量/份				
	25	37.5	50	62.5	70
中超耐磨炉黑	141	100	60	35	23
高耐磨炉黑	122	88	52	36	28
快压出炉黑	144	90	52	18	5
半补强炉黑	142	114	87	52	15
槽法炭黑	140	126	104	84	67

② 工艺条件的影响。胶料的可塑性越高弹性越小,胶料流动性越好,挤出变形较小;反之,则较大。因此,适当提高挤出前胶料热炼的均匀性,有利于降低挤出变形。但胶料可塑度不可太大,否则影响半成品挺性和成品物理力学性能。

适当提高机头温度,可以增加胶料的流动性,也可以降低挤出变形。

在挤出温度不变的条件下,挤出速度越快,胶料所受到的瞬时应力越大,挤出变形越大。口型厚度越薄,则胶料通过口型的时间越短,胶料的松弛形变越不充分,挤出变形越大。因此,对挤出变形较大的胶料,采用较慢的挤出速度,适当增加口型厚度,都有利于降低挤出变形。

挤出口型的类型不同,也影响着挤出收缩率,有芯挤出比无芯挤出的变形要小。这是因为胶料的回复变形受到芯型的阻力作用。口型孔径尺寸相同时,形状越复杂,则挤出变形较小。

此外,若将挤出半成品在带外力的条件下停放或适当提高停放温度,挤出变形也会减小。

③ 半成品规格的影响。相同配方的胶料,由于半成品的规格形状不同,挤出变形也不一样。挤出半成品尺寸越大,挤出变形越小。

总之,影响挤出变形的因素较多。在实际生产中,可以从多方面着手控制主要因素,兼顾次要因素,就能有效降低挤出变形,获得准确断面、尺寸稳定的半成品。

2. 橡胶挤出工艺方法及工艺条件

挤出工艺主要包括胶料热炼(冷喂料压出不必经过热炼)、供胶、挤出、冷却、裁断、接取和停放等工序。挤出工艺方法按喂料形式分为热喂料挤出法和冷喂料挤出法。一般挤出操作(除热炼外)均组成联动化作业。

(1) 挤出前胶料的准备

① 热炼。热炼主要是为了提高胶料混炼的均匀性和热塑性,以便于胶料挤出,得到规格尺寸准确,表面光滑,内部致密的半成品。热炼一般分为粗炼和细炼。粗炼为低温薄通(温度为45 ℃,辊距为1 ~ 2 mm),目的是进一步提高胶料的均匀性和可塑性。细炼为高温软化(温度为60 ~ 70 ℃,辊距为5 ~ 6 mm),目的是进一步提高胶料的热塑性。生产中对于质量要求较低或小规格半成品(如力车胎胎面胶),可以一次完成热炼过程。

用于热炼的设备一般为开炼机，但前后辊的速比要尽可能小。也可以用螺杆挤出机进行热炼。热炼机的供料能力必须与挤出机的挤出能力相一致。对热炼的要求是，同一产品其可塑度、胶温应均匀一致，返回胶的掺和率不大于30%，并且要求掺和均匀，以免影响压出质量。

热炼的工艺条件（辊温、辊距、时间）需根据胶料种类、设备特点、工艺要求而定，以胶料掺和均匀并达到要求的预热温度为佳。

通常，胶料的热塑性越高，流动性越好，挤出就越容易，但是，热塑性太高时，胶料太软，挺性差，会造成挤出品变形、下塌或产生折痕。因此，供挤出中空制品的胶料，要特别防止过度热炼。

② 供胶。由于胶料挤出为连续生产，因而要求供胶均匀、连续，并且与挤出速度相配合，以免因供胶脱节或过剩影响压出质量。

供胶方法有人工填料法和运输带连续供胶法。人工填料法是将热炼的胶料割成胶条，进行保温（保温式停放架），再由人工从喂料口填料，人工填料要特别注意胶条保温时间不宜过长（小于1 h），否则会使胶温下降或产生焦烧现象。运输带连续供胶法是采用架空运输带实现连续自动供胶。一般需配一台热炼机作为供胶机，但需注意积胶不宜太多，供胶胶条的宽度、厚度、输送速度等必须依据挤出机的螺杆转速、喂料口尺寸、挤出速度等确定，使其相配合，供胶运输带不宜太长，否则会使胶温下降而影响压出质量。

（2）挤出工艺方法

① 热喂料挤出法。热喂料挤出法是指胶料喂入挤出机之前需经预先加热软化的挤出方法。所采取的设备为热喂料挤出机，其螺杆长径比较小（3 ～ 5），挤出机的功率也较小。常用的挤出机规格有螺杆直径为 30 mm、65 mm、85 mm、115 mm、150 mm、200 mm、250 mm 等。

热喂料挤出法是目前国内采用的主要方法，其设备结构简单，动力消耗小，胶料均匀一致，半成品表面光滑、规格尺寸稳定。但由于胶料需要热炼，增加了挤出作业工序，使总体的动力消耗大，占地面积大。

热喂料挤出法按机头可分为有芯挤出和无芯挤出，按半成品组合形式可分为整体挤出和分层挤出。整体挤出是指用一种胶料、一台挤出机挤出一个半成品或由多种胶料、多台挤出机，再通过复合机头挤出一个半成品。而分层挤出是指用多种胶料、多台挤出机分别挤出多个部件，再经热贴合而形成一个半成品。

a. 挤出操作程序。挤出操作开始前，先根据技术要求安装上口型和芯型，并预热机筒、机头，口型和芯型一般采用蒸汽介质加热至规定温度范围（需10 ～ 15 min），然后开始供胶调节口型，检查挤出半成品尺寸、表面状态（光滑程度，有无气泡等），直至完全符合要求后才能开始挤出半成品。半成品的公差范围根据产品规格和尺寸要求而定，一般小规格的尺寸公差为 ±0.75 mm，大规格的为 －1.0 ～ +1.5 mm。

挤出完毕，在停机前必须将口型拆除，以便于将留存于机身中的存胶全部清除，以防胶料在料筒残余热量的作用下发生焦烧。但拆除口型是比较费力的，所以在停机前也可以加入一些不易焦烧的胶料，将料筒内原有的胶料挤出再停车。

在挤出过程中，如果发现半成品胶料中有熟胶疙瘩及局部收缩，则是焦烧现象，必须即刻充分冷却机身。如果焦烧现象严重时,则马上停止装料,停机卸下机头,清除机身中全部胶料,否则会损坏机器。

挤出工艺条件主要包括挤出温度和挤出速度。为使挤出过程顺利,减少挤出膨胀率,得到表面光滑、尺寸准确的半成品,并防止胶料焦烧,必须严格控制挤出机各部位温度,一般距口型越近,温度越高。挤出速度是以单位时间内挤出半成品的长度(或质量)来表示,与挤出温度、胶料性质和设备特性等有关,一般以半成品规格、性质而定,通常为 3 ~ 20 m/min,螺杆的转速应控制在 30 ~ 50 r/min 为宜。

b. 影响挤出工艺及其质量的因素。影响挤出工艺及其质量的因素主要有胶料的组成和性质,挤出机的规格和特征及工艺条件等三个方面。

不同胶料具有不同的挤出性能。胶料含胶率高,挤出速度慢,挤出变形大,半成品表面不光滑。不同补强填充剂挤出性能也不同,炭黑结构性高,易于挤出;各向异性的填料挤出变形小。适当增加填料用量,挤出性能可得到改善,不仅挤出速度有所提高,而且挤出变形减少,但由于胶料硬度提高,挤出生热增加。适当采用软化剂如硬脂酸、石蜡、凡士林、油膏及矿物油等可以加快挤出速度,挤出变形小,半成品表面光滑。掺用再生胶后不仅能加快挤出速度,减少挤出生热,降低挤出变形,而且能增加挤出半成品的挺性。胶料可塑性大,流动性好,挤出速度快,挤出变形小,半成品表面光滑,挤出生热小,但可塑性太大,则挤出半成品缺乏挺性,易产生变形。

挤出机规格太大,则相对口型太小,使机头压力大,挤出速度快,但挤出变形大,同时由于胶料在机头内停滞时间长,易焦烧。相反,挤出机规格太小,则机头压力不足,挤出速度慢,排胶不均匀,半成品尺寸不稳定,且致密性较差。挤出机的长径比大,螺杆长度长,对胶料的作用时间长,胶料均匀性及所得半成品质量好,但易焦烧。螺纹槽的压缩比大,半成品致密性提高,但胶料生热高,易焦烧。

挤出温度对半成品尺寸精确性和表面光滑性影响很大。挤出温度过低,则胶料塑化不充分,使半成品挤出变形大,表面粗糙,且动力消耗也大。温度过高,胶料易焦烧。为使挤出过程顺利,减少挤出膨胀率,得到表面光滑、尺寸准确的半成品,并防止胶料焦烧,必须严格控制挤出机各部位温度,一般距口型越近温度越高。

挤出速度过快,挤出变形增大,半成品表面粗糙,挤出生热高,易焦烧;挤出速度过慢,则使生产效率降低。

此外,挤出后半成品的接取(塑料工业称为"牵引")装置速度应与挤出速度相匹配,否则会造成半成品断面尺寸不准确,甚至于表面出现裂纹等弊病。一般接取速度要比挤出速度稍快为宜。

影响挤出工艺及其质量的因素是十分复杂的。生产中只有结合胶料的配方和挤出设备的实际情况,才能制出恰当的挤出工艺条件,制得合乎要求的挤出半成品。

② 冷喂料挤出法。冷喂料挤出法是指胶料直接在室温条件下喂入挤出机中的一种方法。摩擦引起的热量比一般挤出机大,所以冷喂料挤出机所需功率较大,相当于普通挤出机的两倍。

冷喂料挤出法和热喂料挤出法相比,由于胶料无需热炼,故简化了工序,节省了人力和设备,劳动力可节约50%以上;挤出工艺总体消耗能源少,设施占地面积小;应用范围广,灵活性较大,不存在热炼工序对半成品质量的影响,使挤出物外形更趋一致,而且不易产生焦烧现象;但有挤出机昂贵等缺陷。

冷喂料挤出工艺与热喂料挤出工艺的区别是在加料前,需将机身和机头预热,并开快转速,使挤出机各部位温度普遍升高到 120 ℃ 左右。然后开放冷却水,在短时间内(2 min),使温度骤降到机头 70 ℃ 左右,机身 65 ℃ 左右,加料口 55 ℃ 左右,螺杆 80 ℃ 左右,若挤出合成橡胶胶料,加料后可不通蒸汽,甚至还要开放冷却水。NR 胶料进行冷喂料压出时,则各部位的温度应控制得略高些,机头和机筒还应适当通入蒸汽加热。冷喂料挤出机的温度控制比较灵敏。

胶料刚挤出后,因半成品刚刚离开口型,温度较高,有时可高达 100 ℃ 以上,并且挤出为连续过程,故挤出后必须相继进行冷却、裁断、称量和停放等过程。

a. 冷却。冷却目的:一是降低半成品温度,防止其在存放过程中产生焦烧;二是降低半成品的热塑性和变形性,使其断面尺寸尽快地稳定下来,并具备一定挺性而防止变形。目前,冷却方法有自然冷却和强制冷却两种。自然冷却效果较差,只能用于薄型半成品冷却。对厚制品要进行强制冷却。强制冷却有冷却水冷却和强风冷却,其中以冷却水冷却效果较好。在冷却操作时要防止半成品骤冷而引起的局部收缩和喷硫现象,所以先用 40 ℃ 左右的温水冷却,然后再进一步降至 30 ~ 20 ℃。冷却后的半成品胶温在 40 ℃ 以下为宜。

b. 裁断。裁断是根据产品施工要求将挤出半成品裁成一定长度,以便于存放和下道工序使用。裁断一般采用机械裁断,有时也可人工裁断。裁断作业有一次裁断和二次裁断。一次裁断即裁一次即可达到施工标准要求(如胶管内胶层),这样既省工又可减少返回胶料,但对定长要求高的半成品(如轮胎胎面胶),就必须进行二次裁断,即裁断成超过施工标准的长度,将半成品停放一段时间后,再进行第二次裁断以达到施工标准长度。

c. 称量。称量是称出挤出半成品单位长度或规定长度的质量,以检查挤出半成品是否符合工艺要求。通常使用自动秤进行称量。

d. 停放。半成品停放的目的是使胶料得到松弛,同时也是为了满足生产管理对半成品储备的需求。停放一般采用停放架、停放车、停放盘等工具。半成品停放温度应保证在 35 ℃ 以下,停放时间一般为 4 ~ 72 h。

实际生产中,挤出半成品的冷却、裁断、称量等均可在联动线上进行。此外,有些挤出半成品还需进行打磨、喷浆、打孔等处理。总之,挤出后的工艺应根据制品的加工及性能要求合理确定。

4.2.2　注射成型

橡胶注射成型是一种将橡胶直接从料筒注入模型硫化的生产方法,与塑料注射成型相类似。这是一种很有发展前途的先进的生产方法,世界上技术先进的工业国家均已开始在生产中推广应用。随着科学技术的飞速发展和自动化水平的迅速提高,特别是热塑性弹性体的出现,为橡胶注射成型开辟了更为广阔的发展前景。

橡胶工业制品如密封圈、防震垫等,最初都是用模压法进行压制的。用模压法生产橡胶制品时,只要把橡胶冲切成简单的形状,填入模腔,加压硫化后即可制得橡胶成品。硫化设备大多采用平板硫化机,较大的产品可将模具夹紧后送入硫化罐硫化。由于这种生产方法设备简单,更换产品方便,因而,到现在还被广泛采用。但模压法的缺点主要是劳动强度大、自动化程度低,尤其是生产形状复杂、胶层较厚的金属骨架制品时,遇到的困难就更大。这样,在20世纪50年代出现了压铸法。

压铸法又称传递模法或移模法。该法的生产过程是:先将预先准备好的胶料装在模型上部的塞筒(压铸室)内,在强大的压力(50～80 MPa)下铸入模腔,然后移入硫化罐硫化,得到的制品比较密实。如果制品有骨架,胶料与金属的黏合力也较好,特别是对某些大型的、形状比较复杂的制品,采用压铸法所得产品的质量比普通的模压法要好得多。另外,它是先闭模后铸胶的,因而溢边也少。

压铸法虽然解决了结构复杂的橡胶制品的生产问题,然而它仍然未能解决劳动强度大、生产效率低的问题。注射成型就是在这样的背景下诞生了。

注射成型与压铸法不同的是注射模型(塑料工业中称"模具")与设备是连在一起的,并且可以自动开闭。胶料进入注射成型机的料筒后,由柱塞或螺杆直接注入模型就地(也称为"在位")硫化,不必像压铸法那样再将模型移到硫化罐内。当胶料在模型中硫化时,注射机进行下一次注射的进料塑化动作,注射周期仅数秒至数十秒。

橡胶注射成型虽具有塑料注射成型所有的优点,但是长期以来,橡胶注射成型的推广遭到了很大的困难。首先是工艺上的问题,由于橡胶的黏度太大,高温下胶料又容易焦烧而引起堵塞,所以,需要寻找超速高效硫化剂进行配合。其次,在设备方面,注射机结构复杂,投资高,使用、维修、保养均需较高的技术水平。特别应该指出,注射成型的优点只有在正确使用和配备合适模具的条件下,才能得到充分的发挥。

近年来橡胶科学领域的成就,为橡胶注射成型奠定了基础,已经配制出性能稳定、黏度较低、硫化速度高、防焦性能好的各种胶料。随着机械化、自动化生产的普及和提高,设备的使用、维修等技术问题也逐步得到解决。从20世纪50年代末起,注射成型已在许多国家开始推广使用,广泛地用来生产橡胶工业制品和各类胶鞋,有的还用于轮胎翻修工业,中国除从外国引进一些注射设备外,已试制成功了橡胶注射成型机。

1. 橡胶在注射成型机中的变化

现以六模胶鞋注射机工作过程为例详细说明(图4.19)胶料在注射成型机中的变化。

(1)胶料塑化

先将预先混炼好的胶料(通常加工成带状或粒状)经料斗送入机筒;在螺杆的旋转作用下,胶料沿螺槽推向机筒前端,此时螺杆本身在胶料的反作用下沿机筒后退,而胶料在沿螺槽前进过程中,由于激烈搅拌和变形,加上机筒外部加热,温度很快升高,可塑性增加;由于螺杆在后退时受到注胶油缸的反压力,且螺杆本身具有一定的压缩比,胶料受到强大的挤压作用而排出残留的空气,并变得十分致密。

(2)胶料注射保压

当胶料到达机筒前端后,整个注射部位连同注射座、螺杆驱动装置一起前移,使机筒前端的喷嘴与模型的浇道口接触,然后,注胶油缸推动螺杆进行注胶,胶料经喷嘴注入模腔。当模型中充满胶料后,注射完毕。继续保压一定时间,以保证胶料密实,压力均匀,并通过分子链松弛,消除内应力。

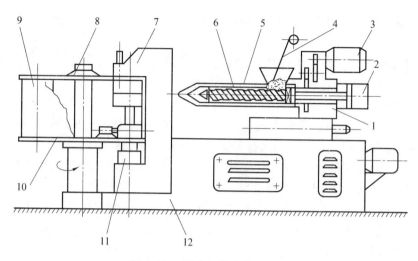

图 4.19　国产六模胶鞋注射机

1—注射座;2—注胶油缸;3—螺杆驱动装置;4—带状胶料;5—螺杆;6—机筒;
7—夹紧装置;8—旋转供应阀;9—模具;10—转盘;11—液压锁模缸;12—机座

（3）橡胶硫化出模

在保压过程中,胶料在高温下渐渐转入硫化阶段,此时注射座后移,螺杆又开始旋转进料,而转盘转动一个工位,使注满胶料的模型移出夹紧机构继续硫化,直至出模。与此同时,已经取出制品而需要注胶的空模型,则转入夹紧机构中进行另一次注胶,如此周而复始,循环不息地连续生产。

在橡胶注射生产的整个过程中,胶料主要经历了塑化注射和热压硫化两个阶段。

胶料通过喷嘴、流胶道、浇口等注入硫化模型之后,便进入热压硫化阶段。当胶料通过狭小的喷嘴时,由于摩擦生热,料温可以升到 120 ℃ 以上,再继续加热到 180 ~ 220 ℃ 的高温,就可以使制品在很短的时间内完成硫化。注射硫化的最大特点是内层和外层胶料的温度比较均匀一致,从而保证了产品的质量,提供了高温快速硫化的必要前提。

2. 橡胶注射成型工艺原理

由于橡胶注射机和塑料注射机在结构上有一定的差异,下面对橡胶注射机作简单介绍。

（1）注射设备

① 规格和容量性。橡胶注射成型的设备称为橡胶注射成型硫化机,简称橡胶注射机。橡胶注射机的规格是以注射容积（cm³）来命名的。例如,60 cm³ 注射机即指该注射机一次最大注射量为 60 cm³,写成 XZL-60,其中 X、Z、L 三个字母相应为“橡胶”、“注射成型”、“硫化机”三组汉字拼音词组的字头。

② 分类。橡胶注射成型机的类型很多。按外形来分,可分为立式、卧式和角式。按结构来分,可分为螺杆式、柱塞式、往复螺杆式和螺杆预塑柱塞式。

螺杆式注射机仅用于注射形状简单、流动性较好的软胶料制品。我国有的工厂用它来注射再生胶鞋底。螺杆式注射机注射压力较小,仅为 20 ~ 30 MPa,物料在螺杆中的停留时间长,当物料流动阻力大时就有焦烧的危险,故目前应用不广。

柱塞式注射机结构简单,制造方便,造价低廉,注射压力大(最高可达 200 MPa),注射速度快(10^{-4} m/s),充模时间短(约 5 ~ 30 s)。其缺点是对胶料不起混炼作用,塑化程度低,物料均匀性差。

往复螺杆式注射机综合了螺杆式和柱塞式的优点,胶料在螺杆中强力剪切塑化,物料均匀,但设备复杂,成本高,注射压力较柱塞式低。因为存在胶料沿螺槽的倒流问题,一般注射压力为 150 ~ 170 MPa。

螺杆预塑柱塞式注射的注射机两部分机构是分开的。螺杆部件专用于塑化,注射过程由柱塞完成。这种形式的最大优点是可以大大增加注射量,分别控制塑化和注射阶段的工艺条件。螺杆装置可以对各种胶料进行充分的塑化、混合,而柱塞注射装置能精确地控制注射量,充分提高注射压力。注射压力的增高,使胶料经喷嘴进入模腔时的温度也相应提高,从而减少了制品的硫化时间,降低了胶料在料筒中胶烧的危险性。这种形式的注射机虽造价高,但因它具有显著的优点,所以不仅在大型注射设备上采用,在中小型设备上采用也受到了欢迎。

③ 基本结构。现代注射机主要由注射装置、模具、液压系统和电气控制组成。

注射装置包括加料装置、料筒、螺杆、柱塞、喷嘴、注射油缸等,模型系统可分合模部件和模具两大组成部分。合模部件包括定模板、动模板、合模机构、顶出装置、锁模油缸等部件。液压系统和电气控制系统包括泵、各种阀类、电动机、电气元件和控制仪表等。

a. 注射装置。柱塞式注射机的注射装置的主要工作部件为料筒、柱塞和喷嘴。往复螺杆式注射机中,胶料的塑化或注射,均靠螺杆来完成,因而螺杆是极为关键的部件。

胶料在机筒中的升温热源与柱塞式不同。在柱塞式注射机中,胶温是靠机筒分成两到三段。对加料段、塑化段和注射机前端储料段的温度进行分段控制。

合模机构可以是液压式的或机械式的,最通常的是液压 - 机械组合式的。

锁模力是合模机构设计计算的基本依据。在橡胶注射成型过程中,注射压力可达 200 MPa。胶料在这样的高压下进入模型时,如果锁模力过小,易将模具顶开,形成很厚的溢边而造成废品;锁模力过大则导致设备结构庞大,造成不必要的浪费。锁模力的大小取决于型腔中的胶料压力。

模内胶料压力是随时间而变化的,它在整个注射周期中经两次高峰而下降。第一次峰值在注射过程中出现。当物料充模程度达到 50% ~ 80% 时,模中压力急剧上升,其值大小与胶料黏度、喷嘴结构、流胶道形状等因素有关,通常约为注射压力的 0.2% ~ 0.6%。但橡胶与塑料不同,橡胶胶料在模腔中还需要经历硫化交联的化学变化过程,而硫化是放热反应,由于橡胶的热膨胀系数比金属大几个数量级,因而在硫化反应速度最快的时刻,便会产生很大的膨胀压力,从而出现了第二次压力高峰,膨胀压力的大小与模具结构,特别是流胶孔的开设情况密切相关。第二次的膨胀压力高峰往往可以超过第一次的注射压力峰,因而模具的设计直接关系到锁模力的大小。

b. 模具。注射模是橡胶注射的硫化成型工具。注射模具有自动化程度大,溢边少,产品质量好,生产效率高等一系列优点,但结构比较复杂。从工艺的角度来看,注胶系统的设计具有十分重要的意义,它的作用是将塑化的胶料平稳而迅速地注入型腔,并能将压力均匀而充分地传到胶料各部。橡胶注射模具结构如图 4.20 所示。

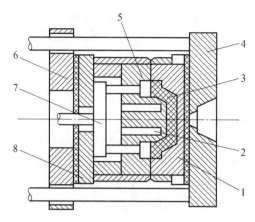

图 4.20 橡胶注射模具结构

1— 定模;2— 加热孔;3— 橡胶制品;4— 定板;
5— 动模;6— 动板;7— 顶出机构;8— 绝热板

注胶系统主要包括主流道、分流道、浇口和料井。主流道是指从喷嘴进入模具起,到分流道止的一段。分流道是从主流道到浇口的过渡段。浇口是指从分流道进入型腔时的狭窄入口。料井则用于储存两次注射间隔中的胶料,以防喷嘴部位已起变化的胶料进入型腔。

主流道与分流道要配置适当。一方面要使胶料顺利地充满型腔各处,不产生漩涡和紊流,并应使型腔内的气体顺利排出。另一方面,注胶系统应尽量减少弯折,缩短流程,以减少充模时间和胶料损失。同时还要充分利用胶料在主流道和分流道中流动所产生的最大热量,以利于快速硫化。

关于模穴数目问题,由于喷嘴面积和注射面积有一定的限制以及注射时间短而硫化温度高,大型制品都采用单模腔或双模腔。小制品可适当增加模腔数。然而模腔增多,会增加脱模困难,产品废品率增高,原料的利用率降低。因此,在增加模腔数的同时,必须改进胶料的流动性。从胶料流变性质来看,希望从喷嘴到每个模腔的流道长度相等,这样可以保证制品质量均一性。

c.液压系统及电气控制系统。液压系统是橡胶注射成型硫化机的主要动力系统,用以推动柱塞及螺杆的往复运动和模具的开闭动作。

油泵是液压系统的动力机构,油液为工作介质。通过电动机带动先将机械能转换成油液的压力,然后,通过压力分配系统将压力经导管通往各处。压力的控制和调节,通过流量阀、方向阀、压力阀等各种阀门来实现。油箱、滤油器及冷却器等各种电气控制仪表可用来控制温度、时间程序和其他自动操作过程。

(2) 注射工艺过程

橡胶注射工艺大致包括喂料、塑化、注射、保压、硫化、出模几个过程。这个过程与热固性塑料注射成型相似,只是硫化过程相当于热固性塑料注射成型中的固化过程。

(3) 橡胶注射工艺原理及工艺条件

注射工艺的中心问题是在怎样的温度、压力条件下,能使胶料获得良好的流变性能,并在尽可能短的成型周期内获得质量合格的产品。

① 温度。首先应该指出,橡胶注射温度的控制与塑料注射有原则上的不同。热塑性塑料的注射是在料筒中先将物料加热到物料熔点 T_m 或黏流温度 T_f 以上,使它具有流动性,然后在柱塞或螺杆压力的推动下将物料注入模型,冷却凝固而得产品。物料的流动性主要靠外界加热提高温度来达到。橡胶注射时,首先考虑的不是加温流动,而是防止胶料温度过高发生焦烧的问题。一旦温度太高,胶料在机筒中发生早期硫化,轻则喷嘴堵塞,重则会使整个注射机堵死,所以,经喷嘴射出后,尽可能接近模腔的硫化温度,以缩短生产周期,提高生产效率。温度虽然对胶料的流动性有一定的影响,但起决定性作用的则是注射压力、相对分子质量大小(塑化程度)及胶料配方。

② 压力。注射压力对胶料充模起着决定性作用。注射压力的大小取决于胶料的性质、注射机的类型、模具的结构以及注射工艺条件的选择等,所以其值很难明确规定。

橡胶的表观黏度随压力和剪切速率的增加而降低,所以增加注射压力可以提高胶料的流动性,缩短注射时间。由于提高压力可使胶料温度上升,因而硫化周期也大大缩短。从防焦的观点来看,提高压力也是有利于防止焦烧的,因为压力虽然提高了胶料的温度,但它缩短了胶料在注射机中的停留时间,因此减少了焦烧的危险性。所以原则上说,注射压力应在许可压力范围内选用较大的数值。

③ 时间——成型周期。完成一次成型过程所需的时间称为成型周期或总周期,用 $T_总$ 表示,它是硫化时间 $t_硫$ 和动作时间 $t_动$ 的总和。

$$t_总 = t_硫 + t_动$$

其中,动作时间包括注射机部件往复行程所需的时间 $t_行$、充模时间 $t_充$、模型开闭时间 $t_模$ 和取件时间 $t_取$。

$$t_动 = t_行 + t_充 + t_模 + t_取$$

供料、塑化等过程是硫化时同时进行的,这些时间已包括在硫化时间之内,所以不必另行计算。

在整个注射周期中,硫化时间和充模时间极为重要,它们的计算分配取决于胶料的硫化特性和设备参数。从硫化工艺来看,主要根据胶料在一定温度下的焦烧时间 $t_焦$ 和正硫化时间 $t_{正硫}$ 进行配合,要求:

$$t_充 < t_焦, t_硫 = t_{正硫}$$

充模时间必须小于焦烧时间,不然胶料会在喷嘴和模型流道处硫化,此外还要考虑到充模后应留下一定的时间使胶料能在硫化反应开始前完成压力均化过程,通过分子链的松弛消除物料中流动取向造成的内应力。

硫化时间在整个周期中占很大比例,有时往往比其他过程所需时间多出许多倍。缩短硫化时间是注射工艺的重要任务。硫化时间虽然与喷嘴大小、流胶道结构、注射压力等因素有关,但它主要取决于胶料的性质。采用高温快速有效硫化体系可以大大缩短硫化时间,这种体系在不太高的温度下有很好的防焦性能,一旦达到高温后,在数秒内即可达到正硫化点。

为了解决某些制品(如胶鞋)硫化时间过长的矛盾,通常采用一机多模的办法,当第一模台注射完毕进行硫化时立即进行另一模台的注射。

胶料的焦烧时间和正硫化时间,通常采用门尼黏度计和硫化仪测定。

④ 胶料的注射能力。由于模压的某些胶料,可以不必改变配方直接用于注射,但是从各方面的参数来看,远不能说是最佳的,而且经济效果也比较差,因此必须事先测定胶料性能是否适合于注射。

一般若要预先估计该胶料是否适合于注射,只要测定门尼黏度和焦烧时间即可。如果门尼黏度不大于 65,而焦烧时间在 10 ~ 20 min 之间,这种胶料通常就认为适合于注射。

必须指出:门尼黏度并不是一个理想的用来表示胶料注射性能的指标,因为当注射压力大于 0.7 MPa 时,相同门尼黏度胶料的流动性可以完全不同,充模时间相差很大,有时甚至相差好几倍,这是由于测定门尼黏度时只有一种固定的切变速率,与实际相差较大,这样测得的胶料流动性可能引起很大的差错。胶料的流动,实际上是多种因素综合影响的结果,不能用现有的橡胶物理 - 力学性能测试方法来确定。

目前,引入了一个"胶料注射能力"的新概念。所谓"胶料的注射能力"是指胶料在一定条件下注入螺旋注射模中的充模长度,模具结构如图 4.21 所示。胶料从中心浇口注入,沿矩形断面的沟槽螺旋地回转向外流动。胶料注射性能好的充模长度长,性能差的充模长度短,也有采用同心圆模型的,这时型腔由十个矩形断面的同心圆组成,圆与圆之间有沟槽相通,注胶后观察充胶胶圈的多少作为衡量"胶料注射能力"好坏的尺度。

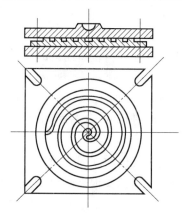

图 4.21　测定胶料"注射能力"的螺旋式标准模具结构

4.3　纤维纺丝

化学纤维的品种繁多,原料及生产方法各异,其生产过程可概括为原料制备、纺前准备、纺丝和后加工四个工序。

4.3.1　原料制备

1. 成纤高聚物的基本性质

用于化学纤维生产的高分子化合物,称为成纤高聚物或成纤聚合物。成纤聚合物有两大类:一类为天然高分子化合物,用于生产再生纤维;另一类为合成高分子化合物,用于生产合成纤维。作为化学纤维的生产原料,成纤聚合物的性质不仅在一定程度上决定纤维的性质,而且对纺丝、后加工工艺也有重大影响。

对成纤聚合物一般要求如下:

① 成纤聚合物大分子必须是线型的、能伸直的分子,支链尽可能少,没有庞大侧基。

② 聚合物分子之间有适当的相互作用力,或具有一定规律性的化学结构和空间结构。

③ 聚合物应具有适当高的相对分子质量和较窄的相对分子质量分布。

④ 聚合物应具有一定的热稳定性,其熔点或软化点应比允许使用温度高得多。

化学纤维的纺丝成型普遍采用聚合物的熔体或浓溶液进行,前者称为熔体纺丝,后者称为溶液纺丝。所以,成纤聚合物必须在熔融时不分解,或能在普通溶剂中溶解形成浓溶液,并具有充分的成纤能力和随后使纤维性能强化的能力,保证最终所得纤维具有一定的良好综合性能。几种主要成纤聚合物的热分解温度和熔点见表4.4。

表4.4 几种主要成纤聚合物的热分解温度和熔点

聚合物	热分解温度 /℃	熔点 /℃
聚乙烯	350 ~ 400	138
等规聚丙烯	350 ~ 380	176
聚丙烯腈	200 ~ 250	320
聚氯乙烯	150 ~ 200	170 ~ 220
聚乙烯醇	200 ~ 220	225 ~ 230
聚己内酰胺	300 ~ 350	215
聚对苯二甲酸乙二酯	300 ~ 350	265
纤维素	180 ~ 220	–
醋酸纤维素酯	200 ~ 230	–

由表4.4可见,聚乙烯、等规聚丙烯、聚己内酰胺和聚对苯二甲酸乙二酯的熔点低于热分解温度,可以进行熔体纺丝;聚丙烯腈、聚氯乙烯和聚乙烯醇的熔点与热分解温度接近,甚至高于热分解温度,而纤维素及其衍生物则观察不到熔点,像这类成纤聚合物只能采用溶液纺丝方法成型。

2. 原料制备

再生纤维的原料制备过程,是将天然高分子化合物经一系列化学处理和机械加工,除去杂质,并使其具有能满足再生纤维生产的物理和化学性能。例如,黏胶纤维的基本原料是浆粕(纤维素),它是将棉短绒或木材等富含纤维素的物质,经备料、蒸煮、精选、脱水和烘干等一系列工序制备而成的。

合成纤维的原料制备过程,是将有关单体通过一系列化学反应聚合成具有一定官能团、一定相对分子质量和相对分子质量分布的线型聚合物。由于聚合方法和聚合物性质不同,合成的聚合物可能是熔体状态或溶液状态。将聚合物熔体直接送去纺丝,这种方法称为直接纺丝法;也可将聚合得到的聚合物熔体经铸带、切粒等工序制成"切片",再以切片为原料,加热熔融成熔体进行纺丝,这种方法称为切片纺丝法。直接纺丝法和切片纺丝法在工业生产中都有应用。溶液纺丝也有两种方法,将聚合后的聚合物溶液直接送去纺丝,这种方法称一步法;先将聚合得到的溶液分离制成颗粒状或粉末状的成纤聚合物,然后溶解制成纺丝溶液,这种方法称为二步法。

在化学纤维原料制备过程中,可采用共聚、共混、接枝和加添加剂等方法,生产某些改性化学纤维。

4.3.2 熔体或溶液的制备

1. 纺丝熔体的制备

切片纺丝法需要在纺丝前将切片干燥,然后加热至熔点以上、热分解温度以下,将切片制成纺丝熔体。

(1)切片干燥

经铸带和切粒后得到的成纤聚合物切片在熔融之前,必须先进行干燥。切片干燥的目的是除去水分,提高聚合物的结晶度与软化点。

切片中含有水分会给最终纤维的质量带来不利影响。因为在切片熔融过程中,聚合物在高温下易发生热裂解、热氧化裂解和水解反应,使聚合物相对分子质量明显下降,大大降低所得纤维的质量。另外,熔体中的水分汽化,会使纺丝断头率增加,严重时使纺丝无法正常进行。在涤纶和锦纶的生产中必须对切片进行干燥。干燥后切片的含水率,视纤维品种而异。例如,对于聚酰胺切片,要求干燥后含水率一般低于 0.05%;对于聚酯切片,由于在高温下聚酯中的酯键极易水解,故对干燥后切片含水率要求更为严格,一般应低于 0.01%;对于聚丙烯切片,由于其本身不吸湿,回潮率为零,所以不需干燥。

切片干燥的同时,也使聚合物的结晶度和软化点提高,这样的切片在输送过程中不易因碎裂而产生粉末,也可避免在螺杆挤出机中过早地软化黏结而产生"环结阻料"现象。

(2)切片的熔融

切片的熔融是在螺杆挤出机中完成的。切片自料斗进入螺杆,随着螺杆的转动被强制向前推进,同时螺杆套筒外的加热装置将切片加热熔融,熔体以一定的压力被挤出而输送至纺丝箱体中进行纺丝。

与切片纺丝相比,直接纺丝法省去了铸带、切粒、干燥切片及再熔融等工序,这样可大大简化生产流程,减少车间面积,节省投资,且有利于提高劳动生产效率和降低成本。但是,利用聚合后的聚合物熔体进行直接纺丝,对于某些聚合过程(如己内酰胺的聚合)留存在熔体中的一些单体和低聚物难以去除,这不仅影响纤维质量,而且恶化纺丝条件,使生产线的工艺控制也比较复杂。因此,对产品质量要求比较高的品种,一般采用切片纺丝法。

切片纺丝法的工序较多,但具有较强的灵活性,产品质量也较高,另外还可以使切片进行固相聚合,进一步提高聚合物的相对分子质量,生产高黏度切片,以制取高强度的纤维。目前,对于生产产品质量要求较高的帘子线或长丝以及不具备聚合生产能力的企业,大多采用切片纺丝法。

2. 纺丝溶液的制备

目前,在采用溶液纺丝法生产的主要化学纤维品种中,只有腈纶既可采用一步法又可采用二步法纺丝,其他品种的成纤聚合物无法采用一步法生产工艺。虽然采用一步法省去了聚合物的分离、干燥和溶解等工序,可简化工艺流程,提高劳动生产率,但制得的纤维质量不稳定。

采用二步法时,需要选择合适的溶剂将成纤聚合物溶解,所得溶液在送去纺丝之前还要经过混合、过滤和脱泡等工序,这些工序总称为纺前准备。

(1)成纤聚合物的溶解

线型聚合物的溶解过程是先溶胀后溶解,即溶剂先向聚合物内部渗入,聚合物的体积不断增大,大分子之间的距离增加,最后大分子以分离的状态进入溶剂,从而完成溶解过程。

用于制备纺丝溶液的溶剂必须满足下列要求:

① 在适宜温度下具有良好的溶解性能,并能使所得聚合物溶液在尽可能高的浓度下具有较低的黏度。

② 沸点不宜太低,也不宜过高。如果沸点太低,溶剂挥发性太强,会增加溶剂损耗并恶化劳动条件;沸点太高,不易进行干法纺丝,且溶剂回收工艺比较复杂。

③ 有足够的热稳定性和化学稳定性,并易于回收。

④ 应尽量无毒和无腐蚀性,并不会引起聚合物分解或发生其他化学变化。

合成纤维生产中常用的纺丝溶剂见表4.5。

表4.5 合成纤维生产中常用的纺丝溶剂

成纤聚合物	溶剂
聚丙烯腈	二甲基甲酰胺、二甲基乙酰胺、二甲基亚砜、硫氰酸钠、硝酸或氯化锌的水溶液等
聚乙烯醇	水
聚氯乙烯	丙酮与二硫化碳、丙酮与苯、环己酮、四氢呋喃、二甲基甲酰胺、丙酮
聚对苯二甲酰对苯二胺	浓硫酸、含有 LiCl 的二甲基亚砜

在纤维素纤维生产中,由于纤维素不溶于普通溶剂,所以,通常是将其转变成衍生物(纤维素黄酸酯、纤维素醋酸酯等)之后,再溶解制成纺丝溶液,进行纺丝成型及后加工。采用新溶剂(N - 甲基吗啉 - N - 氧化物)纺丝工艺时,纤维素可直接溶解在溶剂中制成纺丝溶液。

纺丝溶液的浓度根据纤维品种和纺丝方法的不同而异。通常,用于湿法纺丝的纺丝溶液浓度为12% ~ 25%;用于干法纺丝的纺丝溶液浓度则高一些,一般为25% ~ 35%。

(2)纺丝溶液的混合、过滤和脱泡

混合的目的是使各批纺丝溶液的性质(主要是浓度和黏度)均匀一致。

过滤的目的是除去杂质和未溶解的高分子化合物。纺丝溶液的过滤一般采用板框式压滤机,过滤材料选用能承受一定压力、具有一定紧密度的各种织物,一般要连续进行2 ~4道过滤。后一道过滤所用滤材应比前一道的更致密,这样才能达到应有的效果。

脱泡是为了除去留存在纺丝溶液中的气泡。这些气泡会在纺丝过程中造成断头、毛丝和气泡而降低纤维质量,甚至使纺丝无法正常进行。脱泡过程可在常压或真空状态下进行。在常压下静置脱泡,因气泡较小,气泡上升速度很慢,脱泡时间很长;在真空状态下脱泡,真空度越高,液面上压力越小,气泡会迅速胀大,脱泡速度可大大加快。

4.3.3 化学纤维的纺丝成型

将成纤聚合物熔体或浓溶液,用纺丝泵(或称计量泵)连续、定量且均匀地从喷丝头(或喷丝板)的毛细孔中挤出,成为液态细流,再在空气、水或特定凝固浴中固化成为初生纤维的过程,称为纤维成型,或称纺丝,这是化学纤维生产过程的核心工序。调节纺丝工艺条件,可以改变纤维的结构和物理机械性能。

化学纤维的纺丝方法主要有两大类:熔体纺丝法和溶液纺丝法。在溶液纺丝法中,根据凝固方式不同又可分为湿法纺丝和干法纺丝。化学纤维生产绝大部分采用上述三种纺丝方法。此外,还有一些特殊的纺丝方法,如乳液纺丝、悬浮纺丝、干湿法纺丝、冻胶纺丝、液晶纺丝、相分离纺丝和反应纺丝法等,用这些方法生产的纤维量很少。下面着重介绍三种常用的纺丝方法。

1. 熔体纺丝

熔体纺丝是切片在螺杆挤出机中熔融后或由连续聚合制成的熔体,送至纺丝箱中的各个纺丝部位,再经纺丝泵定量压送至纺丝组件,过滤后从喷丝板的毛细孔中压出而成为细流,并在纺丝甬道中冷却成型的工艺过程。初生纤维被卷绕成一定形状的卷装(对于长丝)或均匀落入盛丝桶中(对于短纤维)。图4.22为熔体纺丝示意图。

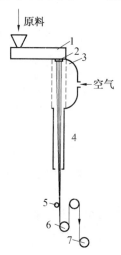

图4.22　熔体纺丝示意图

1— 螺杆挤出机;2— 喷丝板;3— 吹风窗;4— 纺丝甬道;
5— 给油盘;6— 导丝盘;7— 卷绕装置

由于熔体细流在空气介质中冷却,传热和丝条固化速度快,而丝条运动所受阻力很小,所以熔体纺丝的纺丝速度要比湿法纺丝高得多,目前熔体纺丝一般纺速为1 000 ~ 2 000 m/min或更高。为加速冷却固化过程,一般在熔体细流离开喷丝板后与丝条垂直的方向进行冷却吹风,吹风形式有侧吹和环吹等,吹风窗的高度一般在1 m左右。纺丝甬道的长短视纺丝设备和厂房楼层的高度而定,一般为3 ~ 5 m。

2. 湿法纺丝

湿法纺丝是纺丝溶液经混合、过滤和脱泡等纺前准备后,送至纺丝机,通过纺丝泵计量,经烛形滤器、鹅颈管进入喷丝头(帽),从喷丝头毛细孔中挤出的溶液细流进入凝固浴,溶液细流中的溶剂向凝固浴扩散,浴中的凝固剂向细流内部扩散,于是聚合物在凝固浴中析出,形成初生纤维的工艺过程。湿法纺丝中的扩散和凝固不仅是一般的物理及化学过程,对某些化学纤维如黏胶纤维同时还发生化学变化,所以,湿法纺丝的成型过程比较复杂。受溶剂和凝固剂的双扩散、凝固浴的流体阻力等因素限制,纺丝速度比熔体纺丝低得多。图4.23为湿法纺丝示意图。

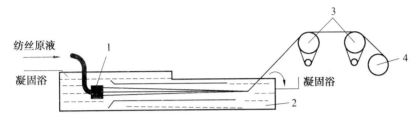

图4.23   湿法纺丝示意图
1—喷丝头;2—凝固浴;3—导丝盘;4—卷绕装置

采用湿法纺丝时,必须配备凝固浴的配制、循环及回收设备,工艺流程复杂,厂房建筑和设备投资费用都较大,纺丝速度低,成本高且对环境污染较严重。目前,腈纶、维纶、氯纶、黏胶纤维以及某些由刚性大分子构成的成纤聚合物都需要采用湿法纺丝。

3. 干法纺丝

干法纺丝是从喷丝头毛细孔中挤出的纺丝溶液不进入凝固浴,而进入纺丝甬道;通过甬道中热空气的作用,使溶液细流中的溶剂快速挥发,并被热空气流带走;溶液细流在逐渐脱去溶剂的同时发生浓缩和固化,并在卷绕张力的作用下伸长变细而成为初生纤维的工艺过程。图4.24为干法纺丝示意图。

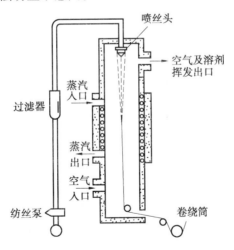

图4.24   干法纺丝示意图

采用干法纺丝时,首要的问题是选择溶剂,因为纺丝速度主要取决于溶剂的挥发速度。所以选择的溶剂应使溶液中聚合物的浓度尽可能高,而溶剂的沸点和蒸发潜热应尽可能低,这样就可减少在纺丝溶液转化为纤维过程中所需挥发的溶剂量,降低热能消耗,并提高纺丝速度。除技术经济要求外,还应考虑溶剂的可燃性,以保证达到安全防护要求。最常用的干法纺丝溶剂为丙酮、二甲基甲酰胺等。

目前,干法纺丝速度一般为 $200 \sim 500$ m/min,高者可达 $1\,000 \sim 1\,500$ m/min,但受溶剂挥发速度的限制,纺速还是比熔体纺丝低,而且还需要设置溶剂回收等工序,故辅助设备比熔体纺丝多。干法纺丝一般适宜纺制化学纤维长丝,主要生产品种有腈纶、醋酯纤维、氯纶和氨纶等。

4.3.4　化学纤维的后加工

纺丝成型后得到的初生纤维其结构还不完善,物理机械性能较差,如断裂伸长率过大、断裂强度过低、尺寸稳定性差,不能直接用于纺织加工,必须经过一系列的后加工。后加工随化纤的品种、绽丝方法和产品要求而异,其中主要的工序是拉伸和热定型。

1. 拉伸

拉伸的目的是提高纤维的断裂强度,降低断裂伸长率,提高耐磨性和对各种形变的疲劳强度。拉伸的方式有多种,按拉伸次数分,有一道拉伸和多道拉伸;按拉伸介质分,有干拉伸、蒸汽拉伸和湿拉伸,相应拉伸介质分别是空气、水蒸气和水浴、油浴或其他溶液;按拉伸温度又可分为冷拉伸和热拉伸。总拉伸倍数是各道拉伸倍数的乘积,一般熔体纺丝纤维的总拉伸倍数为 $3.0 \sim 7.0$ 倍;湿法纺丝纤维可达 $8 \sim 12$ 倍;生产高强度纤维时,拉伸倍数更高,甚至高达数十倍。

2. 热定型

热定型的目的是消除纤维的内应力,提高纤维的尺寸稳定性,并且进一步改善其物理机械性能。热定型可以在张力下进行,也可以在无张力下进行,前者称为紧张热定型,后者称为松弛热定型。热定型的方式和工艺条件不同,所得纤维的结构和性能也不同。

3. 上油

在化学纤维生产过程中,无论是纺丝还是后加工都需进行上油。上油的目的是提高纤维的平滑性、柔软性和抱合力,减少摩擦和静电的产生,改善化学纤维的纺织加工性能。上油的形式有油槽或油辊上油及油嘴喷油。不同品种和规格的纤维需采用不同的专用油剂。

除上述工序外,在用溶液纺丝法生产纤维和用直接纺丝法生产锦纶的后处理过程中,都要有水洗工序,以除去附着在纤维上的凝固剂和溶剂或混在纤维中的单体及低聚物。在黏胶纤维的后处理工序中,还需设脱硫、漂白和酸洗工序。在生产短纤维时,需要进行卷曲和切断。在生产长丝时,需要进行加捻和络筒。加捻的目的是使复丝中各根单纤维紧密地抱合,避免在纺织加工时发生断头或紊乱现象,并使纤维的断裂强度提高。络筒是将丝筒或丝饼退绕至锥形纸管上,形成双斜面宝塔形筒装,以便运输和纺织加工。生产强力丝时,需要进行变形加工。生产网络丝时,在长丝后加工设备上加装网络喷嘴,经喷射气流的作用,单丝相互缠结呈周期性网络点。网络加工可改进合成纤维长丝的极光效应和蜡状感,又可提高其纺织加工性能,免去上浆、退浆,代替加捻或并捻。为赋予纤维某些特殊性能,还可以在后加工中进行某些特殊处理,如提高纤维的抗皱性、耐热水性和阻燃性等。

随着合成纤维生产技术的发展,纺丝和后加工技术已从间歇式的多道工序发展为连续、高速一步法的联合工艺,如聚酯全拉伸丝(FDY)可在纺丝-牵伸联合机上生产,而利用超高速纺丝(纺丝速度为 5 500 m/min 以上)生产的全取向丝(FOY),则不需进行后加工便可直接用作纺织原料。

第5章 通用聚合物材料

5.1 塑料

以合成或天然高聚物为基本成分,配以一定的高分子助剂(如填料、增塑剂、稳定剂、着色剂等),经加工塑化成型,并在常温下保持其形状不变的材料,称为塑料。作为塑料基础成分的高聚物,不仅决定了塑料的种类而且决定了塑料的主要性能。当然同种高聚物,由于制备条件、制备方法以及加工工艺的不同,可作为塑料,也可作纤维和橡胶使用,如尼龙既可用作塑料又可用作纤维。一般来说,塑料用高聚物的内聚能介于纤维和橡胶之间,使用温度范围在其脆化温度和玻璃化温度之间。

塑料有许多不同的分类,常用的是按材料的受热行为可分为热塑性塑料和热固性塑料,其中热塑性塑料占塑料总量的80%。按树脂的化学结构分,有聚烯烃类、聚苯乙烯类、丙烯酸类、聚酰胺类、聚酯类、聚砜类、聚酰亚胺类等。按塑料的使用功能分,把产量大、价格便宜、原料来源丰富、应用面广的称为通用塑料,一般有聚乙烯、聚丙烯、聚氯乙烯、聚苯乙烯、酚醛和氨基塑料,占塑料总量的80%,其力学性能、热性能都比较差,主要作为非结构材料使用。工程塑料一般是指可以作为结构材料使用,具有优异的力学性能、热性能、尺寸稳定性或能满足特殊要求的某些塑料如聚四氟乙烯、聚酰胺、聚甲醛等。当然这两者有时难以有绝对的界限,如某些通用塑料如聚丙烯、聚苯乙烯经改性之后也可以作为结构材料使用。

塑料根据组分数目又可分为单组分和多组分塑料。单组分塑料基本是由高聚物组成,典型的是聚四氟乙烯,不加任何助剂。大多数塑料是多组分体系,除高聚物这一基本成分外,还加入添加剂(高分子助剂),助剂能改善材料的加工性能、使用性能以及降低成本。其主要的助剂有填料、增强剂、增塑剂、稳定剂、阻燃剂和发泡剂等。

5.1.1 通用塑料

1. 聚乙烯

聚烯烃(Polyolefin, PO)是聚烯烃高聚物的总称,一般指乙烯、丙烯、丁烯、苯乙烯的均聚物和共聚物,其中产量最大的是聚乙烯(Polyethylene, PE)。聚乙烯主要用于制造板材、管、薄膜、贮槽和容器等,用于工业、农业及日常生活用品。

聚乙烯按树脂合成工艺的不同,可分为低密度聚乙烯(LDPE),1937年首先工业化生产;高密度聚乙烯(HDPE),1965年工业化生产;线性低密度聚乙烯(LLOPE),20世纪70年代工业化生产;同时美国菲利浦石油公司开发了中密度聚乙烯(MDPE)。2000年,世界上聚乙烯的总产量大约为4800万吨,其中LDPE、LLDPE、HDPE分别占33%、24%和34%。

聚乙烯分子形态如图5.1所示。聚乙烯是含有碳、氢两种元素的长链脂肪烃,单体对称,结构单元在大分子链中以反式键接。由于聚合方法的不同,表现在大分子的支化程度及结构有较大的差异,因而在性能上有明显的不同。高压法是自由基聚合机理,在反应中容易发生大分子间和大分子内链转移,导致低密度聚乙烯(LDPE)支化度高,长短支链不规整,呈树枝状,相对分子质量低,相对分子质量分布宽,故结晶度低力学强度低。低压法是按配位机理聚合,使得高密度聚乙烯(HDPE)支化度低,线形结构,相对分子质量高,相对分子质量分布窄,因而结晶度高,制品的耐热性好,力学强度比 LDPE 高。线性低密度聚乙烯(LLDPE)由于具有规整的短支链结构,结晶度和密度与 LDPE 相似,抗撕裂性和耐应力开裂性比 LDPE 和 HDPE 高。超高相对分子质量聚乙烯(UHMWPE)由于巨大的相对分子质量,增加了大分子间的缠绕程度,虽然结晶度、密度介于 LDPE 和 HDPE 之间,但冲击强度和拉伸强度都成倍的增加,并具有高的耐磨性、自润滑性,使用温度在 100 ℃以上。

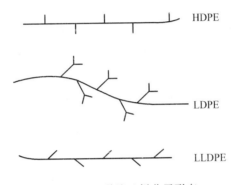

图 5.1 三种聚乙烯分子形态

聚乙烯为不透明或半透明的蜡状固体,无毒、无臭、无味,几乎不吸水,密度比水小。聚乙烯的物理力学性能依赖于结晶度,具体数据见表5.1。但 LDPE、HDPE 和 LLDPE 三者都存在蠕变大、尺寸稳定性差等缺点,不能作结构件使用。UHMWPE 是强而韧的材料,具有优异的性能,耐磨、自润滑、蠕变低,可以作传动零件。

表 5.1 各种聚乙烯性能比较

性能	LDPE	HDPE	LLDPE	UHMWPE
密度 /(g·cm^{-3})	0.91 ~ 0.92	0.94 ~ 0.96	0.91 ~ 0.92	0.92 ~ 0.94
透明性	半透明	不透明	半透明	不透明
洛氏硬度	D41 ~ 46	D60 ~ 70	D40 ~ 50	R55
拉伸强度 /MPa	7 ~ 15	21 ~ 37	15 ~ 25	30 ~ 50
拉伸模量 /GPa	0.17 ~ 0.35	1.3 ~ 1.5	0.25 ~ 0.35	1 ~ 7
缺口冲击强度 /(kJ·m^{-2})	80 ~ 90	40 ~ 70	> 70	> 100
熔点 /℃	105 ~ 115	131 ~ 137	122 ~ 124	135 ~ 137
热变形温度 /℃	50	78	75	95
脆化温度 /℃	− 80 ~ − 55	− 140 ~ − 100	< − 120	< − 137
介电常数	2.25 ~ 2.35	2.30 ~ 2.35	2.25 ~ 2.35	2.30 ~ 2.35
介电损耗角正切	< 5 × 10^{-4}	< 10^{-4}	< 5 × 10^{-4}	< 2 × 10^{-4}

聚乙烯易燃烧,离火后也会继续燃烧,火焰上端呈黄色,下端呈蓝色,燃烧时有熔滴落下,有石蜡气味。易受光氧化、热氧化、臭氧氧化分解,制品变色、龟裂、发脆直到破坏,可加入防老剂改性。聚乙烯耐辐射性好,受高能射线照射时,可形成不饱和基团而发生交联、断链,但主要倾向是交联反应。

聚乙烯具有突出的电绝缘性和介电性,特别是高频绝缘性极好,并不受湿度和频率的影响,故常用作电器零部件、电线及电缆护套。

2. 聚丙烯

聚丙烯(Polypropylene, PP)自1957年意大利Montecatini公司首先生产以来,已成为发展速度最快的塑料品种,产量仅次于PE、PVC和PS而位居第四。目前生产的聚丙烯95%皆为等规聚丙烯。无规聚丙烯是生产等规聚丙烯的副产物,而间规聚丙烯是采用特殊Ziegler催化剂在低温下聚合而得。

聚丙烯树脂工业合成方法有溶液法、本体法和气相法。常采用以纯度99%以上的丙烯为原料,在烷烃(己烷、庚烷)中,以$TiCl_3$和$(C_2H_5)_2AlCl$为催化剂,氢气为相对分子质量调节剂,于50 ℃和1 MPa压力下进行配位聚合。等规聚丙烯因结晶不易被溶解,而无规聚丙烯可以被溶解,因而,可以利用此特点分离等规和无规聚丙烯。在正庚烷中不溶部分的质量分数作为聚丙烯的等规度。

聚丙烯为白色蜡状材料,密度为0.89 ~ 0.91 g/cm³,是质地较轻的树脂品种,在水中稳定,在水中24 h的吸水性仅为0.01%,具有优良的力学性能,其拉伸、压缩强度和硬度、弹性模量等都优于HDPE。但在室温及低温下,由于分子结构的规整度高,因而冲击强度较差,其耐磨性能与尼龙相近。聚丙烯具有良好的耐热性,熔点为165 ~ 170 ℃,所以制品能在100 ℃以上进行消毒灭菌,不受外力作用时在150 ℃也不变形,其脆化温度约为-15 ℃,耐寒性较差。其优良的电绝缘性能并不受湿度影响,同时具有较高的介电常数,可以用作受热的电气绝缘件,其介电强度较高,可适用于作电器零件。聚丙烯具有较高化学稳定性,除能被浓硫酸和浓硝酸侵蚀外,对其他各种化学试剂都比较稳定。同时其化学稳定性随结晶度的增加而有所提高,与PE和PVC相比,在80 ℃以上还能耐70%以上硫酸、硝酸、磷酸及各种浓度盐酸和40%的氢氧化钠溶液,甚至在100 ℃以上还能耐稀酸和稀碱。但其耐紫外线和耐候性不理想,所以常加入稳定剂以提高其耐老化性能。聚丙烯宜采用注射、挤出吹塑等方法成型加工,用途广泛,主要用于制造薄膜、电绝缘体、容器、包装品等,还可以用作机械零件如法兰、接头、汽车零件、管道等,可用作家用电器如电视机、收录机外壳、洗衣机内衬等,由于其无毒及具有一定耐热性,广泛应用于医药工业如注射器及药品包装、食品包装等,并且聚丙烯可拉丝成纤维,用于制作地毯及编织袋等。

通过添加防老剂,可以改善聚丙烯的易老化和光氧老化的缺点,加入阻燃剂以提高聚丙烯的耐燃性。特别是填充、增强改性可以提高聚丙烯的耐热性、强度、模量及耐疲劳性能,用纤维增强的效果优于填充改性。采用共聚或共混技术改善聚丙烯的低温脆性,乙丙共聚物已成为聚丙烯耐低温性的一类。另外塑料合金技术,在聚丙烯中加入韧性高的塑料如聚酰亚胺塑料或橡胶(乙丙橡胶或SBS热塑性弹性体),可以提高聚丙烯的低温冲击强度。为了改善相容性,利用丙烯酸或马来酸酐对聚丙烯接枝,使聚丙烯带有极性,再与极性高分子共混,增加与极性高分子的相容性,提高了改性效果。

3. 聚氯乙烯

聚氯乙烯（Polyvinylchloride，PVC）是工业化生产较早（1931 年）的通用塑料，目前年产量仅次于聚乙烯而居第二。

聚氯乙烯树脂是一种无色、硬质及低温脆性的材料，特别是其耐热稳定性差，软化点为80 ℃，于130 ℃开始分解变色，并析出氯化氢，加热时容易黏附在金属表面上。因而聚氯乙烯要有实用价值，需加入各种添加剂，如热稳定剂、增塑剂、润滑剂、增强剂等。对于提高聚氯乙烯的热稳定性，除了严格控制和调节聚合反应，以减少和消除副产物外，最有效的方法是加入热稳定助剂。其主要作用有：吸收中和和分解所放出的氯化氢；置换分子中不稳定的氯原子，抑制脱氯化氢反应；能与聚烯烃中生成的双键进行加成；防止聚烯烃结构的氯化等。最常用的热稳定剂有三碱式硫酸铅（$3PbO \cdot PbSO_4 \cdot H_2O$）、二碱式亚磷酸铅（$2PbO \cdot PbHPO_3 \cdot \frac{1}{2}H_2O$）、二碱式硬脂酸铅[$(C_{17}H_{35}COO)_2Pb \cdot 2PbO$]和二碱式苯二甲酸铅等。金属皂类稳定剂，这类稳定剂不仅具有稳定化作用，还兼有润滑作用，最常用的有硬脂酸钙[$(C_{17}H_{35}COO)_2Ca$]、硬脂酸镉[$(C_{17}H_{35}COO)_2Cd$]、硬脂酸锌[$(C_{17}H_{35}COO)_2Zn$]、硬脂酸钡[$(C_{17}H_{35}COO)_2Ba$]。此外，在制备透明 PVC 制品时常需要加入有机锡类稳定剂。

总的来讲，聚氯乙烯具有阻燃（氧指数 40 以上）、化学稳定性（耐浓盐酸、浓度为90%的硫酸、浓度为60%的硝酸和浓度为30%的氢氧化钠）、力学强度和电绝缘性能优良的优点，但耐热性较差。

聚氯乙烯塑料主要应用于：软制品，主要是薄膜和人造革，薄膜制品如农膜、包装材料、防雨材料、台布等；硬制品，主要是硬管、瓦楞板、衬里、门窗、墙壁装饰物；电线、电缆的绝缘层；地板、家具、录音材料等。

4. 聚苯乙烯

聚苯乙烯（Polystyrene，PS）于 1930 年在德国首先工业化生产。苯乙烯类塑料是以苯乙烯树脂为基体成分的塑料，其中包括均聚物和以苯乙烯为主的共聚物。目前产量仅次于聚乙烯和聚氯乙烯而位居第三。

由于苯环的空间位阻，影响大分子链段的内旋转和柔顺性，链段在常温下僵硬，链段间聚集，规整性差，基团相互作用小，故聚苯乙烯的耐热性差。聚苯乙烯为非晶态高聚物，透明度高达88%～92%，折射率为1.59～1.60，吸水性低（0.03%～0.1%）其质地脆而硬，耐磨性差。PS 具有优良的电绝缘性能，有高的体积电阻率和表面电阻率，介电损耗小，是良好的高频绝缘材料，由于 PS 的吸水性低，所以上述电性能随温度和湿度的改变仅有微小的变化。它的热变形温度为60～80 ℃，耐热性低，热导率不随温度而改变，是良好的绝热材料，能燃烧，燃烧时带有浓烟。PS 能耐某些矿物油、有机酸、盐、碱及其水溶液。PS 溶于苯、甲苯等芳烃中。由于聚苯乙烯具有透明、价廉、刚性大、电绝缘性好、印刷性能好、绝缘性能好及优异的加工性能等优点，所以广泛应用于工业装饰、各种仪器仪表零件、灯罩、电子工业中高频零件、透明模型、玩具、日用品等。另外用于制备泡沫塑料材料，作为重要的绝缘包装材料。

为了克服聚苯乙烯脆性大、耐热性低的缺点，开发了一系列聚苯乙烯，其中主要有

ABS、MBS、AAS、ACS、AS 等。

ABS 树脂是丙烯腈(Acrylonitrile)、丁二烯(Butadiene)、苯乙烯三种单体组成的热塑性塑料,其成分较复杂,不仅仅是三种单体的共聚物,也可以含有某种单体的均聚物及其混合物。ABS 制备的方法主要有接枝共聚法,包括乳液接枝和悬浮接枝,其中以乳液接枝为主,是先用丁二烯和苯乙烯制成丁苯胶乳,然后加入丙烯腈和苯乙烯使之共聚和接枝共聚,接枝点是在丁苯胶乳的双键以及与苯基相连的碳原子的 $\alpha - H$ 上,当然在接枝共聚的同时也存在丙烯腈和苯乙烯的均聚物,所以是接枝共聚物和均聚物的混合物。混炼法是用乳液聚合的方法分别制得 AS 树脂(丙烯腈 - 苯乙烯共聚物)和丁腈橡胶,然后两者进行机械混炼,可得 ABS。这种方法制得的 ABS 实际上是塑料与橡胶的共混物。接枝混炼法,是由乳液接枝共聚制得的 ABS 树脂和另一乳液制备的 AS 乳胶,将两种乳胶按不同比例混合、凝聚、水洗、干燥,在混炼机上进行机械混炼,由于比例不同,可得不同性质和型号的 ABS。

由于制备方法、单体比例及接枝情况不同,ABS 性能有所差异。总的来讲,具有坚韧、硬质、刚性大等优异的力学性能,特别是冲击强度高,并且也大大提高了耐磨性。使用温度为 $-40 \sim 100\ ℃$,具有良好的电绝缘性和一定的化学稳定性,但耐候性差。ABS 应用广泛,可用于制造齿轮、泵叶轮、轴承、把手、管道、电机外壳、仪表壳、冰箱衬里、汽车零部件、电气零件、纺织器材、容器、家具等,也可用作 PVC 等高聚物的增韧改性。

AAS 是丙烯腈 - 丙烯酸酯(Acrylate) - 苯乙烯的三元共聚物。AAS 的性能、成型加工及应用性能与 ABS 相近。由于用不含双键的丙烯酸酯代替丁二烯,所以 AAS 的耐候性要比 ABS 高 8 ~ 10 倍。

ACS 是丙烯腈 - 氯化聚乙烯(Chlorinated Polyethylene) - 苯乙烯三元共聚物,一般是经悬浮聚合而得。ACS 的性能、加工及应用与 ABS 相近。

MBS 是甲基丙烯酸甲酯(MMA) - 丁二烯 - 苯乙烯三元共聚物。由于用 MMA 代替丙烯腈,因此透明性好,其性能与 ABS 相仿,故有透明 ABS 之称。

AS 是丙烯腈 - 苯乙烯共聚物,BS 是丁二烯 - 苯乙烯共聚物,二者都改进了聚苯乙烯的韧性。

高抗冲聚苯乙烯(HIPS)是在苯乙烯单体中加入合成橡胶,以自由基引发聚合制得。当然随着橡胶品种及用量不同,HIPS 有不同的性能,如苯乙烯与顺丁二烯橡胶及丁苯嵌段共聚橡胶(SBS 热塑性弹性体)接枝共聚,可制得高抗冲击型 HIPS;苯乙烯与丁苯橡胶(SBR)接枝共聚,可得中抗冲击型 HIPS。抗冲聚苯乙烯具有聚苯乙烯的大多数优点,拉伸强度提高一倍,软化点有所下降。

5. 酚醛树脂与塑料

酚醛树脂(Phenol-Formaldehyde Resins,PF)是酚类化合物和醛类化合物缩聚而得的高聚物。最常用的酚是苯酚,其次是甲酚、二甲酚和对苯二酚等;最常用的醛是甲醛,其次是糠醛,其中最重要的是苯酚和甲醛制得的酚醛树脂。它是发现最早(1872 年)并最早工业化(1910 年)的热固性树脂。

酚醛树脂本身很脆,因此必须加入各种纤维或粉末状填料后,才能获得所要求的性能,以酚醛树脂为基料,加入各种添加剂后,所制成的材料,统称酚醛塑料。

（1）酚醛压塑料

酚醛压塑料是以热塑性酚醛树脂为基本成分,加上固化剂(六亚甲基四胺)、固化促进剂(如氧化镁等)、填料(以木粉为代表,其他尚可为石棉粉、云母粉、石英粉等)、润滑剂(硬脂酸及其金属盐)、着色剂(黑、棕等颜料)等组成。酚醛树脂通用牌号的典型配方例如:热塑性 PF100 份、六亚甲基四胺 125 份、氧化镁 3 份、硬脂酸镁 2 份、苯胺黑染料 4 份、木粉 100 份。一般配制方法有干法和湿法两种,一般以干法为主。将上述组分经混合均匀后,在塑炼机上熔融混炼,经冷却、粉碎和过筛而成粉状或颗粒状酚醛模塑料,可供模压、注射、挤出成型。

（2）酚醛层压塑料

将各种片状材料如棉布、玻璃布、石棉布、纸等浸渍甲阶段热固性树脂,经烘干制成纤维(或织物),增强的酚醛塑料预浸料,或经模压制成层压板,或经缠绕成型制造管材、型材和制品。

总的来讲,酚醛塑料具有机械强度高、性能稳定、坚硬、耐腐、耐热、耐燃、耐大多数化学药品、电绝缘性良好、制品尺寸稳定性好、价格低廉等优点。酚醛塑料主要用于电绝缘材料,故有"电木"之称。当用碳纤维增强后,能大大提高耐热性,已应用于飞机、汽车等方面。在宇航中可做烧蚀材料以隔绝热量,防止金属壳层熔化。

6. 氨基塑料

氨基塑料(Amino Plastics)是以氨基树脂为基本组分的塑料。氨基树脂是指由含氨基官能团(主要是尿素和三聚氰胺)与醛类经缩聚反应生成的高聚物。主要品种有脲 - 甲醛树脂、三聚氰胺(蜜胺)甲醛树脂、脲 - 三聚氰胺甲醛树脂。

氨基塑料是由氨基树脂和添加剂所组成,其添加剂由填料(如纤维素木粉、纸浆、云母石棉等)、固化剂(如草酸、磷酸三甲酯)、稳定剂(如六亚甲基四胺)、润滑剂、着色剂等组成。

氨基模塑料,是由氨基树脂 - 羟甲基脲醛的水溶液与各类添加剂,首先由捏合机捏合,然后经干燥、粉碎即可得到氨基压塑粉。因其美丽如玉,又具有优良的电性能,因此被称为电玉粉,再经模压成型可得制品。

氨基层压板是将纸、棉布、玻璃布等浸渍氨基树脂水溶液,经干燥得预浸料,再经叠合、层压固化,即可得氨基塑料层压板材。

脲醛树脂具有质地坚硬、耐刮痕、无色透明、耐电弧、耐燃、自熄等特点。适合制电器开关、插座、照明器具。由于它无毒、耐油,不受弱碱和有机溶剂的影响,因而可用于日用器皿、食具,其层压板可作为装饰面板、包装器材等。三聚氰胺 - 甲醛树脂除具有脲醛树脂的优点外,还具有耐热水性,可制成仿瓷制品,作为餐具及厨房用具。其经玻璃纤维及石棉纤维增强后,具有高的耐电弧性,因而可作为各种开关、灭弧罩和防爆电器零件、飞机发动机零件以及电器零件等。

5.1.2　工程塑料

1. 聚甲醛

聚甲醛(Polyoxymethylene, POM)是分子主链中含有 CH_2O 结构单元的高聚物,是由甲醛或三聚甲醛聚合而成。由于所得高聚物的端基为 —OH 基,在受热时不稳定,易发生解聚反应而放出甲醛,因此必须进行稳定化。处理方法有两种:一种是由醋酐进行端基封锁,使 POM 稳定,称均聚甲醛;另一种是以三聚甲醛与少量二氧五环进行共聚,称为共聚甲醛。POM 首先于 1959 年由美国杜邦公司首先工业化生产,商品名为 Derlin,聚甲醛的产量仅次于尼龙和聚碳酸酯而在工程塑料中居第三位。

均聚甲醛与共聚甲醛相比,分子链更规整,结晶性高,因此熔点、拉伸强度、刚性、硬度等均比共聚甲醛高。总的来讲,聚甲醛是一种综合性能优良的工程塑料,有优异的压缩和拉伸强度,其比强度接近金属材料。其具有突出的耐磨性能、自润滑和抗疲劳性能,蠕变也小,电绝缘性能好,可以在 100 ℃ 下长期使用,并有优良的尺寸稳定性,耐有机溶剂性能好。聚甲醛可在与其溶度参数相近的溶剂中溶胀,当温度超过 70 ℃,能溶解在酚类溶剂中,能被强氧化性的酸腐蚀。

聚甲醛可代替有色金属和合金在汽车、机床、化工、电气、仪表中应用,用来制造轴承、凸轮、齿轮、垫圈、法兰、各种仪表外壳、容器等。特别是用于某些不允许有润滑油使用的轴承和齿轮,尺寸稳定性好,可以制作公差小的精密零件。

2. 聚碳酸酯

在分子主链中含有结构 $-\!\!\left(ORO—\overset{\displaystyle O}{\overset{\displaystyle \|}{C}}\right)\!\!_n-$ 的线型高聚物为聚碳酸酯(Polycarbonate,PC),根据 R 基的不同,可分成脂肪族、脂环族、芳香族聚碳酸酯。但目前作为工程塑料的产品仅指芳香族聚碳酸酯,并且主要是指双酚 A 型聚碳酸酯,目前产量居工程塑料的第二位。

（1）性能与用途

聚碳酸酯是无毒、无味、无色透明(或淡黄透明) 的材料,透光率达 90 % ,折射率为 1.58(在 25 ℃),密度为 1.20 ~ 1.25 g／cm³。其折射率比有机玻璃高,更适合做透镜光学材料。聚碳酸酯具有优良的机械性能,特别是冲击性能,是目前工程塑料中最高的品种之一,且模量高和具有优良的抗蠕变性能,所以是一种硬而韧的材料。聚碳酸酯具有较好的耐热性能,热变形温度为 130 ~ 140 ℃,脆化温度为 100 ℃,无明显熔点。在 220 ~ 230 ℃ 呈熔融状态,所以长期使用温度为 –60 ~ 110 ℃,聚碳酸酯具有制品尺寸稳定性、耐燃性,是属于自熄性树脂。聚碳酸酯由于本身极性小,玻璃化温度高,吸水性小,所以在低的温度范围内有良好的电绝缘性能,介电常数和介电损耗在室温至 150 ℃ 几乎不变。聚碳酸酯能耐稀酸、盐水溶液、油、醇,但不耐碱、酯、芳香烃,易溶于卤代烃,它的一般老化性尚可,但易吸收紫外线,所以在有紫外线的环境中使用的聚碳酸酯应加 UV 稳定剂。

聚碳酸酯是一种具有优良综合性能的工程塑料,能代替金属广泛应用于各领域,在机械工业中制作传递中、小负荷的零部件(如齿轮、齿条、涡轮、涡杆等) 和受力不大的紧固件(螺钉、螺帽)。在电子电气工业中制造大型接插件、线圈架、电话机壳、电视和录像机零件。聚碳酸酯的膜广泛用于电容器零件、录音带和彩色录像带等。随着光盘、唱片和计算机软盘需要的增加,高纯度的聚碳酸酯产量也增加。聚碳酸酯广泛应用于飞机、车船上的挡风玻璃、大型灯罩、防爆玻璃、高温透镜等,也可制造安全帽及医疗器械。

（2）其他聚碳酸酯

① 玻璃纤维增强聚碳酸酯。用一次挤出法或挤出包覆法制取玻璃纤维含量为10% ~40% 的玻璃纤维增强聚碳酸酯。改性效果由纤维及长度决定。随纤维含量和长度增加,其制品强度、模量和耐热性提高,但熔体黏度增加,可根据使用性能和加工要求进行合理配方。偶联剂对玻璃纤维处理(如 γ - 缩水甘油醚丙基三甲氧基硅烷)后、可明显增强其机械强度。

② 卤代双酚 A 型聚碳酸酯。通常是将双酚 A 与氯或溴反应制成卤代双酚,然后再与光气进行光气化和缩聚反应,制成难燃的卤代聚碳酸酯。其制法类同于一般的双酚 A 型聚碳酸酯,其中以溴代的阻燃效果比氯代的好。其分子式为:

$$\left[O \underset{X}{\overset{X}{\bigcirc}} \underset{CH_3}{\overset{CH_3}{C}} \underset{X}{\overset{X}{\bigcirc}} O - \overset{O}{\overset{\|}{C}}\right]_n \qquad X=Cl, Br$$

3. 聚酰胺

（1）概述

聚酰胺(Polyamide)类塑料是指主链由酰胺键重复单元 $\left[NHRCHO\right]$ 组成的高聚物,也称为尼龙(Nylon)。从种类上聚酰胺可分为脂肪族聚酰胺、芳香族聚酰胺、含杂环芳香聚酰胺及脂环族聚酰胺等。从结构上分:①由 ω - 氨基酸脱水缩聚或由内酰胺生成,主链结构为 $\left[NH—R—NHOCR'CO\right]$ 的称为尼龙 n,n 为氨基酸或内酰胺中碳原子数目,其典型代表为尼龙6、尼龙9、尼龙12 等;②由二元胺与二元酸及其衍生物如酰氯等反应生成,主链结构为尼龙 mn,m 为二元胺中的碳原子数,n 为二元酸中的碳原子数,如尼龙66、尼龙610、尼龙1010 等。此外还有二元、三元共聚酰胺,如尼龙6/66、尼龙6/66/1010,以及后来发展的玻璃纤维增强尼龙、透明尼龙等。聚酰胺塑料是工程塑料中发展最早的品种。目前在产量上居工程塑料首位。

（2）主要品种

聚酰胺树脂主要通过单体经缩聚反应而生成。而环己内酰胺也可通过阴离子开环生成高聚物。聚合方法有熔融、溶液、界面等。

① 尼龙66、尼龙610、尼龙1010、芳香尼龙、透明尼龙等都是通过二元胺与二元酸及其衍生物反应而成。

尼龙66(聚己二酰己二胺)是由己二胺与己二酸缩聚而得,分子式为:

$$H\left[NH(CH_2)_6NH—\overset{O}{\overset{\|}{C}}(CH_2)_4\overset{O}{\overset{\|}{C}}\right]_n OH$$

尼龙610(聚癸二酰己二胺)是由己二胺和癸二酸缩聚而得,分子式为:

$$H\left[NH(CH_2)_6NH—\overset{O}{\overset{\|}{C}}(CH_2)_8\overset{O}{\overset{\|}{C}}\right]_n OH$$

尼龙1010(聚癸二酰癸二胺)是由癸二胺和癸二酸缩聚而得,分子式为:

$$H-NH-(CH_2)_{10}NH-\overset{O}{\overset{\|}{C}}-(CH_2)_8\overset{O}{\overset{\|}{C}}-_n OH$$

因为一般尼龙是结晶高聚物,产品呈乳白色,要获透明性,必须抑制晶体的生成,使其成为非结晶高聚物,目前采用主链上引入侧链支化或者用不同单体进行共缩聚的方法,其典型产品是透明尼龙树脂。它是由三甲基己胺与对苯二甲酰成尼龙盐后,将盐在240 ~ 260 ℃、1.96 ~ 2.45 MPa压力下缩合而得,其分子式为:

$$H-\begin{bmatrix}NH-CH_2-\overset{CH_3}{\underset{CH_3}{\overset{\|}{C}}}-CH_2-\overset{H}{\overset{\|}{C}}(CH_3)_2NH-\overset{O}{\overset{\|}{C}}-\text{⬡}-\overset{O}{\overset{\|}{C}}\end{bmatrix}_n OH$$

透明尼龙透明性好,透光率达90%,具有尼龙的性能,因而除作为尼龙使用外,利用其透明性可用作食具、液体计量容器的透明视窗、工业监视窗以及光学零件等。

芳香尼龙目前主要品种有聚间苯二酰间苯二胺(商品名 Nomex)、聚对苯酰胺、聚对苯二甲酰对苯二胺(商品名 Kevlar),其分子式分别如下:

$$H-\begin{bmatrix}NH-\text{⬡}-NH-\overset{O}{\overset{\|}{C}}-\text{⬡}-\overset{O}{\overset{\|}{C}}\end{bmatrix}_n OH \qquad \begin{bmatrix}NH-\text{⬡}-CO\end{bmatrix}_n$$

$$H-\begin{bmatrix}NH-\text{⬡}-NH-CO-\text{⬡}-CO\end{bmatrix}_n$$

Nomex具有优良的机械力学性能、耐热性能(熔点为410 ℃,脆化温度为 - 70 ℃,可在200 ℃ 下连续使用)、优异的电性能,能成薄膜,可做成复合材料用于航空、航天材料。Kevlar具有高强度、低密度、耐高温等一系列优异性能,主要用于制造超高强力耐高温纤维,亦可用作塑料、制成薄膜和复合材料,用于轮胎帘子线、防护材料、降落伞绳索、电缆、防弹背心及头盔以及航空、航天、造船工业上的复合材料制件。

② 尼龙6、尼龙9 等是用内酰胺(聚己内酰胺、聚壬酰胺)为原料,通过高温水解聚合法而制得。

③ MC尼龙(Monomer Cast Nylon) 为单体浇铸尼龙,是液体树脂或熔融后的单体浇入模具中,常压聚合。一般以内酰胺为单体,高聚物为:

$$-[NH-(CH_2)_m CO]_n-$$

其中m可为5、11 等。一般用m = 5 的己内酰胺单体,用碱催化聚合法,使单体直接在模具中聚合,其反应属碱催化阴离子聚合。MC尼龙相对分子质量比一般尼龙6 高,因此各项力学性能都高于尼龙6 和尼龙66。MC尼龙成型方便、操作及设备简单,可直接浇铸。因而特别适用于大制件、多品种、小批量的制品生产。

④ 注射成型尼龙(Reaction Injection Moulding Nylon, RIM 尼龙)。反应注射成型本身是一种成型的方法,是将低相对分子质量的单体或预聚体在加压下通过混合器注入密闭的模具中,在模腔内反应形成弹性或刚性高分子制品的一种成型方法。对于大多数具有高活性的反应单体或预聚体均可采用此法制成高分子制品,如聚酰胺、聚氨酯、环氧树

脂等。这种方法具有省能、省模具和产品质量好等优点,作为 RIM 尼龙,一般采用己内酰胺为原料,以钾为催化剂,N－乙酰基己内酰胺为助催化剂,反应温度在150 ℃ 以上,其产物一般具有更高的结晶性和刚性,更小的吸湿性。

（3）性能与用途

聚酰胺塑料具有机械强度优良、耐磨、自润滑、耐油、难燃自熄性、低的氧气透过率及优良的电性能等优点。但有吸水率高、制品性能及尺寸稳定性差、热变形温度低和不耐酸等缺点。作为工程塑料,尼龙主要用于制作耐磨和受力传动零件,如齿轮、滑轮、涡轮、轴承、泵叶轮、密封圈、衬套、阀座及垫片等。已广泛应用于机械、交通、仪器仪表、电子电气、通讯、化工及医疗器械等领域。

4. 聚苯醚

聚苯醚（Polyphenylene Oxide,PPO）是芳香族聚醚的一种,是指分子主链中含有

$$\left[\!\!\begin{array}{c} CH_3 \\ \\ O \\ \\ CH_3 \end{array}\!\!\right]_n$$

结构的高聚物,全称为聚2,6－二甲基－1,4 苯醚,又称聚苯撑氧。

（1）性能

聚苯醚是一种耐较高温度的热塑性工程塑料,其脆化温度为 － 170 ℃,玻璃化温度为210 ℃,分解温度350 ℃,可在 － 160 ~ 190 ℃ 下长期使用,成型收缩率小,尺寸稳定性好,是一种难燃性塑料,离火后自熄。而且,它在宽广的温度范围内,具有良好的机械性能（突出的是拉伸强度和抗蠕变性）和电性能（介电性和电绝缘性）,具有优良的耐较高浓度的酸,耐碱且对一般化学药品都较稳定,但能溶于卤代烃（如氯仿）和芳香烃（如甲苯）。它具有优良的水解稳定性,制品在高压蒸汽中反复使用,其性能无明显变化,吸水性小。虽然聚苯醚具有一系列的优异性能,但是由于熔融流动性差、成型温度高、加工工艺要求苛刻、价格较高,因而限制了其应用。所以目前聚苯醚主要是以改性产品为主（90% 以上）。聚苯醚最早是 1965 年由美国通用电器公司生产工业化的。

（2）改性聚苯醚

改性聚苯醚主要品种为聚苯醚与其他高聚物如聚苯乙烯（高抗冲聚苯乙烯）的共混或接枝共聚。

① 共混法。用共混法改性聚苯醚是最早获得的共混树脂,是将40% 左右的含橡胶的聚苯乙烯（丁二烯改性）与 60% 左右的聚苯醚在螺杆挤出机上共混造粒,可得商品名为Noryl 的改性聚苯醚,其玻璃化温度约为 150 ℃。改性聚苯醚虽然使用温度比聚苯醚低,但成型性和综合性能有所改善,并且大大降低了成本。

② 接枝共聚法。先用共混法合成聚苯醚,然后与苯乙烯进行接枝共聚,得到商品名为 Xyron 的改性聚苯醚。还可以根据需要,再与弹性体共混改性,而形成耐冲击的改性聚苯醚。

改性聚苯醚的相对密度、吸水率、机械性能、电性能及化学稳定性与纯的聚苯醚基本类似,热性能当然低于未改性聚苯醚。热变形温度为 120 ~ 150 ℃（视品级而定）,连续使

用温度一般为 80 ~ 100 ℃,但其最大特点是成型加工性能好,成型收缩率在所有工程塑料中最小,特别适用于加工尺寸精确的结构件。

(3) 用途

由于聚苯醚和改性聚苯醚具有优良的综合性能,特别适用于潮湿、高温、有负载而又需具备优良的机械性能、尺寸稳定性和电性能的场合,如在电子、电气工业中,常用于较高温度下工作的线圈、管架和芯材、变压器屏蔽套、微波绝缘件及高频印刷电路板等。由于其优良的抗蠕变性能,所以可用作机械零件中紧固件和连接件,如齿轮、轴承、阀门、凸轮、螺钉、螺帽等。由于具有优良的高温蒸煮性能,所以可用作医疗器械、蒸煮消毒器具以及滤材、滤片、泵体等。由于其尺寸稳定性优良,可用作精密仪器的零件,另外可用作办公用的机器如复印机壳体、计算机外壳等。

5. 聚酯树脂与塑料

聚酯是大分子链上含有 $\begin{smallmatrix} O \\ \parallel \\ -C-O- \end{smallmatrix}$ 酯结构的一大类高聚物,聚酯所用酸可以是脂肪族二元酸、芳香族二元酸及其衍生物如酰卤、酸酐、酯等。当酸为不饱和二元酸时则生成不饱和聚酯。聚酯所用的醇可为二元醇,也可为多元醇。若是二元酸和二元醇则生成热塑性树脂,当用多元醇时则生成体型树脂。当用不饱和二元酸,其交联后形成体型结构。除聚碳酸酯已在前面论述外,还有热塑性树脂、不饱和聚酯和聚芳酯。热塑性树脂主要是指聚对苯二甲酸乙二醇酯和聚对苯二甲酸丁二醇酯等。

(1) 聚对苯二甲酸乙二醇酯(Polyethylene Terephthalate, PET)

PET 是于 1948 年由美国杜邦公司首先工业化生产的,其商品名为 Ducron(涤纶),接着 ICI 公司生产出特丽纶(Terylene),它们都是纤维级的。1953 年开发出薄膜级的PET。1966 年用玻璃纤维增强改性后,开辟了新的应用领域,用作工程塑料。20 世纪 80年代开发了吹塑中空制品(聚酯瓶),使 PET 产量剧增。

PET 耐热性比较高,熔点与尼龙 66 相当($T_m = 265$ ℃),但吸水率为 0.1% ~ 0.27%,低于尼龙。制品尺寸稳定,机械强度、模量、自润滑性能与聚甲醛相当,阻燃性和热稳定性比聚甲醛好。PET 与玻璃纤维复合,增强效果大,在较宽的温度范围内都具有优良的电绝缘性能。PET 能耐弱酸及非极性有机溶剂,在室温下耐极性有机溶剂,不耐强碱和强酸以及苯酚类化学药品。在高温、高湿、碱及沸水中会水解,同时 PET 存在结晶速度慢的缺点。PET 以前主要用作纤维制服装,其强力纤维(经拉伸等特殊处理)可用作帘子线、传动带、绳索和化工滤布;其次用于制造薄膜。PET 薄膜是热塑性塑料薄膜中机械强度和韧性最佳者之一。薄膜可用于电影胶片、X 光片基、录音与录像带等。由于电性能好,可广泛用于电容器、印刷电路、电绝缘材料。中空容器聚酯瓶主要用作各种包装容器。玻璃纤维增强 PET 是用干燥后的 PET 树脂加入成核剂(加快结晶)和经偶联剂处理过的玻璃纤维(含量为 20% ~ 40%),经双螺杆挤出机挤出,再切粒即可得产品。可使 PET 的耐热性、机械性能大大提高,广泛地应用于电子、电器、汽车、机械及文体用品,如制作连接器、线圈骨架、微电机部件、电动机推架、钟表零件、齿轮、凸轮、叶片、泵壳体、皮带轮等。

(2) 聚对苯二甲酸丁二酯(Polybutylene Terephthalate, PBT)

PBT 是由美国在 1970 年首先工业化。其制法与 PET 相似,只是用 1,4 - 丁二醇代替乙二醇,目前主要以酯交换法为主。它的结晶速度快,成型加工工艺性比 PET 好。PBT 在未改性前有优良的电性能和耐热性能,机械性能一般。但用30% 玻璃纤维增强后,其性能成倍地增加,具有优良的物理性能,在 140 ℃ 下仍能保持聚甲醛的拉伸强度。自润滑性和耐磨性优良,耐热性好,可在 140 ℃ 下长期使用。热膨胀系数也是在热塑性树脂中最小的品种之一。具有优良电绝缘性能,其耐化学药品稳定性与 PET 相似,因此是一种具有综合性能的材料,所以目前发展很快。鉴于上述优点,PBT 塑料广泛应用于电器、汽车、机械设备以及精密仪器的零部件,以取代铜、锌、铝及铸铁件。

(3)聚芳酯(双酚 A 型)

聚芳酯(Polyarylate,PAR)主要是指由双酚 A 与对苯二甲酸或间苯二甲酸的缩聚产物,共有三种类型。

对苯二甲酸型:

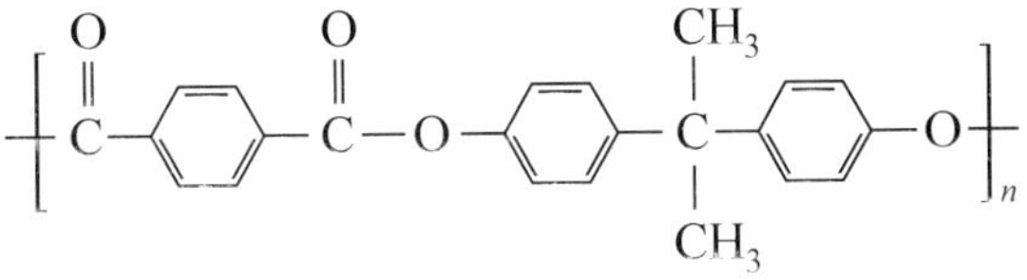

间苯二甲酸型:

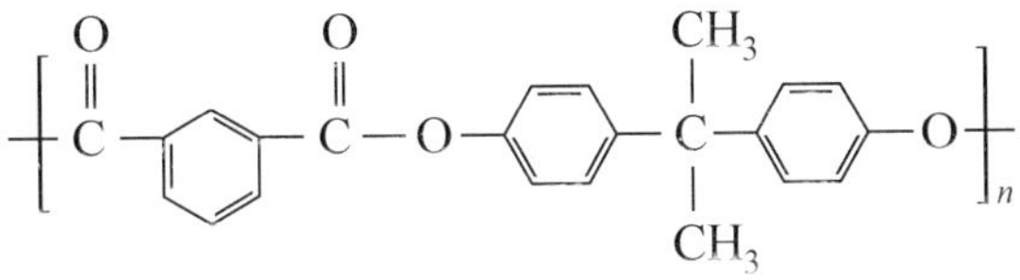

共聚物型:

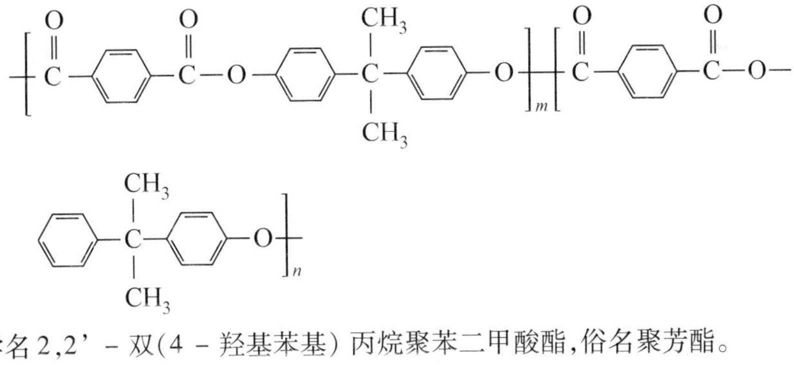

① 学名 2,2'- 双(4 - 羟基苯基) 丙烷聚苯二甲酸酯,俗名聚芳酯。

② 性质。单独用对苯二甲酸或间苯二甲酸所得的聚芳酯熔点和玻璃化温度过高,结晶度大,性脆,所以目前主要采用对苯二甲酸和间苯二甲酸的混合物与双酚 A 缩聚得的共聚物型聚芳酯,是属于一种耐高温的热塑性工程塑料。当然随着对位和间位苯二甲酸配比不同,可制得性能不同的产品,通常共聚物型 $m:n = 50:50$ 或 $70:30$。最大的特性是耐热性高,可在 $-70 \sim 180$ ℃ 长期使用,属难燃、自熄性塑料。有优良的机械性能(突出的耐冲击和回弹性),优良的电性能、耐候性,易溶于卤代烃和酚类,对一般有机药品、油类稳定,能耐稀酸但不耐浓硫酸,耐碱性差。

③ 用途。PAR1975 年由日本首先工业化。目前主要用于耐高温电气、电子和汽车元件,医疗器件、机械设备等,也制成薄膜用于电器绝缘,也可纺丝用作耐高温纤维,也可用

作耐高温胶黏剂。

（4）聚苯酯

聚苯酯（Polyoxybengoylene，POB）是指聚对羟基苯甲酸酯，是以对羟基苯甲酸及其酯类为单体聚合而成，具有高度的结晶性（达90%）。主要特点是有优越的耐热性能，属于目前热稳定性以及综合性能优良的高聚物。它可在315 ℃长期使用，在370 ~ 420 ℃下短期使用，有优良的尺寸稳定性、自熄性、耐辐射性，有卓越的耐磨性和自润滑性，电绝缘性能和耐化学药品性能优良。但机械强度一般，成型加工困难，为提高其机械强度，常采用与其他工程塑料共混的方法。可用作耐高温及无润滑密封件，可作为腐蚀气体或高纯气体、无油压缩机的活塞环，可用于耐热、耐磨耗制品的涂层，电器绝缘的耐高温接插件。目前在电气及机械工业上的应用在逐渐开发和扩大。

（5）不饱和聚酯

不饱和聚酯（Unsaturated Polyester）是指在主链中含有不饱和双键的一类聚酯，是由不饱和二元酸或酐（主要为顺丁烯二酸或酐，另有反丁烯二酸等）和一定量的饱和二元酸（如邻苯二甲酸、间苯二甲酸等）与二醇或多元醇（如乙二醇、丙二醇、丙三醇等）缩聚获得线型初聚物，当然随着原料种类和配比的不同可获不同性能的产品。加入饱和二元酸的目的是调节双键密度和控制反应活性。在这种树脂中加入苯乙烯等活性单体作为交联剂，并加入引发剂（常用过氧化物）和促进剂（如胺类、环烷酸钴等），可以在高温或室温下交联固化形成，并可加入玻璃纤维增强形成复合材料，称为不饱和聚酯塑料，因其机械强度很高，在某些方面接近金属，故俗称为玻璃钢。

在玻璃钢中，以不饱和树脂为最重要（约占80%），其他如环氧、酚醛树脂也可用作复合材料。不饱和聚酯主要用作玻璃纤维增强塑料，其相对密度为1.7 ~ 1.9，仅为结构钢材的1/5 ~ 1/4，为铝合金的2/3，其比强度高于铝合金，接近钢材，因而在运输工业上用作结构材料，能起到节能作用。不饱和树脂的主要优点是可在常温、常压下固化，其制品制造方法可用手糊法、喷射法、缠绕法、模压法、注射成型法等。但以手糊法为主，因为适用于制大型、异型的结构材料，特别是大型壳体部件如车体、船体、通风管道等。加工设备简单、操作方便，此外也可用作建筑材料、化工防腐蚀设备、容器衬里及管道等。

6. 聚酰亚胺

随着高科技的发展，急需开发耐热、高性能的高聚物，所谓耐热就是既要瞬时耐高温，又要有长期耐热性，而高性能就是要在高温下尚具备优良物理机械性能、电绝缘性能和化学稳定性等综合性能。属于这类高聚物的大部分是除碳碳主键外，还含有氮、硫、氧等杂原子，或者是含有五元或六元芳杂环的结构。聚酰亚胺（Polyimade，PI）就是属于主链上含有氮的芳杂环所组成的高聚物，是当前耐热性最好的工程塑料之一。

聚酰亚胺塑料是指主链上含有酰亚胺的高聚物。在芳杂环高聚物中，已经工业化并应用广泛的品种是聚酰亚胺，自20世纪60年代初期开发以来，在产量和品种上有很大发展，目前有20多个品种，其通式为：

$$\left[\begin{array}{c} \underset{\underset{O}{\parallel}}{\overset{\overset{O}{\parallel}}{C}} \\ N \quad Ar \quad N—Ar' \\ \underset{\underset{O}{\parallel}}{\overset{\overset{O}{\parallel}}{C}} \quad \underset{\underset{O}{\parallel}}{\overset{\overset{O}{\parallel}}{C}} \end{array} \right]_n$$

随着 Ar、Ar' 基团的不同,所形成的高聚物性质不同,大体可分为三类:不熔性、可熔性及改性聚酰亚胺。

(1)不熔性聚酰亚胺

①合成。主要品种是以均苯四酸二酐和 4,4'-二氨基二苯醚为原料,先经缩聚合成聚酰亚胺预聚体,然后聚酰亚胺预聚体之间发生反应,即脱水环化生成聚酰亚胺。

②性质。不熔性聚酰亚胺为不熔性高聚物,相对密度为 1.43 ~ 1.59,吸水率为 0.2% ~ 0.25%,在 -260 ~ 400 ℃ 范围内能保持较高的物理性能,可在 -240 ~ 260 ℃ 的空气中长期使用,并且机械、电性能变化很小。它不燃,具有优良耐辐射性能、机械性能和电绝缘性能,耐磨性能优良,可在无润滑条件下使用。它有一定的化学稳定性,能耐大部分有机溶剂,但易被浓碱、浓酸所分解,对一元胺、二元胺和肼的作用也不稳定。

不熔性聚酰亚胺可生产薄膜、层压板、模压塑料,但一般是先制成聚酰胺酸时成型,再经环化反应可得最终产品薄膜,可用浸渍法或流延法制成膜。浸渍法是先配成一定浓度的聚酰亚胺溶液,以金属铝箔为载体,浸渍后经 190 ℃ 干燥脱去溶剂成薄膜,在 350 ℃ 下环化 1 h,冷却剥离,即得 PI 薄膜。模压塑料,先制成模塑粉,然后采用类似粉末冶金的方法,在高温下压制成型。

③用途。聚酰亚胺可制成薄膜、模压制品、泡沫塑料、增强塑料、纤维、涂料、胶黏剂及漆包线等。薄膜为高温下的电工绝缘材料,用于电动机、变压器线圈的绝缘层和绝缘槽衬。其耐辐射性可用于航天工业上。PI 的模压制品,可用于特殊条件下工作的精密零件,如耐高温、高真空自润滑轴承、压缩机活塞环、密封圈等。它的耐低温性能好,且尺寸稳定,可用于与液氮接触的阀门部件。PI 的玻璃漆布耐高温性能极好,可长期在 200 ℃ 使用。PI 可制成泡沫材料,用于保温防火材料、飞机防辐射、耐磨的遮蔽材料等。PI 胶黏剂(聚酰亚胺酸溶于 DMF 中),常用于喷气机、火箭、高速飞机的翅翼上的高温胶黏剂,短期可耐 480 ℃,在 280 ℃ 时可长期使用。

(2)可熔性聚酰亚胺

为改善不熔性聚酰亚胺的加工性能,在主链上引入亲水醚键的结构,制成可熔性聚酰亚胺,其主要品种是以二苯醚四酸二酐代替均苯四酸二酐与二氨基二苯醚反应。它也是一样先聚合成聚酰胺酸溶液,加入沉淀剂析出聚酰胺酸,经洗涤、干燥后,加热进行酰亚胺化反应,即可得产品,其结构式为:

$$\left[N \underset{\underset{\underset{O}{\parallel}}{C}}{\overset{\overset{\overset{O}{\parallel}}{C}}{\Big\langle}} \underset{}{\bigcirc} —O— \bigcirc \underset{\underset{\underset{O}{\parallel}}{C}}{\overset{\overset{\overset{O}{\parallel}}{C}}{\Big\rangle}} N— \bigcirc —O— \bigcirc \right]_n$$

可熔性 PI 的吸水率为 0.3% ,玻璃化温度为 270 ~ 280 ℃ ,分解温度为 570 ~ 590 ℃ ,耐低温达 - 193 ℃ ,长期使用温度为 200 ~ 230 ℃ ,具有良好的耐辐射性能和优良的物理机械性能和电绝缘性能。因其具有良好的综合物理机械性能,特别是热稳定性、耐磨性、抗辐射性及便于加工。可用作耐磨材料,常用 35% 的可熔性 PI,加 33% 聚四氟乙烯和 2% 的炭黑,可制成高压、高速压缩机中用的无油润滑材料如活塞环、密封圈、轴瓦、阀座等。由于它有优异的电绝缘性,在电气工业中常用作插头、插座等。在宇航和原子能工业中用作耐辐射的结构材料。

（3）改性聚酰亚胺

由于均苯聚酰亚胺对碱易水解不易加工且价格较贵,因而 20 世纪 70 年代后改性聚酰亚胺品种不断地开发,其主要品种如下。

① 聚双马来酰亚胺。其典型品种是以马来酸酐和 4,4' - 二氨基二苯甲烷为原料,反应先生成双马来酰胺酸,再加热环化得双马来酰亚胺树脂,其结构式为：

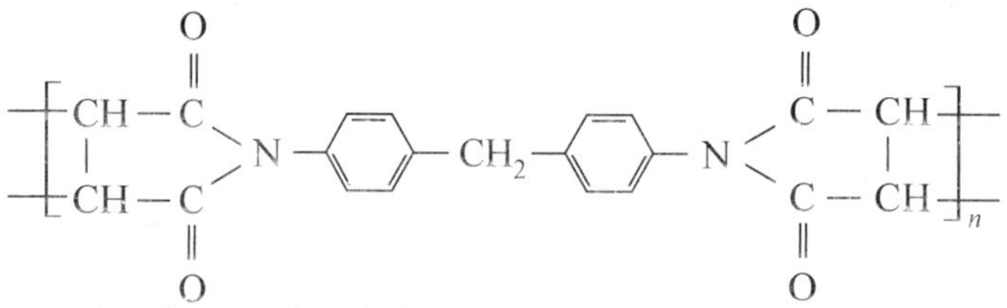

双马来酰亚胺树脂是一种价格较低的热固性聚酰亚胺。它除耐热性低于聚酰亚胺外,其他性能都与聚酰亚胺相似,且具有高的耐湿热性。它大大改善了加工性能,适用于先进复合材料的基体,代替环氧树脂。目前已在航空、运输和机械工业中得到应用,如飞机内装饰板、结构件、大型电脑用多层印刷电路板和传动零件（如齿轮、轴承和密封环等）。

② 聚酰胺 - 酰亚胺。其典型品种是以 1,2,4 - 偏苯二甲酸酐酰氯和 4,4 - 二氨基二苯醚为原料反应生成聚酰胺酸,然后脱水环化得产品,其结构式为：

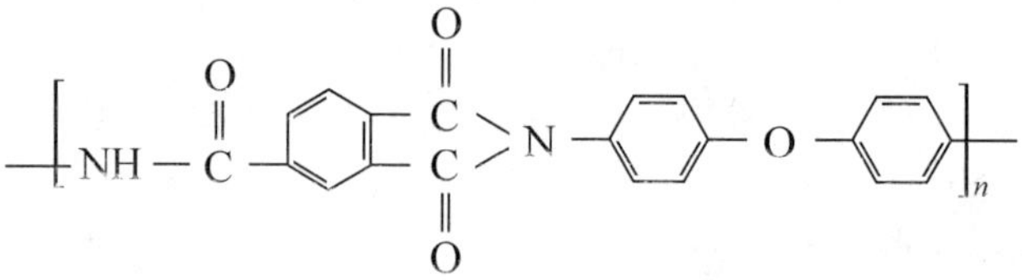

聚酰胺 - 酰亚胺一般为热塑性树脂,当与环氧树脂共混经交联固化可得热固性塑料。它除耐热性低于聚酰亚胺外,具备聚酰亚胺的所有优点,并且是聚酰亚胺类树脂中机械强度最高的品种,是既刚又韧的高性能材料。利用它优良的电性能、阻燃性、耐磨耗和尺寸稳定性,制造在 250 ℃ 使用的集成电路板、电器插座、连接器、开关零件、高频加热装置零件和机械传动零件。

③ 聚醚酰亚胺。聚醚酰亚胺典型代表是以双酚 A 醚酐和间苯二胺（或其他二胺）为原料缩聚而成。由于双酚 A 链的引入,使分子链柔性增加,耐热性和机械强度有所下降,但易于加工。其耐化学药品性能较高,并且有耐热水性、耐候性及耐放射线性等。

7.丙烯酸类塑料

丙烯酸类树脂是指丙烯酸及其衍生物的均聚物、共聚物以及共混物的总称,包括丙烯酸类、丙烯酸酯类、丙烯腈、丙烯酰胺等。通常在工业和建筑上用的丙烯酸类塑料(Acrylic Plastics)主要是指聚甲基丙烯酸甲酯,以浇铸有机玻璃板材为代表,它是丙烯酸塑料中产量最大,用途最广的品种,其次是由丙烯酸甲酯和苯乙烯等单体与甲基丙烯酸甲酯共聚制得的改性丙烯酸酯树脂构成的塑料。

(1)丙烯酸酯塑料

① 聚甲基丙烯酸甲酯板材制造。聚甲基丙烯酸甲酯板材是以高纯度的甲基丙烯酸甲酯为原料,直接本体聚合浇铸。首先由 MMA 加引发剂(如偶氮二异丁腈)、增塑剂(如邻苯二甲酸二丁酯)、脱模剂(如硬脂酸)在 93 ℃ 以下进行预聚,当转化率达 10% 左右,冷却并灌入模具中,排气、封合。在 25 ~ 50 ℃ 下使料液硬化,再升温至 100 ~ 120 ℃ 处理 2 h,冷却脱模即得制品。

② 丙烯酸酯模塑料的制造。改性丙烯酸酯树脂是以甲基丙烯酸甲酯和苯乙烯(丙烯酸甲酯,用量为 10%)为原料,以过氧化苯甲酰为引发剂进行悬浮聚合(水为分散介质,硫酸镁为分散剂),可得改性丙烯酸酯树脂,其分子式分别如下:

$$\begin{array}{c} CH_3 \\ | \\ \left(CH_2 - C \right)_m \left(CH_2 - CH_2 \right)_n \\ | \\ COOCH_3 \end{array} \qquad \begin{array}{c} CH_3 \\ | \\ \left(CH_2 - C \right)_m \left(CH_2 - CH \right)_n \\ | \qquad\qquad | \\ COOCH_3 \quad COOCH_3 \end{array}$$

改性丙烯酸酯类树脂中添加各种助剂(如阻燃剂、着色剂等)经混合挤出造粒,制得颗粒料。

(2)性能

PMMA 及其共聚物是无色、无味、无毒的透明材料,具有优异的光学性能,透光率达 92% ,紫外透射率也高达 73.5% 。其密度为 1.16 ~ 1.18 g/cm³ ,仅是硅玻璃的1/2,吸水率为 0.4% 。它具有优良的耐候性能,自然暴露几乎不变色、不变质,轻而坚韧,具有较高的机械强度,但表面易磨损,耐热性比聚碳酸酯低。工业用有机玻璃的热变形温度为 93 ℃ ,易燃。PMMA 耐无机酸和弱碱,不耐有机极性溶剂,可溶于卤代烃、氯仿、丙酮、酯类等。

(3)用途

有机玻璃在工业和国防上有重要用途。它主要用于宇航、航空、汽车、船舶的窗玻璃,防弹玻璃和座舱盖;信号灯、指示灯、灯罩及建材用的彩色板、各种装饰板及隔离板等。丙烯酸酯模塑料用于制笔、钟表、汽车、飞机、轮船、仪器仪表、医药和文教用品等各个领域。主要用来制造透明制件,如表蒙、笔杆、光学镜片、灯罩、透明管道、假肢和假牙等。

8.聚氨酯

(1)概述

凡主链上含有 $\left(NH - CO \right)$ 链的高聚物,统称为聚氨基甲酸酯,简称聚氨酯(Polyurethane, PU)。它是由异氰酸酯和羟基化合物通过逐步聚合反应而制成。由二元异氰酸酯与二元醇制得线型结构的聚氨酯;由二元或多元异氰酸酯与多元醇制得体型结构的聚氨酯。如果用含有游离羟基的低相对分子质量聚醚或聚酯与二异氰酸酯反应,则制得聚醚型或聚酯型聚氨酯。聚氨酯按结构分为线型、部分交联和交联体型的高聚物。由于交联密度的不同,树脂可能呈现硬质的、软质的,或在性能上介于两者之间的。所以可根据所采用的原料、比例、反应条件的不同制成不同性能和需要的产品。一般工业上线型聚氨酯用于作为热塑性弹性体和合成纤维等使用,而体型结构广泛地用于泡沫塑料、涂料、胶黏剂及橡胶制品等。

（2）聚氨酯泡沫塑料

含有发泡剂的反应体系,反应物随着反应黏度不断增加,当发生的气体尚未逸出表面,高聚物凝固,就在高聚物中形成无数微孔,这就成了泡沫塑料。泡沫塑料是以树脂为基础,制成内部具有无数微小气孔的塑料。聚氨酯树脂大多用于制造泡沫体。因其密度小,导热系数低,耐油、耐水、防震和隔音,因而有着广泛的用途。

（3）用途

聚氨酯随着结构不同有着不同性能,故有不同的用途。聚氨酯具有耐油、化学稳定性好、低温性能好、耐磨性能好等优点。线型均聚物可制成纤维,用作滤网和绝缘布等。体型高聚物由于其漆膜的黏附性能好,可用于保护皮革、金属、木材等。根据配方不同可作为聚氨酯泡沫塑料和聚氨酯弹性体。泡沫塑料,具有保温、绝热、隔音等性能,软泡沫用作隔音材料、椅垫、衣服、精密仪器的包装材料、海绵等;硬泡沫多用于建材(结构材料、设备、管道等)、冰箱、冷藏室等。它也广泛地应用于造船、油田、冷冻、化工等工业。聚氨酯热塑性弹性体也有广泛的应用。

9. 聚砜

聚砜(Polysulfone,PSF)是一类在分子支链上含有砜基和芳核的芳香族非结晶性高性能热塑性工程塑料。目前主要有三种类型:普通双酚 A 型聚砜(简称聚砜)、聚芳砜(或称聚苯醚砜)、聚醚砜(或称聚芳醚砜)。

（1）聚砜(双酚 A 型)

双酚 A 型聚砜是聚砜中最主要的产品,由双酚 A 钠盐与 4,4'－二氯二苯砜为原料,在二甲基亚砜溶剂中缩聚而成,其结构式为:

$$\left[O \diagdown C_6H_4 \diagdown \underset{CH_3}{\overset{CH_3}{C}} \diagdown C_6H_4 \diagdown O \diagdown C_6H_4 \diagdown \underset{O}{\overset{O}{S}} \diagdown C_6H_4 \right]_n$$

从聚砜的分子链节中可以看出,醚基使其具有一定柔韧性而便于加工;二苯砜基使其具有优良的耐热性和耐氧化性;苯基和砜基使其具有一定的刚性。其主要性能表现为:具有突出的耐热性能和耐氧化性能,热变形温度为 175 ℃,可在 -100 ~ 150 ℃ 下长期使用,在 -100 ℃ 下仍维持 75% 机械强度,在 150 ℃ 使用 1 年后,性能基本不变;有优良的尺寸稳定性,于 50% 湿度下放置 1 个月后,尺寸变化在 0.1% 以下,吸水率为 0.22%;具有优良的机械性能,很高的机械强度,尤其是抗蠕变性能,甚至优于聚碳酸酯;具有优良的电性能,很高的电绝缘性能以及 170 ℃ 能保持良好的介电性能,甚至在水中和温空气中,以及在 190 ℃ 的高温下,也能保持其介电性能。它耐辐射,且具有较好的化学稳定性和自熄性,除强极性溶剂、浓硫酸、浓硝酸外,聚砜对酸、碱溶液和醇、脂肪烃等化学试剂均稳定,然而对部分有机溶剂(如酮类、卤代烃类等)不稳定,也不宜在沸水中长期使用,另外耐候性、耐紫外线较差。

(2)聚芳砜

聚芳砜(Polyarylsulfore, PAS)是由 4,4'—二苯酰二磺酰氯和联苯为原料,以 $FeCl_3$ 为催化剂,在硝基苯溶剂中进行溶液缩聚反应制得,其结构式为:

$$\left[\text{———}\langle\bigcirc\rangle\text{—}\langle\bigcirc\rangle\text{—SO}_2\text{—}\langle\bigcirc\rangle\text{—O—}\langle\bigcirc\rangle\text{—SO}_2\text{———} \right]_n$$

从分子结构上看,不同于双酚 A 型聚砜,聚芳砜不含异亚丙基及脂肪族 C—C 键。它以苯核为骨架,所以具有更突出的耐热和耐氧化性,可在 −240 ~ 260 ℃ 保持良好的机械性能和电性能,但软化点也大大提高,成型加工困难。

(3)聚醚砜

聚醚砜(Polyethersulfone, PES)是由 4,4'—二苯醚二磺酰氯和联苯醚为原料,以 $FeCl_3$ 为催化剂,在硝基苯溶液中进行溶液缩聚而制得聚醚砜,其结构式为:

$$\left[\text{———}\langle\bigcirc\rangle\text{—O—}\langle\bigcirc\rangle\text{—SO}_2\text{—}\langle\bigcirc\rangle\text{—O—}\langle\bigcirc\rangle\text{—SO}_2\text{———} \right]_n$$

在聚醚砜的分子结构中含有 —SO$_2$— 、—O— 及苯骨架,不含联苯结构,所以耐热性介于聚砜和聚芳砜之间,但加工性能较聚芳砜好,可在 180 ~ 200 ℃ 长期使用,耐老化性能也优异,在高温下,抗蠕变性也优良。它是一种集高热变形温度、高冲击强度和优良成型加工性能于一体的工程塑料。

(4)用途

总的讲,它可用于制造高强度、有精密公差、耐热及良好电绝缘性的电气、电子零件、机械零部件,如飞机的耐热零件、高强度耐腐蚀零件、电绝缘零件、计算机零件、齿轮、真空泵叶轮以及医疗上的耐热消毒器械,另外在化工防腐上也有广泛应用。

10. 聚苯硫醚

聚苯硫醚(Polyphenylene Sulfide, PPS),全称为聚亚苯基硫醚,是分子主链上带有硫苯基的热塑性高聚物,其结构式为:

$$\left[\langle\bigcirc\rangle\text{—S———} \right]_n$$

聚苯硫醚具有优异的热稳定性,在200 ℃ 仍保持较高的力学强度,450 ℃ 以上才开始有分解产物,在180 ℃ 下可长期使用。有极好的耐磨性,除了强氧化性酸(如浓硫酸、硝酸和王水等)外,不受其他大多数酸、碱、盐的侵蚀,具有仅次于聚四氟乙烯的耐化学药品性能,在 200 ℃ 以下无溶剂能溶解聚苯硫醚。具有良好的耐候性、耐辐射和阻燃性。它有刚性高、力学性能好的优点。与其他工程塑料相比,其介电常数小,介电损耗低,另外电绝缘性能也较好,能在高温高湿下仍保持良好的电绝缘性能。它与其他各种材料(包括增强材料和高分子材料)有很好的共混性能,又能用通常的方法成型。聚苯硫醚主要应用于耐高温胶黏剂、耐高温玻璃钢、耐高湿绝缘材料、防腐涂层及模塑制品等。

11. 聚醚醚酮

聚醚醚酮(Polyetherketon, PEEK)于20世纪80年代初首先由英国帝国化学公司工业化生产。它是用4,4'-二氯苯酮,对苯二酚和无水碳酸钠(或碳酸钾)为原料,在极性溶剂(二苯砜)中缩聚而成。聚醚醚酮的结构式为:

$$\left[O - \bigcirc - O - \bigcirc - \overset{\overset{\displaystyle O}{\|}}{C} - \bigcirc - \right]_n$$

聚醚醚酮是高性能结晶性工程塑料,熔点为334 ℃,长期使用温度为240 ℃以上,经玻璃纤维增强后可高达300 ℃。它具有优良的耐蠕变和耐疲劳性能,摩擦系数小,耐磨性高,耐辐射、耐燃,并具有优异的电绝缘性,耐腐蚀性好(除浓硫酸及浓硝酸外无溶剂能侵蚀它)。PEEK不仅是高性能工程塑料,而且可以和长纤维复合,制成高性能热塑性复合材料。

聚醚醚酮虽然开发时间不长,但目前已开始在电子电器、机械仪表、交通运输及宇航等领域得以应用。在电子电器行业中,主要用于电线、磁导线包覆、高温接线柱、接线板和挠性印刷电路板等;短纤维增强聚醚醚酮,主要应用于轴承的保持器、凸轮及飞机把手及操纵杆等;长纤维增强聚醚醚酮复合材料(如碳纤维增强聚醚醚酮复合材料),用于制造直升机的尾翼等结构件;聚醚醚酮树脂经挤出制成高强度单丝,在化工设备中用作制造过滤器部件,具有优良的耐热腐蚀性;挤出的高强度膜经硫酸磺化后是良好的离子膜;聚醚醚酮吹塑制品可以用作装运核废料的容器,这种容器耐辐射、耐腐蚀、质量轻且安全性好。

12. 氯化聚醚

氯化聚醚(Chlorinated Polyether)一般是指聚3,3'-双氯甲基环氧丙烷,简称聚氯醚,它是3,3'-双氯甲基环氧丙烷通过阳离子开环聚合而成。催化剂可用$BF_3O(C_2H_5)_2$或$(C_2H_5)_2AlCl$。聚氯醚结构式为:

$$\left[CH_2 - \underset{\underset{\displaystyle CH_2Cl}{|}}{\overset{\overset{\displaystyle CH_2Cl}{|}}{C}} - CH_2 - O \right]_n$$

它是一种微黄色结晶性热塑性工程塑料,熔点为176 ℃,具有突出的化学稳定性,仅次于聚四氟乙烯,但价格比聚四氟乙烯便宜,对大多数酸、碱和溶剂有良好的抗腐蚀性,在120 ℃下能经受绝大多数化学药品及试剂的作用,但不耐氧化性强的酸如发烟硝酸、发烟硫酸和氯磺酸。由于它与氯甲基相连的碳原子上无氢原子,所以虽含有氯,但不易脱HCl,热稳定性好,可在120℃下长期使用。它具有优良的综合性能,优异的耐磨性。氯化聚醚减摩性高于尼龙和甲醛,为耐磨损性能最好的塑料之一。它尺寸稳定性好,吸水率仅0.01%,是最小的品种之一,有较高电绝缘性能(可在高温状态下使用),有良好的抗热老化性能,其抗热老化性能高于尼龙,但刚性较差,冲击强度等不如聚碳酸酯。由于聚氯醚有上述突出性能,所以得到广泛的应用。它能代替不锈钢和氟塑料用于耐腐蚀的管道、阀门、设备衬里、容器、防腐涂层和滤板等;能代替有色金属和合金,用作机械零配件,如轴承、导轨、齿轮、凸轮等;可用作电绝缘材料,特别是用作亚热带地区和深水电缆的包皮。

13. 氟塑料

氟塑料（Fluoroplastics）是各种含氟塑料的总称，主要有聚四氟乙烯、聚四氟乙烯 – 全氟丙烯共聚物、四氟乙烯 – 全氟烷基乙醛基醚共聚物、四氟乙烯 – 乙烯共聚物、聚三氟氯乙烯、三氟氯乙烯 – 偏氟乙烯共聚物、三氟氯乙烯 – 乙烯共聚物、聚偏氟乙烯等品种，其中聚四氟乙烯用途最广，产量占氟塑料的 85% 左右。它们的共同特点是化学稳定性好，热稳定性好，优良的电绝缘性能，低的摩擦系数和吸水率等，所以已成为高科技部门、宇航、深潜、原子能以及电子电气、机械、化工、建筑等部门不可缺少的一种新型材料，特别是一些既要求耐高温、又要求耐低温、同时要求化学惰性好的情况下，则含氟高聚物是有希望解决这些问题的材料。

（1）聚四氟乙烯的性能与用途

聚四氟乙烯由于 C—F 键的强度大，在聚合过程中不会发生游离基向大分子链转移，因此不会发生支化反应。其大分子均为规整的线型结构，所以聚四氟乙烯是高结晶和取向的高聚物，结晶度为 93% ~ 98%，$\bar{M}_n$ 为（15 ~ 50）万。由于分子对称性很高，链节之间碳氟原子的结合力和氟原子间作用力很大，分子链段之间密集接触，使大分子链僵硬。聚四氟乙烯加热时流动阻力大，加热至 390 ℃ 时分解也不会从高弹态转变成黏流态。所以不宜采用注射成型加工，而像粉末冶金一样，模压烧结成型。

聚四氟乙烯具有优良的耐高低温性能，可在 – 200 ~ 260 ℃ 范围内长期使用。在 250 ℃ 条件下经 1 000 h，其机械性能和电性能无明显变化。它具有优越的化学稳定性，超过目前已知的塑料，故有"塑料王"之美称，甚至超过贵金属（金和钼）。几乎和任何浓度的强酸、强碱、强氧化剂在高温下都不发生作用，甚至与王水也不起作用，大多数有机溶剂及水对它也都不发生作用，目前仅发现熔融的碱金属、三氟化铝及元素氟能作用于它。

C—F 键虽然是极性键，由于均匀分布于主链周围，各个偶极相互抵消而呈现非极性结构，所以有优良的介电性能、优异的电绝缘性并且不受湿度、温度和频率的影响。它几乎不吸水，其摩擦系数是目前所有塑料中最低的，所以可作良好的减摩和自润滑材料，但其机械强度、刚性和硬度稍差。

聚四氟乙烯因具有优异的性能，所以在国防、电子工业、航空航天、化工、冷藏工业、机械、食品和医药等领域得以广泛的应用，如用于耐腐蚀材料如管、容器、反应器、阀门、泵、隔膜等。优良的电绝缘性使之在高频和超高频技术方面，可用于高频电缆、线圈、电机、电容器等的绝缘。用聚四氟乙烯乳液浸渍的玻璃布制成的层压板，可制作高级印刷线路板。在机械设备中可制备要求耐磨减摩的轴承、导轨、活塞杆、密封圈等。在医用材料方面，利用聚四氟乙烯的耐热、疏水、对生物无副作用和不受生物体侵蚀等特点，可制造各种医疗器具，如瓶、管、注射针和消毒垫等。还可以作为人体组织修复材料（人造皮）和人工脏器材料（如人造血管、人造心脏等）。

（2）氟塑料的共聚物

① 四氟乙烯 – 乙烯共聚物

$$\text{--}\{\text{(CF}_2\text{—CF}_2)_x\text{(CH}_2\text{—CH}_2)_y\}_n$$

聚四氟乙烯最大的缺点是加工性能差，因此大力开发其共聚物，即寻求在基本特性不变的前提下,改善高聚物的加工性能,如四氟乙烯－乙烯共聚物。一般其共聚物中四氟乙烯的含量高于75%。该共聚物除了热稳定性稍逊于聚四氟乙烯外,其他性能与聚四氟乙烯相近,但共聚物较容易加工,具有低密度和非常低的蠕变性。聚四氟乙烯－乙烯共聚物的特点是不仅长期使用温度达180 ℃时绝缘性能良好,且脆点在－100 ℃以下。它是不燃、耐磨和耐割裂材料,可用挤出成型和注射成型加工制品,目前主要用于高级绝缘材料。

② 六氟丙烯－四氟乙烯共聚物

$$\left[\left(CF_2 - CF_2 \right)_x \left(CF - CF_2 \right)_y \right]_n$$
$$\begin{array}{c} | \\ CF_3 \end{array}$$

该共聚物的熔点近290 ℃,它保留了聚四氟乙烯大多数的性能,但其熔融黏度却在便于加工范围内。共聚物在200 ℃下连续使用仍能保持所需要的机械强度。像聚四氟乙烯那样,它是化学惰性的,并且吸水率等于零。在频率从60 Hz到60 MHz范围内,它保持着低的介电常数和很宽范围的损耗因子。它具有优异的耐候性、低摩擦性和非常低的气体渗透性。与聚四氟乙烯有同样的用途,可用挤出、注射、模塑等方法加工成制品。

5.2　合成纤维

纤维是指长度比其直径大很多倍,并且有一定柔软性的纤细的物质。典型的纺织纤维直径为几微米到几十微米,而长度超过25 mm。

（1）纤维的分类

纤维可分为两大类:一类是天然纤维,如棉花、羊毛、丝和麻等;另一类是化学纤维,化学纤维又可分成人造纤维和合成纤维两大类。人造纤维是以天然高聚物经化学处理与机械加工而制成纤维,所以又称再生纤维。人造纤维根据化学组成不同可分再生纤维素纤维、纤维素酯纤维和再生蛋白质纤维。合成纤维是由合成的高分子化合物加工制成的纤维。根据大分子主链的化学组成,又分为杂链纤维和碳链纤维。

（2）纤维的主要性能指标

① 纤度。表示纤维粗细的指标称纤度,有以下3种表示方法:

a. 支数。单位质量(以g计)的纤维所具有的长度称为支数,一般用每克纤维所具有的支数来表示。如1 g重的纤维长100 m,称100支。对于同一种纤维,支数越高,表示纤维越细。但对不同纤维,因它们的密度不同,故它们的粗细不能用支数直接比较。

b. 细度。一定长度的纤维所具有的质量。细度的单位是特克斯,简称特。细度是指1 000 m长纤维所具有的质量克数。如1 000 m长的纤维质量为5 g,即为5tex。纤维越细,细度越小。

c. 旦。旦是指9 000 m长的纤维所具有的质量克数,符号为D或d,如9 000 m长的纤维质量为3 g,即为3 d。

② 断裂强度。纤维被拉断时所受的力称为纤维的断裂强度,可表示为

$$P = \frac{F}{D}$$

式中,P 为断裂强度,N/tex;F 为纤维被拉断时的负荷,N;D 为纤维的纤度,tex。

③ 断裂伸长率(延伸度)。纤维的断裂伸长率是指纤维或试样在拉伸至断裂时,长度比原来增加的百分数,一般用 ε 表示为

$$\varepsilon = \frac{L - L_0}{L_0} \times 100\%$$

式中,L_0 为纤维的原长,mm;L 为纤维拉伸至断裂时的长度,mm。

④ 弹性模量(初始模量或杨氏模量)。纤维的弹性模量是指每单位截面积的纤维延伸原来的 1% 所需的负荷,单位是 N/tex。弹性模量大的纤维尺寸稳定性好,不易变形,制成的织物抗皱性好,反之弹性模量小的纤维制成的织物容易变形。

⑤ 回弹率。将纤维拉伸产生一定伸长,然后除去负荷,经松弛一定时间后,测定纤维弹性回缩后的剩余伸长,可回复的弹性伸长与总伸长之比称之为回弹率。回弹率表示为

$$回弹率(\%) = \frac{L_D - L_R}{L_D - L_0} \times 100\%$$

式中,L_0 为纤维原来的长度,mm;L_D 为纤维拉伸后的长度,mm;L_R 为纤维除去负荷,经一定时间后恢复的长度,mm。

⑥ 吸湿性。纤维的吸湿性是指在标准温度和湿度(20 ℃ ±3 ℃、相对湿度为 65% ±3%)条件下纤维的吸水率。一般用回潮率(R)或含湿率(亦称含水率,M)两种指标表示为

$$回潮率(\%) = \frac{G_0 - G}{G} \times 100\%$$

$$含湿率(\%) = \frac{G_0 - G}{G} \times 100\%$$

式中,G 为纤维干燥后的质量,g;G_0 为纤维未干燥的质量,g。

吸湿性低的纤维容易产生静电,不但给加工带来困难,而且易使织物附尘和玷污。另外,吸湿差的纤维制成织物,不易吸收人体排出的水分,使人有闷热和潮湿的感觉。

除上述性能指标外,还有许多反映纤维实用性能的指标,如耐磨性、耐热性、燃烧性、耐候性、染色性、电绝缘性、耐腐蚀性等。

合成纤维工业是在 20 世纪 40 年代才发展起来的。由于合成纤维性能优异、原料丰富、价格便宜、用途广泛,生产不受自然条件和气候的限制,因此合成纤维工业得到迅速的发展。

合成纤维具有优良的物理、机械性能和化学性能,如强度高、密度小、弹性高、耐腐蚀性好、质轻又保暖、电绝缘性好以及不怕霉蛀等。某些特种合成纤维还具有耐高温、耐低温、耐辐射、高强度、高模量等特殊性能,所以现在合成纤维已远远超出仅应用于纺织工业的概念,在工、农业的各个领域得到广泛应用,特别像国防工业、航空航天、能源开发、信息技术、生物技术等高科技领域,成为不可缺少的重要材料。合成纤维可以制成美观、轻暖、耐穿、易洗、快干的衣服。在工业上,它常被用作衬垫材料、隔音隔热材料、电气绝缘材料、

传动带、滤布、渔网、绳索、轮胎帘子线、包装材料以及人造皮革等各种复合材料的基布等。在国防工业上，以耐高温纤维制造的增强材料可用来代替铝、钛等金属，作为飞机、火箭、导弹等装备的结构材料，也可用作电气绝缘材料。其次，这些复合材料还用于高空降落伞、飞行服。在原子能工业中用作特殊的防护材料，在医疗方面，常用于医疗用布、外科缝合线、止血棉以及某些人造器官等。

　　合成纤维的品种繁多，但其中最主要的是聚酰胺、聚酯和聚丙烯腈三大类，三者的产量占合成纤维总产量的 90% 以上。

5.2.1　通用合成纤维

1. 聚酰胺纤维

　　聚酰胺纤维是最早投入工业化生产的合成纤维。它是指大分子主链中含有酰胺键

$$-\overset{\overset{\text{O}}{\|}}{\text{C}}-\text{NH}-$$ 的一类合成纤维。我国商品名称为锦纶，国外商品名有尼龙、卡普隆等。聚酰胺纤维一般有两大类。一类是由二元胺与二元酸缩聚而得，主链结构为：

$$\text{-}\!\!\!\left(\text{NHRNHOCR'CO}\right)_{\!\!\overline{n}}$$

根据二元胺和二元酸的碳原子数目，可得不同命名，例如，由己二胺和己二酸缩聚而得的称为聚酰 66（也称尼龙 66）；由己二胺和癸二酸缩聚而得的称为聚酰胺 610。另一类是由 ω - 氨基酸脱水缩聚或由内酰胺开环聚合而得，主链结构为：

$$\text{-}\!\!\!\left(\text{NHRCO}\right)_{\!\!\overline{n}}$$

根据单体所含的碳原子数目而命名，例如由己内酰胺开环的聚合称为聚酰胺 6。聚酰胺纤维的主要品种和命名见表 5.2。

表 5.2　聚酰胺纤维的主要品种和命名

纤维名称	分子结构	命名
聚酰胺 4	$\text{-}\!\!\left(\text{NH(CH}_2)_3\text{CO}\right)_{\!\overline{n}}$	聚 α - 吡咯烷酮纤维
聚酰胺 6	$\text{-}\!\!\left(\text{NH(CH}_2)_5\text{CO}\right)_{\!\overline{n}}$	聚己内酰胺纤维
聚酰胺 7	$\text{-}\!\!\left(\text{NH(CH}_2)_6\text{CO}\right)_{\!\overline{n}}$	聚 ω - 氨基庚酸纤维
聚酰胺 8	$\text{-}\!\!\left(\text{NH(CH}_2)_7\text{CO}\right)_{\!\overline{n}}$	聚辛内酰胺纤维
聚酰胺 9	$\text{-}\!\!\left(\text{NH(CH}_2)_8\text{CO}\right)_{\!\overline{n}}$	聚 ω - 氨基壬酸纤维
聚酰胺 11	$\text{-}\!\!\left(\text{NH(CH}_2)_{10}\text{CO}\right)_{\!\overline{n}}$	聚 ω - 氨基十一酸纤维
聚酰胺 12	$\text{-}\!\!\left(\text{NH(CH}_2)_{11}\text{CO}\right)_{\!\overline{n}}$	聚十二内酰胺纤维
聚酰胺 66	$\text{-}\!\!\left(\text{NH(CH}_2)_6\text{NHCO(CH}_2)_4\text{CO}\right)_{\!\overline{n}}$	聚己二酸己二胺纤维
聚酰胺 610	$\text{-}\!\!\left(\text{NH(CH}_2)_6\text{NHCO(CH}_2)_8\text{CO}\right)_{\!\overline{n}}$	聚癸二酸己二胺纤维
聚酰胺 1010	$\text{-}\!\!\left(\text{NH(CH}_2)_{10}\text{NHCO(CH}_2)_8\text{CO}\right)_{\!\overline{n}}$	聚癸二酸癸二胺纤维
奎安纳	$\left[\text{NH}\bigcirc\text{CH}_2\bigcirc\overset{\text{NH}}{\underset{}{}}\overset{\overset{\text{O}}{\|}}{\text{C}}-(\text{CH}_2)_{10}-\text{CO}\right]_n$	聚十二烷二酰双环己基甲烷二胺纤维
聚酰胺 612	$\text{-}\!\!\left(\text{NH(CH}_2)_6\text{NHCO(CH}_2)_{10}\text{CO}\right)_{\!\overline{n}}$	聚十二酸己二胺纤维

2. 聚酯纤维

（1）概述

聚酯纤维于 1953 年投入工业化生产。由于性能优良，用途广泛，是合成纤维中发展最快的品种，产量居第一位。聚酯纤维是指大分子主链中含有酯结构的一类聚合物。它是由二元酸及其衍生物（酰卤、酸酐、酯等）和二元醇经缩聚而得，故称聚酯纤维。聚酯纤维的品种很多，但目前的主要品种是聚对苯二甲酸乙二醇酯，商品名称为涤纶，俗称"的确良"。

（2）性能

① 弹性好。聚酯纤维的弹性接近羊毛，涤纶的变形回复能力和羊毛接近。其起始模量高，因而抗皱性能和保型性特别好，做成衣物挺括不皱、外形美观。

② 强度好。它的强度一般可达 4 ～ 6 g/旦，比棉花高 1 倍，比羊毛高 3 倍。并且其湿态强度不发生变化。它的耐冲击强度高，比聚酰胺纤维高 4 倍，比黏胶纤维高 20 倍。

③ 耐热性好。聚酯纤维的熔点为 255 ～ 265 ℃，比聚酰胺的耐热性好。聚酯纤维允许使用温度范围较宽，它可在 - 70 ～ 170 ℃ 之间使用。

④ 吸水性小。聚酯纤维的回潮率仅为 0.4% ～ 0.5%，因而电绝缘性能好，织物易洗易干。但在织物加工时易产生静电，作为织物，易使人有闷热和潮湿的感受。聚酯纤维耐腐蚀性能好，不发霉，不腐烂，不怕虫蛀。聚酯纤维的主要缺点是染色性能差，吸水性低，所得织物易起球等。

（3）应用

聚酯纤维主要做成各种混纺或交织产品，是理想的纺织材料。在工业上，可作电绝缘材料、运输带、绳索、渔网、轮胎帘子线、电影胶片、录音录像带及包装容器、人造血管等。

3. 聚丙烯腈纤维

（1）概述

聚丙烯腈纤维是指以丙烯腈 $CH_2{=}CH{-}CN$ 为原料聚合成聚丙烯腈，然后纺制成合成纤维，商品名为腈纶。

由于腈纶具有优良的性能，加上原料价廉易得，所以自 1950 年工业化以来发展速度一直很快，产量仅次于聚酯纤维和聚酰胺纤维而居第三位。目前市场上所见到的聚丙烯腈纤维，通常是三种单体的共聚物，但丙烯腈的含量在 85% 以上。因为聚丙烯腈大分子链上的氰基极性很大，使大分子间作用力很强，分子排列紧密，所以丙烯腈均聚物纤维表现出纤维硬脆，难以染色。为了改善均聚物纤维性能的不足，加入第二单体，主要为了减弱分子间的作用力以改善纤维硬脆的缺点，常用的有丙烯酸甲酯、甲基丙烯酸甲酯及醋酸乙烯等；加入第三单体，以改善染色性能，常用的有亚甲基丁二酸（衣康酸）、丙烯磺酸钠、甲基丙烯磺酸钠及甲基丙烯苯磺酸钠等。

（2）性能

聚丙烯腈纤维的性能极似羊毛，它多数用来和羊毛混纺或作为羊毛的代用品，因此有合成羊毛之称。它蓬松卷曲而且柔软，有较好的弹性，比羊毛质轻（相对密度为 1.14 ～ 1.17），结实又保暖，此外聚丙烯腈纤维的强度比羊毛约高 1 ～ 2.5 倍，它的耐光性和耐候性能,除聚四氟乙烯纤维外,是其他所有天然纤维和化学纤维中最好的。聚丙烯腈纤维有较好的耐热性,纤维的软化温度为 190 ~ 230 ℃,仅次于聚酯纤维。在化学稳定方面,它能耐酸、氧化剂和有机溶剂、但耐碱性稍差,当遇到稀碱或氨水时,纤维变成黄色,遇浓碱作用纤维则遭破坏。它和其他合成纤维一样不发霉、不腐烂、不怕虫蛀。聚丙烯腈纤维除耐碱性较差外,其主要缺陷是耐磨性差、吸湿性和染色性能尚不够好。

（3）应用

聚丙烯腈纤维主要用于代替羊毛或与羊毛混纺,制成毛织物、棉织物等,也可用作帐篷、窗帘及室外覆盖物等。此外聚丙烯腈是耐高湿碳纤维和石墨纤维的原料。

4. 聚丙烯纤维

以聚丙烯纺成的合成纤维称为聚丙烯纤维,商品名为丙纶。聚丙烯纤维是 1957 年投入工业化生产的,由于它原料丰富,性能优良,所以发展亦很快,产量仅次于涤纶、锦纶、腈纶而居第四位。聚丙烯是以丙烯为原料进行定向聚合,得到等规聚丙烯树脂,然后采用熔融纺丝法纺丝。纤维后加工过程基本上与聚酯纤维相同。

聚丙烯纤维的首要特点是具有很好的强度,能与高强力的聚酯、聚酰胺相媲美;具有很好耐磨性和弹性,耐磨性仅次于聚酰胺纤维。此外聚丙烯纤维的相对密度为 0.91,是目前所有化学纤维中最轻的一种。聚丙烯纤维还具有非常良好的耐腐蚀性,特别是它对无机酸、碱都具有很好的稳定性。同时它不发霉、不腐烂、不怕虫蛀,但对有机溶剂的稳定性则稍差。聚丙烯纤维的主要缺点是耐光性和染色性差,耐热性也不够好,吸湿性及手感性差。总之聚丙烯纤维易受光、热和氧的作用导致大分子链发生降解或交联,因而其抗老化性能较其他纤维差,常需加入一定量的抗氧剂和紫外线吸收剂。随着高效多能的抗老化剂的开发和改进染料及着色法,制得新型的耐老化的聚丙烯着色纤维,为服装用料的发展开创了条件。

聚丙烯纤维产品甚多,较常见的有长丝、短纤维、鬃丝等,它可以纯纺或与其他纤维混纺用作衣料。工业上常用于制作绳索、渔网、帆布、水龙带、包装材料、滤布、工作服、地毯基布等。

5. 聚乙烯醇纤维

聚乙烯醇纤维是将聚乙烯醇纺制成纤维,再经甲醛进行缩醛化处理而制得聚乙烯醇缩甲醛纤维,商品名为维纶。聚乙烯醇纤维于 1950 年工业化生产,这种纤维原料来源易得,成本低廉,目前产量在合成纤维中居第五位。

由于聚乙烯醇纤维原料易得、性能良好,用途广泛,性能近似棉花,因此有"合成棉花"之称。它是现有合成纤维中吸湿性最大的一种品种,在标准状态下其吸湿率可达 4.5% ~ 5%,与棉花接近;它的耐磨性好,比棉花高 5 倍;强度高,是棉纤维的 1.5 ~ 2 倍。此外,耐腐蚀性好,不仅耐酸、碱,并能耐一般的有机酸、醇、酯及石油等溶剂。耐日晒、不发霉、不腐烂。聚乙烯醇纤维的主要缺点是耐热水性差,在湿态下加热到 115 ℃ 时将发生显著收缩;易折皱;染色性差。

聚乙烯醇纤维的最大用途是与棉花混纺,做成各种维棉混纺织物。此外工业上还用作帆布、防水布、过滤布、输送带、包装材料、渔网及河上作业用绳缆等。长丝用于手推车轮胎的帘子线等。

6. 聚氯乙烯纤维

聚氯乙烯纤维是以氯乙烯为基本原料的纤维,统称为含氯纤维,商品名为氯纶,其中主要是聚氯乙烯纤维,还包括过氯乙烯纤维(过氯纶)、偏二氯乙烯共聚物纤维(偏氯纶)等。由于聚氯乙烯原料易得、成本低廉,所以聚氯乙烯纤维是目前最便宜的合成纤维品种之一。

聚氯乙烯纤维突出的优点是难燃和对酸、碱的稳定性好。它的强度与棉纤维相近。其耐磨性比一般天然纤维好。聚氯乙烯纤维具有良好的保暖性,比棉纤维高 50%,比羊毛高 10% ~ 20%;吸湿性小。缺点是耐热性差,染色性差。

聚氯乙烯纤维产品形式很多,有鬃丝、长丝、短纤维等。鬃丝可编织窗纱、筛网、绳子、网袋等。它的短纤维和长丝一般可纯纺或混纺制成各种针织品、毛线、毛毯、衣料、棉絮以及难燃的地毯及家具覆盖织物。工业上用作滤布、安全帐篷、仓库用覆盖材料以及工作服等。

5.2.2 特种合成纤维

随着工业的发展,特别是高新技术领域如航空航天、原子能工业等的发展,对纤维提出许多新的、特殊的要求,如要求纤维耐高温和低温、耐辐射、耐腐蚀、耐燃、高温绝缘性等,于是开发出一系列特种用途的纤维。这类纤维虽然产量不大,但起着重要的作用。

1. 耐高温纤维

(1)芳香族聚酰胺纤维

有关芳香族聚酰胺的结构和性能已在塑料章节中论述,几种主要的芳香族聚酰胺纤维见表 5.3。

表 5.3 几种主要的芳香族聚酰胺纤维

命名	分子结构	商品名
聚间苯二甲酰间苯二胺纤维	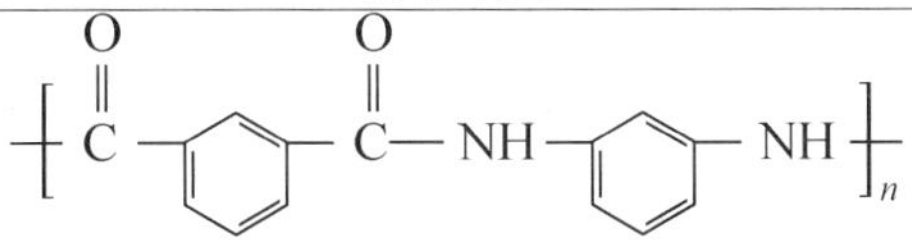	HT – 1,芳纶 1313
聚对苯二甲酰对苯二胺纤维	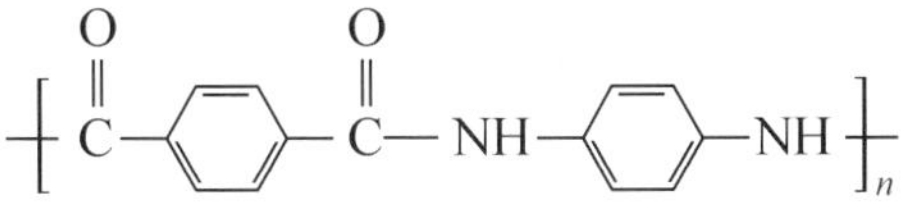	纤维 – B,芳纶 1414
聚对氨基苯甲酰纤维	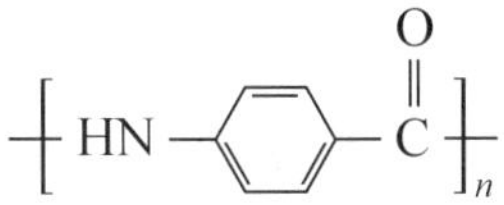	PRD – 49,芳纶 14
聚对苯二甲酰己二胺纤维	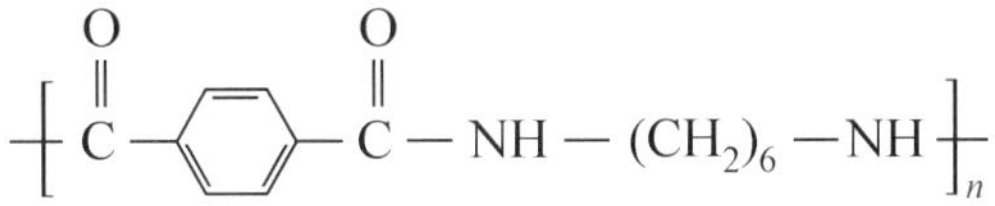	尼龙 6T
聚对苯二甲酰对氨基苯甲酰肼纤维	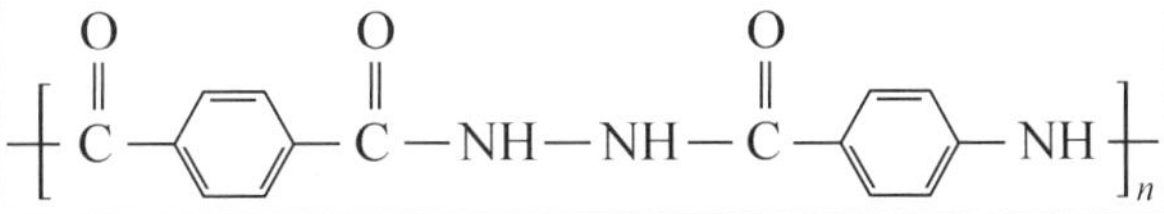	X – 500

(2)碳纤维

碳纤维是主要的耐高温纤维之一,是用再生纤维或聚丙烯腈纤维高温碳化而制得。

现以丙烯腈纤维为例，先在 200 ~ 300 ℃ 的氧化气氛中预氧化，然后在惰性气体中于 1 000 ℃ 下进行碳化，再在惰性气体中对纤维施以张力，加热到 1 250 ℃ 附近，为高强度碳纤维，含碳量为 80% ~ 95%；加热到 2 800 ℃ 左右处理为高模量碳纤维（又称石墨纤维），含碳量为 99%；在烧结过程中不加张力的为普通碳纤维。

碳纤维有优异的耐热性能，虽然碳纤维在空气中的氧化起始温度为 410 ~ 450 ℃，但在惰性条件下却具有极优异的耐高温性能，最高可以耐到 3 000 ℃ 以上的高温。此外它质轻（相对密度为 1.5 ~ 2.0）、高强度、高模量、很高的化学稳定性等优异性能。

目前碳纤维单独使用情况不多，主要是作为树脂、金属、橡胶的增强材料使用，用于宇航航行、飞机制造、原子能工业等方面。

此外耐高温纤维还有聚酰亚胺纤维和聚苯并咪唑纤维等。

2. 耐腐蚀纤维

耐腐蚀纤维主要是聚四氟乙烯纤维，此外还有四氟乙烯 - 六氟乙烯共聚物纤维等。聚四氟乙烯纤维商品名为氟纶。

聚四氟乙烯纤维的纺制主要采用特殊的乳液纺丝法，这是借助于一种可纺性较好的物质作载体，使聚四氟乙烯均匀地分散于该载体中呈乳液状态，然后按载体常用的方法使之纺丝成型，目前常用的纺丝载体有纺黏胶纤维用的黏胶和纺维纶用的聚乙烯醇水溶液。得到的纤维经拉伸后，在高温下进行烧结，此时载体碳化，而其中聚四氟乙烯颗粒则在黏流温度下黏连而成为纤维。

聚四氟乙烯由于它突出的耐腐蚀性能而用于化工防腐设备的密封填料、衬垫、过滤材料。由于它能耐高温及难燃，可用作军用器材的防护用布及宇宙航行服以及医用材料等。

3. 吸湿性纤维

在常见的合成纤维中除了聚乙烯醇纤维和聚酰胺 6 具有较大的吸湿性外，其他合成纤维难以满足各方面的要求。目前以聚酰胺 4 的性能最为突出（聚酰胺 4 纤维学名为聚 - α - 吡咯烷酮纤维）。由于分子链上的酰胺键比例较大，吸湿性优于所有的聚酰胺纤维，与棉花相近。聚酰胺有棉花的优良性能，而且纤维的染色性也很好，因此用它作为衣着纤维，不仅穿着舒适，而且外观和手感都较好。

4. 弹性纤维

弹性纤维是指具有类似橡胶丝那样的高伸长性（> 400%）和回弹力的一种纤维。通常这类纤维经纯纺或混纺成织物，来制作各种紧身衣物，如内衣、运动衣、游泳衣及各种弹性织物。目前主要品种有聚氨酯弹性纤维和聚丙烯酸酯弹性纤维。

聚氨酯弹性纤维在我国商品名为氨纶。它是由芳香双异氰酸酯和末端基含有羟基的聚酯或聚醚反应制得的末端基含有异氰酸酯的聚合物。这种由柔性的聚酯或聚醚链段和刚性的芳香族二异氰酸酯链段组成的嵌段共聚物，再用脂肪族二胺进行交联，因而获得了与天然橡胶一样的高伸长性和回弹力。聚氨酯纤维在伸长 600% ~ 750% 时的回弹率都能达到 95% 以上。

丙烯酸酯弹性纤维是由丙烯酸乙酯与一些交联弹性体进行乳液共聚后，再与偏二氯乙烯等接枝共聚，经乳液纺丝法制得。这类纤维的强度和伸长特性不如聚氨酯类弹性纤维，但是它的耐光性、抗老化性、耐磨性、耐溶剂及漂白剂等性能都比聚氨酯类好，而且还具有难燃性。

5. 阻燃纤维

能抑制、迟缓或阻止燃烧的合成纤维称为阻燃纤维。含氟纤维、聚氯乙烯和聚偏氯乙烯纤维等本身就具有阻燃特性,大部分合成纤维则必须通过阻燃处理来提高其阻燃性。纤维的阻燃技术有:① 在纺丝原液中添加阻燃剂;② 与阻燃性单体(如氯乙烯)共聚、共混或接枝以合成耐燃性的聚合物;③ 对纤维制品进行阻燃后加工。阻燃纤维的织物已广泛用于制作窗帘、幕布地毯、床上用品、消防服、工作服等。

(1)氯乙烯和丙烯腈共聚纤维

氯乙烯和丙烯腈共聚纤维商品名为腈氯纶,这种纤维是由氯乙烯和丙烯腈进行乳液聚合,然后采用溶液纺丝法制得。一般湿纺法用于制短纤维;干纺法用于纺制长丝。目前这种纤维的产品有两种化学组成,一种为含丙烯腈60%,氯乙烯40%;另一种为氯乙烯60%,丙烯腈40%。由于构成这种纤维的高聚物中含有相当数量的氯乙烯链节,所以使它具有难燃性;又由于它还含有相当数量的丙烯腈链节,故又使纤维的耐光性及耐热性等都相应提高。例如普通氯纶的软化温度只有70 ℃左右,而腈氯纶则可提高到150 ~ 200 ℃;而且与氯纶相比纤维的强度也有所改善;其沸水收缩率约为5%左右。

(2)氯乙烯与聚乙烯醇接枝共聚纤维

氯乙烯与聚乙烯醇接枝共聚纤维商品名为维氯纶,这种纤维是用低相对分子质量的聚乙烯醇水溶液为分散介质,在引发剂和乳化剂的存在下,使氯乙烯单体与低相对分子质量的聚乙烯醇进行接枝共聚,反应后获得外观为青蓝色半透明的乳状液,随后再混以聚乙烯醇水溶液使之增稠,然后进行乳液纺丝,最后再用甲醛进行缩醛化,即得成品纤维。其中氯乙烯链节和乙烯醇链节的质量比各占组成的一半,这是一种较有发展前景的阻燃纤维。

其性能介于维纶和氯纶之间,如它的软化温度为180 ~ 200 ℃,在170 ~ 180 ℃下即开始发生热收缩;它的手感柔软,白度也较腈氯纶好,其他如耐磨性、回弹性以及抗静电性能也均较好,它的沸水收缩率约为3% ~ 5%。

目前这种纤维的产品以短纤维为主,主要用于与涤纶、锦纶、黏胶纤维等化学纤维混纺,借以提高织品的抗燃性能。

5.3 橡胶

5.3.1 概述

1. 橡胶的特征与分类

(1)结构特征

橡胶是有机高分子弹性体,它的使用温度范围是在玻璃化温度和黏流温度之间,因此作为好的橡胶材料应在较宽的温度范围(-50 ~ 150 ℃)内具有优异的弹性。作为橡胶,其结构上应满足以下要求:

① 大分子链具有足够的柔性,玻璃化温度应比室温低得多。这就要求大分子链内旋转位垒较小,分子间的作用力较弱,内聚能密度较小,一般比塑料和纤维类高聚物的内聚

能密度低得多。

② 在使用条件下不结晶或结晶度很小。在室温下容易结晶的材料如聚乙烯、聚甲醛等不宜用作橡胶材料,最理想的情况是在拉伸时可结晶,而解除负荷后结晶又熔化。因为结晶部分既起分子间的交联作用,又有利于提高模量和强度,去载后结晶消失,则不影响其弹性恢复。

③ 在使用条件下无分子链间的相对滑动,即无冷流现象。因为冷流的结果,会使橡胶在负荷下发生永久变形,去负荷后,不能恢复原形。因此,在大分子链上应存在可供交联的位置,以进行交联而形成网络结构。当然交联可以是化学交联,也可以是物理交联。如苯乙烯和丁二烯的嵌段共聚物为物理交联,即所谓热塑性弹性体,可在室温下作橡胶使用。

（2）橡胶的分类

橡胶按其来源可分为天然橡胶和合成橡胶,合成橡胶的品种很多,凡性能与天然橡胶相近,广泛用于制造轮胎及其他大量制品的称为通用合成橡胶,如丁苯橡胶、顺丁橡胶、丁基橡胶等。凡具有特殊性能的(如耐候性、耐热性、耐油、耐臭氧等),并用于制造特定条件下使用的橡胶制品的称为特种合成橡胶,如丁腈橡胶、硅橡胶、氟橡胶、聚氨酯橡胶等。某些特种橡胶,随着成本下降,应用扩大,也可作为通用合成橡胶使用,如乙丙橡胶等。合成橡胶按大分子主链的化学组成可分成碳链弹性体和杂链弹性体。碳链弹性体又可分为二烯类橡胶和烯烃类橡胶。橡胶按用途分类,其制品繁多,可制成轮胎、胶带、胶管、胶鞋以及其他橡胶工业制品,如胶辊、胶布、胶板、油封等。

2. 结构与性能

橡胶的性能,如弹性、强度、耐热性、耐磨性等与分子结构密切相关。

（1）弹性与强度

弹性与强度是橡胶材料的主要性能指标。分子链柔顺性越大,橡胶的弹性就越好。在规整性好的大分子链中,等同周期越长,含侧基越小,链的柔顺性越好,其橡胶的弹性越好。如同样都是异戊二烯链节结构所形成的橡胶,一种为顺式 1,4 结构,其等同周期为 0.816 nm;另一种为反式 1,4 结构,其等同周期仅为 0.48 nm,前者比后者在常温下弹性好得多。

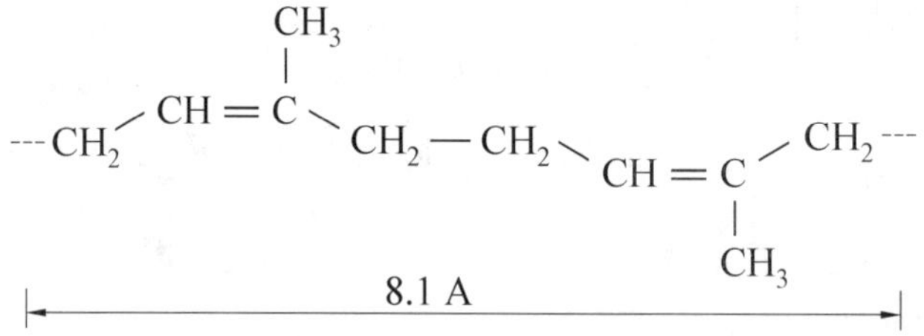

（顺式 1,4 结构）

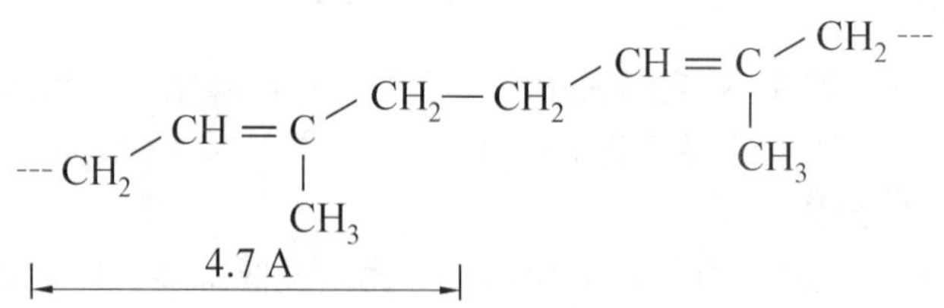

（反式 1,4 结构）

此外,相对分子质量越高,弹性与强度越大,所以橡胶相对分子质量通常为 $10^5 \sim 10^6$,比塑料和纤维类要高。

网络结构可以提高橡胶的弹性和强度,但交联密度过大,交联点间相对分子质量过小,会使强度提高,弹性下降。

高聚物分子中的晶态结构可提高强度,非晶态结构具有弹性,因此作为理想的橡胶在室温下为非晶态结构,在拉伸时,由于取向形成的微晶可起交联点的作用,有利于强度的提高。

(2) 耐热性和耐老化性能

为扩大橡胶的使用范围,一方面应努力改善其耐热和耐老化性能,另一方面则需设法降低其玻璃化温度,改善其耐寒性能。橡胶的耐热性主要取决于主链上化学键的键能,从平均键能的数值上可见,含有 $C—C$ 、$C—O$ 、$Si—O$ 、$C—F$ 键的橡胶具有良好的耐热性,如乙丙橡胶、丙烯酸酯类橡胶、硅橡胶和含氟橡胶等。橡胶中弱键的存在会引起老化,特别是降解反应,这降低了耐热性以及其他性能。不饱和烃类橡胶中双键的存在是有利的一方面,但在光、氧、热等作用下,易受氧和臭氧以及其他试剂攻击而导致老化,因而耐老化性差。选择键能较大、饱和性橡胶就具有较好的耐热、耐氧化老化性能,如二甲基硅橡胶,它可在 200 ℃ 以上长期使用。

(3) 耐寒性

当温度低于玻璃化温度 T_g,或者由于结晶,都会导致橡胶失去弹性,因此降低 T_g 或避免结晶,可以提高橡胶材料的耐寒性。

降低 T_g 的办法有:降低分子链的刚性,也就是提高分子主链的柔顺性,这是最具有决定性作用的因素;减少分子链间的作用,一般来讲分子结构中存在有极性基团或能形成链间氢键的基团,T_g 就相对高一些;提高分子的对称性有利于 T_g 的降低,如聚偏二氯乙烯的 T_g 就小于聚氯乙烯,这可能是对称取代减小了偶极矩;对于 T_g 较低的高聚物共聚,交联点密度增加使分子链活动受到约束,所以交联使 T_g 升高;溶剂和增塑剂的存在会使 T_g 下降。为避免结晶,可通过无规共聚、进行链的支化和交联、采用不导致立构规整化的聚合方式等实现。

(4) 化学反应性

对橡胶的化学反应性有两种相反要求,一是要求有足够的活性,以便发生人们希望的反应(如交联);二是要求在使用过程中不发生任何有害的反应,要求活性低。如二烯烃类橡胶,双键的存在增加了交联点的位置数,但也成为受臭氧、氧和其他试剂所攻击的位置。因此目前大量开发结构为化学活性低,而又引入可供交联位置的橡胶,例如丁基橡胶、三元乙丙橡胶、氟橡胶等。

(5) 橡胶的溶解特性

橡胶的溶解过程与其他聚合物一样。在定性上满足相似相溶规律,在定量上以溶解度参数进行选择。对橡胶溶解性能的讨论,是鉴于溶解特性影响到加工的方法和特定的用途,另外,橡胶是网络结构,用其溶胀的行为来表征网络结构,有其学术上的意义。

(6) 电性能

因为产量大的橡胶,本身是非极性的,所以其电性能不完全决定于橡胶本身而同时也依赖于添加剂的极性和聚合残留物。对于天然橡胶还涉及天然产物(如蛋白质等)。当然许多特种橡胶,特别是那些耐油品种(如丁腈、含氟橡胶等),其本身就是极性聚合物。

(7) 结构与加工性能

分子结构影响加工性能,包括熔体黏度、出口膨胀率、压出胶的质量、混炼特性、冷流性、胶料强度和黏着性。

① 熔体黏度。熔体黏度随相对分子质量增大而增大,在固定加工温度下,相同相对分子质量的橡胶,其 T_g 值越高,熔体黏度越大。带有支链的聚合物,由于分子链均方末端距小,分子间缠结少,故熔体黏度较低。

② 出口膨胀率。聚合物经压出或压延后,压出胶或压延胶片的横截面积一般大于口模和压延机辊间截面积,这种现象称为压出膨胀和压延膨胀。出口膨胀率同黏度一样,随相对分子质量的增加而增加,随温度的升高而降低。

③ 压出胶的质量。对熔体的破裂和鲨鱼皮状表面的出现是压出胶所不希望的,一般降低相对分子质量和加宽相对分子质量分布可防止上述现象的发生。橡胶胶料在双辊开炼机上,紧紧包辊的能力是一项很有用的加工特性,加宽相对分子质量分布,长链支化有利于提高混炼特性,因大相对分子质量聚合物提供强度,而低相对分子质量聚合物提供黏性,不会导致聚合物受剪切力开裂。减少冷流和提高胶料强度是橡胶所希望的,网络结构可避免冷流和提高胶料强度,一般采用控制相对分子质量大小,使之达到足够的物理缠绕,引入少量的共价交联键可达到此目的。橡胶的许多加工操作要求橡胶胶料具有良好的黏着性(包括自黏和互黏性)。当两块橡胶相接触时,其相互扩散的速率随相对分子质量的增加而下降,当扩散相同时,黏着强度随相对分子质量增大而增加,所以最佳的黏着性应对应于最佳的相对分子质量。此外,胶料的黏着性与结晶有关,结晶性橡胶,在界面处可以由不同胶块的分子链形成晶体结构,从而提高了黏着强度。许多合成橡胶由于缺乏结晶的能力,所以就需加入添加剂,使其具备适当的成型黏着性。

3. 橡胶的硫化

一般橡胶的主要工艺过程,包括生胶的塑炼,塑炼胶与各种配合剂的混炼,经压延或压出,制成一定形状的半成品,再经成型工艺形成一定整体形状,后经硫化,以形成网络结构而使胶料具有应有的物理机械性能和其他性能,最后经修整后,即得成品。

4. 橡胶的组分及其作用

(1) 生胶

生胶主要包括天然橡胶和合成橡胶,为橡胶制品的主要成分。

(2) 橡胶的配合剂

生胶本身强度低、易变质,在溶剂中溶解或溶胀,所以无单独使用价值。配合剂的加入,可以改善性能、降低成本、提高使用价值。有些配合剂在不同的橡胶中起着不同的作用,也可能在同一种橡胶中起着多方面的作用。

5.3.2　天然橡胶

天然橡胶(Natural Rubber, NR)是从天然植物中采集出来的一种高弹性材料。含橡胶成分的植物很多,但其中有重要经济价值的不过二三十种,其中最好的品种为三叶橡胶树,最先生长在南美洲巴西,故又称巴西橡胶树。目前已广泛地分布在世界各地,它最适宜生长在热带和亚热带的高温高湿地区。这种树内有乳管(特别是树干的下部),用力将乳管切断,即流出胶乳。其次有我国的杜仲树,其皮是药材,枝、叶、根、茎、皮内都含有橡胶成分,另外还有马来胶、古塔波胶等。

1.天然橡胶的品种

新鲜胶乳经加工处理后就制成浓缩胶乳和干胶。浓缩胶乳可直接用于胶乳制品,而干胶即所说的生胶,按制造方法的不同,可分为下列品种。

(1)通用固体天然橡胶

通用固体天然橡胶又可分为烟胶片、风干胶片、绉胶片和颗粒胶。

① 烟胶片和风干胶片。新鲜胶乳经酸凝固、压片、干燥即可得生胶片。若是以烟熏干燥即为烟胶片,为棕黄色;若以热空气干燥,即得风干胶片,为浅色,可用于生产白色或浅色橡胶制品。

② 绉胶片。绉胶片有白绉片和褐绉片之分。新鲜胶乳先漂白,后用酸凝固,经压绉(轧片)、干燥即得白色绉片,适用于浅色橡胶制品。若采胶中自然凝固的胶块、胶线或白绉片的碎屑等杂胶原料,经浸泡、洗涤、压绉、干燥等工序制成表面有皱纹的褐色胶片,称为褐绉片,又称杂胶胶片。其杂质多、质量低,只宜做一般橡胶制品。

③ 颗粒胶。用新鲜胶乳经酸凝固后,压绉的胶片通过机械造粒制成小颗粒或胶乳,通过化学处理直接制成小颗粒,然后利用热空气快速干燥制成直径为 1 ~ 5 mm 的颗粒。由于生产周期短,成品质量易于控制,目前生产量已超过烟胶片、风干胶片、绉胶片的总和。

(2)特殊固体天然橡胶

特殊固体天然橡胶是指采用特殊方法加工,使天然胶具有特殊的操作性能或理化性能。此类橡胶包括易操作橡胶、纯化天然橡胶、胶清橡胶、粉末橡胶、轮胎橡胶、黏度固定橡胶、充油橡胶、炭黑共沉淀胶、黏土共沉淀胶等。

(3)改性天然橡胶

或改变原来天然橡胶的物理和化学结构,或进行化学改性(接枝、共混),使其具有不同于天然橡胶的操作和用途。此类橡胶有难结晶橡胶、接枝天然橡胶、热塑天然橡胶、环化天然橡胶、环氧化天然橡胶、液体天然橡胶、氯化橡胶等。此外还有杜仲橡胶、古塔波橡胶等,在加热至50 ℃ 以上才显示弹性的天然硬橡胶。

2.天然橡胶的组成与结构

(1)天然橡胶的组成

天然胶乳和烟胶片的组成见表5.4。橡胶成分决定橡胶的主要性质,非橡胶成分包括丙酮抽出物(主要是高级脂肪酸和固体醇类)、蛋白质、灰分(多为无机盐)以及水分对橡胶的质量也有一定影响。

表5.4　天然橡胶及烟胶片的组成

品种	橡胶烃	丙酮抽出物	蛋白质	灰分	水分
天然橡胶	30 ~ 80	1 ~ 1.3	1.6 ~ 2	0.3 ~ 0.5	55 ~ 64
烟胶片	91 ~ 96	1.5 ~ 3.5	2.2 ~ 3.5	0.2 ~ 0.9	0.3 ~ 1.0

（2）天然橡胶的结构

天然橡胶是由异戊二烯链节组成的天然高分子化合物,结构如下:

$$\begin{array}{c} CH_3 \\ | \\ {+\!CH_2\!-\!C\!=\!CH\!-\!CH_2\,\}_n} \end{array}$$

随着橡胶树的种类不同,有不同的立体结构。巴西橡胶主要为顺式 1,4 结构,在室温下具有弹性及柔软性,而古塔波胶是反式 1,4 结构,室温下呈硬固体状态。

3. 天然橡胶的性能与用途

（1）性能

天然橡胶具有良好的综合性能,包括良好的弹性、较高的机械强度。天然橡胶是一种结晶性橡胶,在外力拉伸时形成结晶,产生自补强的作用。它有很好的耐屈挠、疲劳性能,滞后损失小,多次形变时发热低,此外,还具有良好的气密性、防水性和可恢复原有的弹性。橡胶为非极性物质,故溶于非极性溶剂如汽油和苯等,不溶于极性溶剂如乙醇、丙酮等。因含有不饱和双键,所以化学性质活泼,易进行加成、取代、氧化、交联等化学反应,所以易老化,发生降解和交联,前者变黏,后者发生龟裂,加入防老剂可以改善其耐老化性能。

（2）用途

天然橡胶是最广泛的一种通用橡胶,大量用于制造各种轮胎以及工业橡胶制品,如胶管、胶带和工业用橡胶杂品;日常生活制品如胶鞋、雨衣以及医疗卫生用品等。

5.3.3 通用合成橡胶

1. 二烯类橡胶

二烯类橡胶包括二烯类均聚橡胶,主要品种有聚丁二烯橡胶、聚异戊二烯橡胶和聚戊间二烯橡胶等,以及二烯类共聚橡胶,主要品种有丁苯橡胶、丁腈橡胶和丁吡橡胶等。

（1）聚丁二烯橡胶

① 聚丁二烯的异构现象。聚丁二烯的单体为丁二烯,随聚合不同可分顺式聚 1,4 - 丁二烯、反式聚 1,4 - 丁二烯和乙烯基丁二烯橡胶,结构分别如下所示:

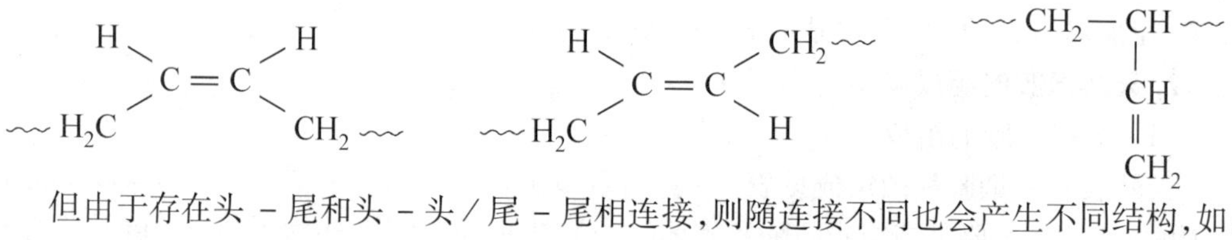

但由于存在头 - 尾和头 - 头 / 尾 - 尾相连接,则随连接不同也会产生不同结构,如:

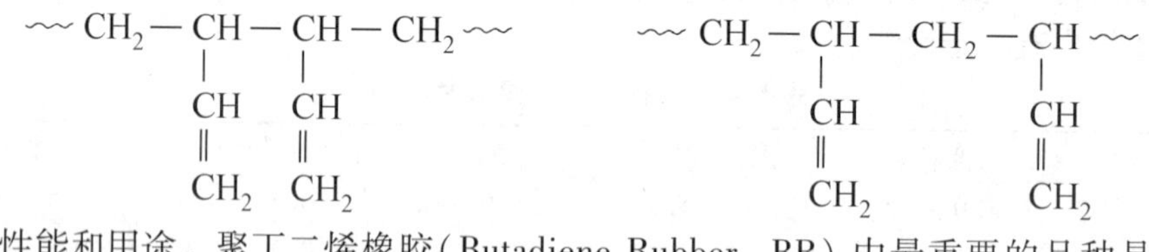

② 性能和用途。聚丁二烯橡胶(Butadiene Rubber, BR)中最重要的品种是溶聚高顺式丁二烯橡胶。其性能特点是:弹性高,是当前橡胶中弹性最高的一种;耐寒性好,其

T_g 为 –105 ℃,是通用橡胶中耐低温性能最好的一种;耐磨性能优异;滞后损失小;耐屈挠性好;与其他橡胶相容性好。其缺点是:拉伸强度和抗撕裂强度低于天然橡胶和丁苯橡胶;用于轮胎时在湿路面上易打滑;加工性能差,高顺式聚丁二烯主要用于制造轮胎、胶鞋、胶带、胶辊等耐磨制品。

③ 丁二烯橡胶的新品种。含有 35% ~ 55% 乙烯基结构的丁二烯橡胶,其抗湿滑性能和热老化性能优于高顺式聚丁二烯,但强度和耐磨性稍有下降;含有约 70% 乙烯基结构的高乙烯基丁二烯橡胶,抗湿滑性高,适用于制造轿车的车轮胎面胶;以及超高顺式丁二烯橡胶,其顺式含量大于 98%,拉伸时结晶速度快,结晶度高,相对分子质量分布宽,因此黏着性、强度和加工性能好。

(2)聚异戊二烯橡胶(Isoprene Rubber,IR)

因顺式 1,4 – 异戊二烯分子结构和性能与天然橡胶相似,所以对其研究既有学术价值,又有工业意义,故也称为合成天然橡胶。

① 性能与用途。异戊橡胶是一种综合性能最好的通用合成橡胶,具有优良的弹性、耐磨性、耐热性、抗撕裂及低温屈挠性。与天然橡胶相比,又具有生热小、抗龟裂的特性,因吸水性小故电绝缘性好及耐老化性能好。但其硫化速度较天然橡胶慢,此外炼胶时易黏辊,成型时黏度大,而且价格贵。其主要用于制作轮胎、医疗制品、胶管、胶鞋、胶带、运动器材等。

② 其他异戊橡胶。充油异戊橡胶是在异戊橡胶中填充各种不同分量的油(如环烷油、芳烃油),以改善性能(如流动性,以便于制作复杂的模型制品)和降低成本。反式聚1,4 – 异戊二烯橡胶,在常温下呈结晶状态,具有较高的拉伸强度和硬度,但由于成本高,尚未广泛使用。聚戊间二烯橡胶是由戊间二烯聚合而成。

(3)丁苯橡胶

以丁二烯为主体可制成一系列共聚物,其中丁二烯 – 苯乙烯橡胶已经成为目前世界上产量最大的橡胶,其典型结构为:

$$ \left[CH_2-CH=CH-CH_2 \right]_x \left[CH_2-CH \atop \underset{\|}{\overset{|}{CH}} \atop CH_2 \right]_y \left[CH_2-CH \right]_z $$

① 种类。通过乳液聚合可合成丁苯橡胶(Styrene-butadiene Rubber,SBR)。虽然形成一系列的品种,但目前主要产品为乳液聚合丁苯橡胶,下面介绍其主要品种。

a.乳聚高温丁苯橡胶。在 1950 年以前,以丁二烯 75 份和苯乙烯 25 份,以水为分散相、脂肪酸皂为乳化剂、过硫酸钾为引发剂、十二碳硫醇为相对分子质量调节剂,在 50 ℃下进行自由基聚合可得丁苯胶乳。但其性能不如天然橡胶,目前已有改进,虽上述工艺仍有应用,但有别于改进后的工艺,它被称为乳聚高温丁苯橡胶。

b.乳聚低温丁苯橡胶。在 1950 年后改进为丁二烯 72 份和苯乙烯 28 份,以水为分散相、脂肪酸皂为乳化剂、异丙苯过氧化氢为引发剂、十二碳硫醇为相对分子质量调节剂,在 5 ℃ 下进行自由基聚合,可得丁苯胶乳,当转化率达 30% 时加入终止剂二甲基二硫代氨基甲酸钠即终止反应,然后回收丁二烯,再经破乳(食盐水溶液)、凝聚、干燥即得成品,称为乳聚低温丁苯橡胶,所得胶乳中苯乙烯含量为23.5%。若在凝聚前,填充油或炭黑或同时填充油和炭黑,可制得充油丁苯橡胶、丁苯橡胶炭黑母炼胶和充油丁苯橡胶炭黑母炼胶等系列产品。目前,低温丁苯橡胶性能好,产量大,占丁苯橡胶产量的80%左右。

c. 溶聚丁苯橡胶。当在有机溶剂中,以丁二烯、苯乙烯为单体,烷基锂为催化剂,进行阴离子共聚得丁苯橡胶。但溶剂不同,其竞聚率不同,产物也不同,当以烃类为溶剂时,$r_B(k_{BB}/k_{BS}):r_S(k_{SS}/k_{SB})50:1$,先形成丁二烯聚合物,随后与苯乙烯共聚,得到的是嵌段共聚物;而当采用极性溶剂时,则$r_B = 1.03, r_S = 0.74$,得到的是无规共聚物。

② 性能与用途。丁苯橡胶的耐磨、耐热、耐油、耐老化性比天然橡胶好,硫化曲线平坦,不易焦烧和过硫,与天然橡胶、顺丁橡胶混溶性好。其缺点是:弹性、耐寒性、耐撕裂性和黏着性能均较天然橡胶差;纯胶强度低,滞后损失大,生热高;由于分子链中双键少,所以硫化速度慢。由于成本低廉,当与天然橡胶并用时可改善性能,主要用于制造各种轮胎及其他工业橡胶制品,如乳胶带、胶管、胶鞋等。可以部分或全部代替天然橡胶。

(4) 丁腈橡胶

丁腈橡胶(Nitrile-Butadiene Rubber, NBR)是以丁二烯和丙烯腈为单体,经乳液聚合而制得的高分子弹性体,其结构式为:

$$\left[\left(CH_2—CH=CH—CH_2 \right)_x \left(CH_2—CH \atop \ \ \ \ | \atop \ \ \ \ CN \right)_y \right]_n$$

① 种类。可按丁腈橡胶中丙烯腈的含量分成5类,见表5.5。

表5.5 各种丁腈橡胶中丙烯腈的含量

名称	丙烯腈含量 /%
超高丙烯腈丁腈橡胶	≥ 43
高丙烯腈丁腈橡胶	36 ~ 42
中高丙烯腈丁腈橡胶	31 ~ 35
中丙烯腈丁腈橡胶	25 ~ 30
低丙烯腈丁腈橡胶	≤ 24

另外也可按相对分子质量大小进行分类,以及按聚合温度分类,可分为热聚丁腈橡胶(25 ~ 50 ℃)和冷聚丁腈橡胶(5 ~ 20 ℃)。

② 性能与用途。丁腈橡胶的主要特点是:具有优良的耐油性和耐非极性溶剂性能,另外其耐热性、耐腐蚀、耐老化性、耐磨性及气密性均优于天然橡胶。但其耐臭氧性、电绝缘性能和耐寒性较差。丁腈橡胶主要用于各种耐油制品,丙烯腈含量高的丁腈橡胶可用于直接与油接触的制品,如密封垫圈、输油管、化工容器衬里;丙烯腈含量低的丁腈橡胶可适用于低温耐油制品和耐油减震制品。

③ 改性制品。由丁二烯、丙烯腈和丙烯酸类三元共聚可得羧基丁腈橡胶,其主要特点是具有突出的高强度、良好的黏着性和耐老化性能。由丁二烯、丙烯腈和二乙烯基苯共聚,可制得部分交联和交联型丁腈橡胶,与丁腈橡胶合用,以改善胶料的加工性能。

2. 氯丁橡胶

氯丁橡胶(Chloroprene Rubber, CR)是由2 - 氯 - 1,3 - 丁二烯聚合而成的一种高分子弹性体,其结构为:

$$\left(CH_2-\underset{\underset{Cl}{|}}{C}=CH-CH_2 \right)_n$$

（1）性能与用途

氯丁橡胶具有优异的耐燃性，是通用橡胶中耐燃性能最好的一种。另外具有优良的耐油性能，其耐油性能仅次于丁腈橡胶，优于其他通用橡胶，以及具有优良的耐溶剂性，还具有良好的黏着性、耐水性和气密性。其主要缺点是：电绝缘性能差、耐寒性差以及贮存稳定性差，但使用硫醇作为调节剂，可大大改善其贮存稳定性。因为氯丁橡胶具有优良的综合性能，再加上耐燃和耐油的特性，所以被广泛应用于各种橡胶制品，如耐热运输带、耐油、耐化学腐蚀胶管和化工容器衬里、胶辊、密封胶条等。

（2）氯丁橡胶胶黏剂

氯丁橡胶胶黏剂是橡胶型胶黏剂中产量最大、用途最多的一种重要品种。其主要特点为黏结强度高，对多种材料都有较好的黏结性能，胶层柔韧、弹性好、并且具有耐燃、耐光、抗臭氧性、耐老化及耐介质（油、水等）性能。它使用方便，价格低廉，但也有耐热和耐寒稍差的缺点。氯丁橡胶胶黏剂有填料型、树脂改性型及室温强化型，基本上是在氯丁橡胶中加入相应填料、硫化剂和硫磺促进剂以及防老剂和溶剂配制而成。例如国产氯丁胶 $xy-403$ 的配方为：氯丁胶 100 份，氧化镁 10 份及氧化锌 1 份（硫化剂），硫化促进剂 DM 1 份，防老剂 D（N-苯基-β-萘胺）2 份，松香 5 份，用汽油调配，汽油与胶料用量比为胶料：汽油 = 1：2。

3. 丁基橡胶

聚异丁烯为高分子弹性体，并且由于它的高度饱和性，因而具有很多优异性能，如耐热、耐老化、化学稳定性好、耐寒性能好等优点。由于不含双键，所以不能用硫磺硫化，也不能用过氧化物进行交联，并且冷流和蠕变也大。所以就产生了丁基橡胶，它是异丁烯和少量异戊二烯的共聚物，为白色或暗灰色的透明弹性体，又称异丁橡胶，其结构为：

$$\left(\underset{\underset{CH_3}{|}}{\overset{\overset{CH_3}{|}}{C}}-CH_2 \right)_x CH_2-\underset{\underset{}{}}{\overset{\overset{CH_3}{|}}{C}}=CH-CH_2 \left(\underset{\underset{CH_3}{|}}{\overset{\overset{CH_3}{|}}{C}}-CH_2 \right)_y$$

按不饱和度即异戊二烯含量不同可分成：0.6% ~ 1.0%；1.1% ~ 1.5%；1.6% ~ 2.0%；2.1% ~ 2.5%；2.6% ~ 3.3% 五类。

（1）性能

由于丁基橡胶经硫化后几乎不存在双键，所以有高度的饱和度，因此显示高度的耐热性，最高使用温度可达 200 ℃；优异的耐候性，能长时间的曝露于阳光和空气中而不易损坏；很好抗臭氧性能，是天然橡胶、丁苯橡胶的 10 倍；化学稳定性好，能耐酸、碱和极性溶剂；耐水性能优异、水渗透率极低，另外电绝缘性、减震性能良好。丁基橡胶是气密性最好的橡胶，其透气率约为天然橡胶的 1/20，顺丁橡胶的 1/30。丁基橡胶的主要缺点是：硫化速度慢，需采用强促进剂和高温、长时间硫化；由于缺乏极性基团，所以自黏性和互黏性差，与其他橡胶相容性差，难以并用，耐油性不好。

（2）用途

丁基橡胶由于性能好,发展很快,已成为通用橡胶之一,其主要用于气密性制品,如汽车内胎、无内胎轮胎的气密层等,也广泛用于蒸汽软管、耐热输送带、化工设备衬里、耐热耐水密封垫片、电绝缘材料及防震缓冲器材等。

（3）改性丁基橡胶

为了提高硫化速度,必然要提高丁基橡胶的活性,另外为了提高其自黏性和相容性,也必然要引入极性基团,所以通过卤化来改性丁基橡胶,可得氯化丁基橡胶和溴化丁基橡胶,其卤化反应一般认为是取代反应而不是加成反应。

4. 乙丙橡胶

聚乙烯的玻璃化温度低,分子链柔性大,其内聚能与橡胶材料相近,但主要由于分子链规整性好,易于结晶,故在常温下不呈弹性而是呈皮革状聚合物。为了抑制其结晶,引入其他原子或基团,从而获得橡胶态的性质,于是开发出乙丙橡胶（Ethylene – propylene Rubber, EPR）。因乙烯和丙烯来源丰富,所以被人们关注,潜力很大,发展很快。

（1）种类和结构

乙丙橡胶主要是以乙烯、丙烯所生成的二元乙丙橡胶和乙烯、丙烯及少量非共轭双烯为单体的三元乙丙橡胶。二元乙丙橡胶其结构式如下:

$$-(CH_2-CH_2)_x(CH_2-\overset{\displaystyle CH_3}{\underset{|}{CH}})_y$$

因二元乙丙橡胶中不含双键,所以不能用硫磺硫化,仅能用过氧化物类进行交联,于是就使硫化速度慢并且所得胶的性能也差,这样引入第三类单体（一般使用量是总单体量的3% ~ 8%）就得到了三元乙丙橡胶。此类单体提供的双键能起交联作用,但所提供的双键,一般不进入主链,因进入主链后易使橡胶老化,或在聚合时易引起凝聚和交联。目前三元丙橡胶第三类单体主要有三种单体,分别见表5.6。

表5.6　引入三元乙丙胶的三种单体

单体	结构式	在三元共聚物中的主要结构
双环戊二烯	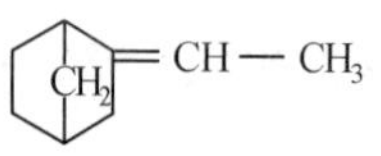 $\overset{CH_2}{\bigcirc}=CH-CH_3$	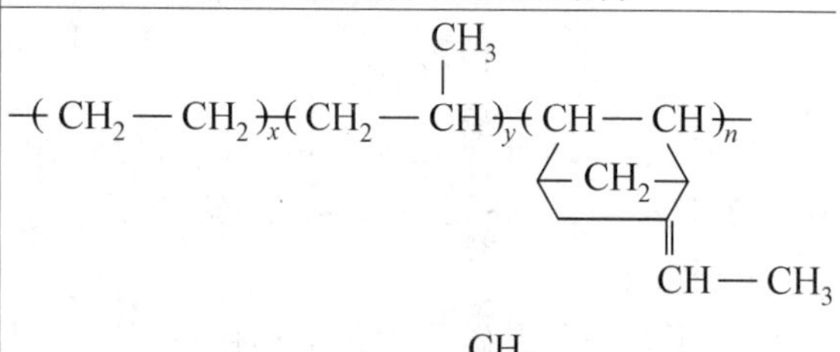 $-(CH_2-CH_2)_x(CH_2-\overset{CH_3}{CH})_y(CH-CH)_n$ 其中含 CH_2 和 $CH-CH_3$
乙叉降冰片烯	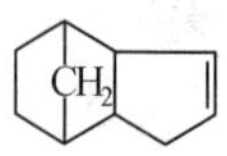 CH_2 桥环结构	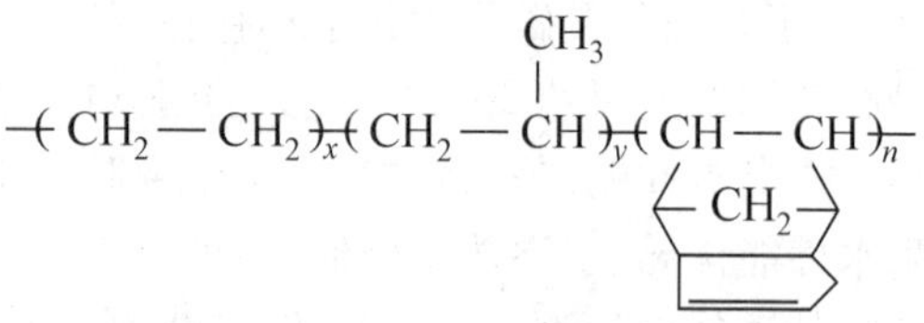 $-(CH_2-CH_2)_x(CH_2-\overset{CH_3}{CH})_y(CH-CH)_n$ 其中含 CH_2 双环结构
1,4 – 己二烯	$CH_2=CH-CH_2CH=CH-CH_3$	$-(CH_2-CH_2)_x(CH_2-\overset{CH_3}{CH})_y(CH_2-CH)_n$ 其中含 $CH_3-CH=CH-CH_2$

（2）性能

乙丙橡胶基本上是一种饱和橡胶,因而构成了它的独特性能。三元乙丙橡胶虽然引入了少量不饱和基团,但双键处于侧链上,因此基本性质仍保留乙丙橡胶的特点。其性能特点是:耐老化性能是通用橡胶中最好的一种,包括具有突出的耐臭氧性、耐候性,能长期在阳光下曝晒而不开裂;具有较高的弹性,其弹性仅次于天然橡胶和顺丁橡胶;耐热性好,能在 120 ℃ 下长期使用,最低使用温度可达 50 ℃;电绝缘性能优良,超过丁基橡胶,尤其耐电晕性;因为其吸水性小,所以浸水后电绝缘性能仍良好;化学稳定性好,对酸、碱和极性溶剂有较大的抗耐性;单体易得、密度小,可以混入大量填料和油类,实行高填充配合,而性能下降不大。乙丙橡胶的主要缺点是:硫化速度慢,不易与不饱和橡胶并用,自黏性和互黏性差,耐燃、耐油性和气密性差。

（3）用途

由于黏着性差,所以主要用于非轮胎方面,如汽车零件、电气制品、建筑材料、橡胶工业制品及家庭用品等。

（4）改性制品

乙丙橡胶可进行溴化、氯化、氯磺化,所得改性乙丙橡胶改进了乙丙橡胶的硫化速度及黏着性,用丙烯腈接枝所得改性乙丙橡胶具有很好的耐油性。

5.3.4　特种合成橡胶

特种合成橡胶主要是利用某些独特性能,尽管产量不大,用量不多,但在技术上、经济上具有特殊的重要意义。现介绍几种主要品种。

1. 聚氨基甲酸酯橡胶

聚氨基甲酸酯橡胶简称聚氨酯橡胶,是由聚酯或聚醚与异氰酸酯反应而得,它随原料种类不同,可以有不同品种。此外在加工方法上又有浇铸型、混炼型、热塑型之分。这种橡胶的最大优点是具有优良的耐磨性,强度弹性也很好,此外具有很好的耐油、耐低温及耐臭氧老化性能,所以主要用于耐磨、高强度的耐油制品。其主要缺点是耐热、耐水性较差,在水中易水解,另外可制得密度很小的泡沫橡胶。

2. 硅橡胶

由于 Si—Si 键不很稳定,所以不能像碳那样形成一系列化合物,当与其他原子(如氧)结合可形成稳定结构,制备出包括高聚物在内的一系列重要的化合物。目前主要是聚有机硅氧烷,是由氯硅烷水解再经缩合生成聚合物,二氯硅烷生成线型聚合物,三氯硅烷则可形成体型高聚物。从结构上看,由于 Si—O 键能大,所以具有较高的耐热性,另外链比较柔顺,链间距大,所以具有很好的耐寒性,能在 -100 ～ 300 ℃ 很宽温度范围内使用。硅橡胶有很好的电绝缘性能和良好的耐候、耐臭氧性能,并且无味、无毒,可以制成耐高温、耐低温的橡胶制品,如垫圈、密封件、高温电线、电缆料以及食品工业、医疗卫生事业中耐高温制品、人造心脏、人造血管等。其缺点是:价格昂贵,拉伸强度及抗撕裂强度低,耐酸碱腐蚀性差,因而限制了它的应用。

3. 氟橡胶

氟橡胶是由含氟单体聚合或缩聚而得的高分子弹性体,氟橡胶的品种很多,由含氟烯烃类(主要是指含偏氟乙烯的共聚物,其中含偏氟乙烯的氟橡胶占主要地位)、全氟醚类(如全氟烷基乙烯基醚)的共聚物、亚硝基类(如三氟亚硝基甲烷/四氟乙烯共聚物)氟化膦腈类。氟橡胶具有突出的耐热性,可与硅橡胶相媲美,耐候性好,对日光、臭氧等均稳定,以及化学稳定性、耐油、耐有机溶剂及耐腐蚀性介质均优于其他橡胶。主要缺点是:弹性和加工性能差,价格昂贵。它是目前高科技部门(如宇航、导弹、火箭等)不可缺少的材料,也可用作耐高温、耐特种介质腐蚀制品。

4. 丙烯酸酯类橡胶

丙烯酸酯类橡胶是指丙烯酸酯类与其他不饱和单体共聚而得到的一类弹性体,如丙烯酸丁酯/丙烯腈、丙烯酸乙酯/2-氯乙基乙烯基醚等。前者是本类的主要产品,此类橡胶兼有良好的耐热和耐油性能,以及良好的气密性,所以在油封和其他汽车配件中用量虽不大,但作用却十分重要,例如可用于丁腈橡胶不能承受的高温下的零件,以及含有硫添加剂的油中的零件。

5.3.5 热塑性弹性体

热塑性弹性体是指在高温下能塑化成型而在常温下能显示橡胶弹性的一类材料,因此热塑性弹性体是一种既显示橡胶的物理性能,又具有热塑性塑料加工特性的材料,因而引起人们极大的关注,得到迅速发展。

1. 结构特征

(1)大分子链间存在交联结构

热塑性弹性体中大分子链间的交联可以是物理交联,也可以是化学交联,但以物理交联为主,并且都具有可逆性,即温度升高,交联消失;冷却到室温又能起交联作用。

(2)分子链中存在着硬段和软段

通过硬段或是以物理交联,或是以具有在较高温度下能离解的化学键,以适当排列和连接把软段(即柔性较大的高弹性链段)连接起来。硬段不能过长,软段不能过短。

(3)存在微相分离结构

热塑性弹性体在微观上是多相状态,是以硬段的不连续相分散在软段的连续相中。

2. 主要品种

(1)聚烯烃类热塑性弹性体

聚烯烃类热塑性弹性体主要是由乙丙橡胶与聚烯烃树脂(主要是聚丙烯)经共混而得热塑性聚烯烃橡胶,其交联形式可能是由以聚丙烯组分为基础的结晶区所提供。聚烯烃类热塑性弹性体,具有良好的综合机械性能、耐老化性,较宽的使用温度范围($-50 \sim 150 \, ℃$),对多种有机溶剂和无机酸、碱具有化学稳定性,但耐油性差,此外电绝缘性能优异。它主要用于汽车车体外部配件、电线电缆、胶管、胶带和各种模压制品。

(2)苯乙烯类热塑性弹性体

苯乙烯类热塑性弹性体是指由聚苯乙烯链段和聚丁二烯链段组成的嵌段共聚物。其制法大体上有:

① 用丁基锂为引发剂,单阴离子引发,使苯乙烯进行聚合,当苯乙烯单体耗完后,再加入丁二烯单体,使丁二烯聚合,依次加入两种单体可得 SBS 嵌段共聚物。

②用双阴离子引发剂,如萘钠催化剂,先使丁二烯聚合形成双阴离子,再加入苯乙烯,从两端增长形成 SBS 嵌段共聚物。

③用单阴离子引发剂先制成 $S_n - B_m$ 嵌段,再加入偶联剂在两端反应制成 SBS 嵌段共聚物。

④星形苯乙烯类热塑性弹性体,先经单阴离子引发制成 S_nB_m 双嵌段共聚物,然后用多官能团偶联剂(如 $SiCl_4$)反应,可得星形嵌段共聚物。

在室温下苯乙烯处于玻璃态,可提供物理交联网络结构。温度高于 90 ℃,苯乙烯软化,共聚物整体流动,此类转变是可逆的,一旦温度下降,又提供物理交联。苯乙烯类热塑性弹性体,具有较高的生胶强度和弹性,良好的电绝缘性和高透气性,但耐油性和耐老化性较差。主要用作塑料和橡胶改性剂、胶黏剂和制鞋工业。

(3)聚酯型热塑性弹性体

聚酯型热塑性弹性体是由对苯二甲酸二甲酯分别与聚(氧四亚甲基)二醇和 1,4 - 丁二醇进行酯交换反应而制得的无规嵌段共聚物,其结构为:

$$\left[\left[\begin{array}{c} O \\ \| \\ C \end{array} - \bigcirc - \begin{array}{c} O \\ \| \\ C \end{array} - O - (CH_2)_4 - O \right]_m \left[\begin{array}{c} O \\ \| \\ C \end{array} - \bigcirc - \begin{array}{c} O \\ \| \\ C \end{array} - O - (CH_2 - CH_2 - CH_2 - CH_2 - O)_x \right] \right]_n$$

硬链段　　　　　　　　　　　　　　　　　　　　　软链段

相对分子质量 220　　　　　　　　　　　　　　　　相对分子质量 1 132 ($x=14$)

聚酯型热塑性弹性体弹性好,抗屈挠性能优异,耐磨,使用温度范围宽(- 55 ~ 150 ℃),此外化学稳定性好,耐老化性能良好,可制成耐压软管、浇铸轮胎、传动带等。

(4)热塑性聚氨酯弹性体

热塑性聚氨酯弹性体是由聚酯、聚醚多元醇、二异氰酸酯以及低相对分子质量的二元醇反应而得,其结构为:

$$\sim\!\sim R_2 - O - \begin{array}{c} O \\ \| \\ C \end{array} - NH - R - NHC - \begin{array}{c} O \\ \| \\ O \end{array} - R_1OC - \begin{array}{c} O \\ \| \\ \end{array} - NHR - NH - \begin{array}{c} O \\ \| \\ C \end{array} - O$$

多元醇软段　　　　　　　　　　　　　　　　　　聚氨酯硬段

聚酯、聚醚多元醇为软段结构而一般 R_1 和 R 比较小,而且规整,氨基甲酸酯为一种高极性分子,相互作用形成结晶区,起物理交联作用。聚氨酯型热塑性弹性体,具有较好的耐磨性、硬度和弹性,在特种橡胶制品生产中有着广泛的应用。

5.4　胶黏剂和涂料

5.4.1　胶黏剂

胶黏剂又称黏结剂、黏合剂,简称为胶,是能把两种或两种以上同质或异质的物件(或材料)紧密地胶接在一起,固化后在结合处具有足够强度的物质。借助胶黏剂将各种物件连接起来的技术称为胶接（黏结、黏合）技术。因此作为胶黏剂在胶接的某个阶段是流体，能在被胶物的表面上充分浸润，然后在一定条件（温度、压力、时间等）下固化，使被胶物形成一个牢固的整体。天然产物胶黏剂的应用已有几千年的历史，直到20世纪30年代，随着工业发展的需要及高分子材料工业的发展，出现了以合成高分子材料为基材的合成胶黏剂。

1. 胶黏剂的分类和组成

（1）胶黏剂的分类

① 按主要组分分类。胶黏剂按主要组分分为有机胶黏剂和无机胶黏剂两大类。

② 按胶接强度特性分类。胶黏剂按胶接强度可分为结构型胶黏剂、非结构型胶黏剂及次结构型胶黏剂三类。结构型胶黏剂具有足够高的胶接强度，胶接接头能在较为苛刻的条件下进行工作，可用于胶接结构件。非结构型胶黏剂的胶接强度低，主要用于胶接强度不太高的非结构部件。次结构型胶黏剂则介于上述两种类型之间，它能承受某种程度的载荷。

③ 按固化形式分类。胶黏剂按固化形式可分成溶剂型胶黏剂、反应型胶黏剂和热熔型胶黏剂。溶剂型胶黏剂是由热塑性聚合物加溶剂配制而成，其固化是溶剂的挥发或溶剂被黏结材料自身吸收而消失，在胶接端面形成胶接膜而发挥胶接作用。反应型胶黏剂是含有活性基团的基体聚合物，当加入固化剂后发生化学反应，从而产生胶接作用。而热熔型胶黏剂是属于以热塑性聚合物为基本组成的无溶剂型固态胶黏剂，通过加热熔融胶接，随后冷却固化而发挥胶接作用。

④ 按外观形态来分类。按胶黏剂的外观形态，可分为溶液型、乳液型、膏糊型、粉末型、薄膜型和固体型等。

（2）胶黏剂的组成

① 黏料。黏料是构成胶黏剂的基本组成，通常是由一种或几种高聚物所组成，高聚物的种类和用量不同，对胶接强度和胶接工艺有着决定性的影响。

② 固化剂。固化剂是使高聚物由线型结构变成网状或体型结构，使胶黏剂固化而发生胶接作用。应按黏料的特性和形成固化胶膜的要求来选择固化剂。

③ 溶剂。胶黏剂有溶剂型和无溶剂型之分。加入溶剂主要用于溶解黏料和调节黏度，以便于施工。选择时应考虑其挥发程度。溶剂的种类和用量与胶接工艺密切相关。

④ 活性稀释剂。有时为了减少胶黏剂中挥发成分的含量，减少溶剂而加入活性稀释剂。活性稀释剂同样可以降低胶液黏度，并在固化过程中参与固化反应，如环氧丙烷苯基醚等。

⑤ 增韧剂。加入增韧剂目的是为了降低胶层的脆性，提高韧性。增韧剂有两种：一种是与树脂相容性良好，但不参与固化反应的非活性增韧剂，如邻苯二甲酸二丁酯、邻苯二甲酸二辛酯等，实际上是增塑剂；另一种是能与树脂起反应的活性增韧剂如低分子聚酰胺等。

⑥ 填料。填料用以降低固化时的收缩率，降低成本，有时能改善性能，如提高强度、弹性、模量、冲击韧性和耐热性等。

⑦ 其他辅料。其他辅料如稳定剂、偶联剂、色料等。

2. 胶接及其机理

要达到良好的胶接必须是胶黏剂在被粘物上能很好地浸润,以及胶黏剂与被粘物之间有较强的黏合力。产生胶接可分为两个阶段:第一阶段是胶黏剂在被粘物上表面扩散逐渐浸润,最终胶黏剂与被粘物形成而接触;第二阶段胶黏剂发生物理或化学变化形成次价键或化学键而黏附,胶黏剂本身变成固体,形成胶接。当然这两个阶段不能截然分开。

(1) 胶黏剂对被粘物表面的浸润

当液体在固体表面上形成液滴,达平衡时,在气、液、固三相交界处,气 – 液界面和固 – 液 界面之间的夹角称为接触角。它实际上是液体表面张力在固 – 液界面张力的夹角。从接触角的大小可反映出浸润的程度,接触角等于0°时,完全浸润;接触角小于90°,则液体能在固体表面浸润;接触角大于90°,则液体不能在固体上浸润。大多数金属和一般无机物表面张力都很大,称为高能表面,而有机高分子表面张力较小,玻璃、陶瓷介于两者之间。当胶黏剂的表面张力越小,浸润性能越好。被粘物的表面张力越大,越利于胶黏剂对被粘物的浸润,当然为了达到很好的浸润,必须对被粘物的表面进行一定的清洗和处理。

(2) 胶接机理

胶接主要靠两个物体之间强大的黏合力作用。黏合力的大小由内聚力和黏附力所决定。内聚力是胶黏剂本身分子之间的作用力;黏附力是胶黏剂与被粘物之间的作用力。两物体黏结的牢固程度,不是内聚力和黏附力之和,而是决定于两个力中最小的一个。任何一种力的丧失,都会导致胶接接头的破坏。当胶层内部被破坏,称为内聚力破坏;被粘物的破坏称为材料破坏;胶层与被粘物分离称为黏附破坏;既有在胶层内部破坏,也有在胶接的界面上的破坏,称为混合破坏。

黏附强度理论大致有以下几种:

① 机械结合理论,认为任何被粘物的表面虽然宏观上看起来是光滑的,但放大后却是十分粗糙、多孔的。胶黏剂渗透到表面微孔中,固化后像许多销钉插在孔内形成机械嵌合力,将两个被粘物牢固地结合在一起。

② 吸附理论,认为胶接是由胶黏剂和被粘物相接触时,由于相互扩散及相互吸附而形成的次价力或称范德瓦尔斯力而形成。据计算当两个理论面的平面距离为1 nm时,它们之间的吸引力可达0.98 ~9.8 MPa;距离为 0.3 ~ 0.4 nm 时,吸引力可达 9.8 ~ 98 MPa,这个数值完全能达到结构胶黏剂所应达到的强度。

③ 扩散理论,认为扩散的实质就是分子间的热运动。在一定条件下,由于分子或链段的布朗运动,胶黏剂分子和被粘物分子间相互扩散,最终导致在界面上发生互溶,胶黏剂分子和被粘物之间的界面消失,形成胶接。

④ 静电理论,认为在胶黏剂和被粘物之间存在着双电层,胶接是双电层的静电引力作用的结果。

⑤ 化学键理论,是由于胶黏剂和被粘物发生化学反应,在界面上形成化学键的结果。

以上理论,仅仅是说明黏附的几种可能。事实上,胶接的结合力是机械、吸附、扩散、静电、化学键等因素综合作用的结果,只是对不同的胶黏剂和不同的被粘对象,这 5 种黏附力的贡献相对比例不同而已。

3.胶接接头的设计

胶接接头的形式对黏结效果影响很大,因此合理设计胶接接头显得十分重要。

（1）胶接接头受力状况

胶接接头受外力作用时,根据外力的方向和力在接头中的分布,大致有以下四种类型,如图 5.2 所示。

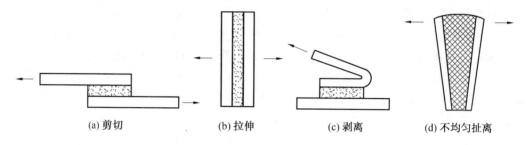

(a) 剪切　　(b) 拉伸　　(c) 剥离　　(d) 不均匀扯离

图 5.2　胶接接头的四种基本受力类型

（2）胶接接头设计原则

由接头的力学特性可知,拉伸、剪切、压缩的强度比较高,而剥离、弯曲、冲击的强度比较低。因此,接头设计的原则应该是：

① 应尽可能使胶层承受或大部分承受剪切应力。

② 尽可能避免剥离和扯离力的作用。

③ 尽可能增大黏结面积,以提高接头承载能力。

④ 尽可能采用黏结和机械结合相辅相成的复合连接形式。

⑤ 接头形式要尺寸合适、结构简单、加工方便、美观和经济实用。

（3）胶接接头的形式

两个被粘物的接头可归为下面四种类型,即对接接头、角接接头、T 型接头和面接接头,如图 5.3 所示。

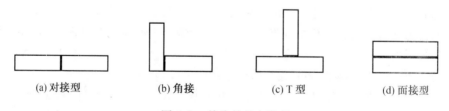

(a) 对接型　　(b) 角接　　(c) T 型　　(d) 面接型

图 5.3　接头的基本类型

4.胶接工艺

胶接工艺合理与否,往往是黏结质量的关键,其主要为被粘物的表面处理、配胶、涂胶、晾置、固化及胶接质量的检验等。

（1）表面处理

表面处理包括去除被粘物表面的油污、锈迹及附着物,提高被粘物表面的粗糙度以增加黏结的表面积,以及对一些难粘的物质经表面处理后提高其表面活性等。具体方法为：用有机溶剂清洗以脱酯,用水清洗以清除污物、灰尘;机械处理,用砂纸打磨、喷砂表面可以去除污物,增加表面积;化学处理,用铬酸盐、硫酸或碱液处理材料表面,使其被腐蚀或氧化,以除去表面疏松的氧化物和其他污物;物理方法,主要是对一些非极性高分子材料进行表面处理以提高其表面活性,其中包括火焰处理、电晕与接触放电处理等离子处理以及辐射处理等。

（2）配胶

胶黏剂有多种不同状态,其中胶棒、胶条、胶膜、胶带等热熔胶和压敏胶可直接使用。单组分胶不需配胶,可直接使用。但若胶中含有溶剂或含有密度较大、易沉淀的填料,在使用前应搅拌均匀。若黏度过大,应加相应溶剂进行稀释。对于双组分或多组分的液态胶,在使用前,按规定比例现用现配。按已知配方自行配制的胶黏剂,各组分的称量要准确,配料一般顺序为:黏料 → 稀释剂 → 增塑剂 → 填料 → 固化剂。配好的胶黏剂在规定时间内(初凝前)用完,这一时间称为胶黏剂的适用期。

（3）涂胶

涂胶就是将胶黏剂以适当的方式涂布于被粘物表面的操作。要得到最理想的黏结强度,必须使胶黏剂很好地在被粘物表面浸润,任何空隙都会形成应力集中而降低黏结强度。胶黏剂按其形态不同,可有不同的涂布方法:热熔胶可用热熔胶枪;粉状胶可进行喷撒;胶膜应在溶剂未完全挥发之前贴上滚压;液体或糊状、膏状胶黏剂,可采用刷胶、喷胶、注胶、浸胶、漏胶、刮胶、滚胶等,其中以刷胶最为普遍。一般来说,在保证不缺胶的情况下,胶层尽可能薄些为好。对于大多数溶剂型胶都要涂1～3遍,第一遍尽量薄些,待溶剂基本挥发后,再涂胶。

（4）晾置

对于无溶剂的液态胶黏剂,在涂胶之后,虽说可以立即胶合,但一般应在室温下稍加晾置,目的是排除空气,流匀胶层,初步反应,增加黏性。对于大多数液态胶,多半含有大量溶剂,在涂胶后,都应晾置一段时间,不能马上胶合,目的是让溶剂挥发和使涂胶过程中所吸收的空气、水分尽量排除,另外也有利于对被粘物的浸润,否则固化后的胶层结构松散、有气孔,使黏结强度大为下降。晾置的时间与温度是随着溶剂及其含量的不同而异。有的胶黏剂仅需在室温下晾置;有的则要在稍高温度下进行烘烤。但晾置时间不宜过长也不宜过短,长则表面结膜失去黏性;短则残留溶剂,降低强度。

（5）固化

固化就是胶黏剂通过溶剂挥发、熔体冷却、乳液凝聚等物理作用或缩聚、加聚、交联、接枝等化学反应,使其变成固体。固化对黏结强度影响极大,只有完全固化,强度才会最大。被粘物经涂胶晾置后,即可对接,进行固化,固化过程中,温度、压力、时间是固化工艺的3个重要参数。

温度是最重要的一个参数,每一种胶黏剂都其特定的固化温度,而且温度与时间有依赖关系,固化温度高,需要时间短,反之亦然。但低于规定固化温度,时间再长,固化过程也无法完成;高于固化温度太多,虽然时间缩短,却因固化速度太快,胶层硬脆,性能变坏。常用的加热设备有烘箱、热风、红外线等。

固化时间是使胶黏剂固化完全,从而形成牢固的胶接缝所需的时间,固化时间的长短一般以胶缝获得最高胶接强度和最好的其他胶接性能所需的时间而定。

固化时施加一定的压力,对于所有胶黏剂提高胶接强度都有益处,加压有利于胶黏剂的扩散渗透和与被粘物的紧密接触;有助于排除气体、水分等低分子物,防止产生空洞和气孔;有利于胶层的均匀和厚度的控制;有助于胶层表面紧密贴合,获得致密的胶层。加压可用专门的工具与设备,加压方式有锤压、滚压、机械压力、液压、气袋加压、真空加压等。加压大小须适当,并应均匀,小则不起作用,大则会挤出太多胶黏剂,造成缺胶、降低胶接强度。加压最好是逐步增压,开始时因胶黏剂黏度低,压力可小些,然后逐渐升到规定的压力。

（6）检验

最后经质量检验得到是否理想黏结效果。

5. 各种材料的胶接

对于不同的被粘物由于种类各异,因而需选择不同的胶黏剂和不同的胶接工艺。以下简要介绍各种材料胶接时所适用的胶黏剂。

（1）金属材料

金属材料是高强度材料,在胶接金属时,应考虑载荷、工作环境等条件,金属及其合金表面致密、极性大、强度高,宜选用改性酚醛胶、改性环氧胶、聚氨酯胶／丙烯酸酯胶等结构胶黏剂。一般不采用溶剂型或乳液型,以及酸性较大的乳白胶黏结金属及其合金。

（2）有机材料

对于热塑性塑料可用溶剂、热熔类胶黏剂黏结,而热固性塑料只能用黏结金属类的胶黏剂黏结。对于聚乙烯、聚丙烯、聚四氟乙烯等塑料,必须经特殊表面活化处理后,才能进行黏结。橡胶本身或与其他被粘物黏结,应该选用橡胶型胶黏剂或是橡胶改性的韧性胶黏剂。

（3）线膨胀系数小的无机材料

对于线膨胀系数小的无机物质（如玻璃、陶瓷等）的黏结,应考虑选用与线膨胀系数相匹配以及含有极性基团的胶黏剂。当这类被粘物与其线膨胀系数相差悬殊的被粘物黏结时,应选用弹性好、且能室温固化的胶黏剂。

（4）其他

大面积的黏结,不能用室温快速固化的胶黏剂。

耐热性差或热敏材料应选用室温固化的胶黏剂。

像木材、纸张、织物等多孔的被粘物,宜选用水基和乳液胶黏剂,如乳白胶和脲醛胶。黏结弹性模量低的金属或薄形被粘物,需选用韧性好的胶黏剂,以适应较大的变形,减缓应力集中。

5.4.2 涂料

涂料是指一种涂覆在物体表面,能形成牢固附着的连续薄膜的材料。由于最早的涂料常利用植物油和天然树脂,因而称为油漆。随着石油化工和合成聚合物工业的发展,当前植物油和天然树脂已逐渐为合成聚合物改性和取代,因而油漆已远远不能包括涂料的所属范畴。

1. 涂料的作用和组成

（1）涂料的作用

涂料最早主要用于装饰,涂覆在物体上或建筑物上,赋予鲜艳的色彩和色调,美化物体及生活环境。涂料的另一个重要作用是保护作用,它可以保护材料免受或减轻各种损害和侵蚀。例如金属的锈蚀,木材和塑料制品的保护,防火涂料的使用,古文物的保护等。还有一个是功能作用,涂料涂在工厂设备、管道、容器及道路上起着色彩标志作用;涂在电机内起绝缘作用;涂在船舶底部能防污、杀死附着于船底的海生物;涂料还可以涂在物体表面,通过颜色变化表示温度的变化;军事设施上的防红外线伪装涂料,火箭和宇宙飞船表面上的耐烧蚀涂料等。从上述可见,涂料已成为国民经济及人民生活中不可缺少的材料。

（2）涂料的组成

涂料是多组分体系,基本上由成膜物质、颜料、分散介质和辅助材料四种成分组成。

① 成膜物质。成膜物质也称胶黏剂或基料,是涂料最主要的成分,没有成膜物的表面涂覆物不能称为涂料。成膜物的性质对涂料的性能起主要作用。它由植物油、天然树脂和合成树脂等组成,在成膜前可以是聚合物也可以是低聚物,但涂布成膜后都形成聚合物膜。对成膜材料可分为两大类,一类是转换型或反应型涂料,另一类是非转换型或挥发型涂料。转换型涂料在成膜过程中伴有化学反应,一般均形成网状交联结构,因此,成膜物相当于热固型聚合物。转换型涂料又可分为两类:一类是气干型的,在常温下可交联固化,如醇酸树脂涂料;另一类是烘烤型的,需在高温下完成反应,如氨基漆等。非转换型涂料的成膜仅仅是溶剂挥发,成膜过程中未发生任何化学反应,成膜物是热塑性聚合物,如硝基漆、氯化橡胶漆等。

② 颜料。涂料中加入颜料主要起遮盖和赋色的作用,但一些透明的不起遮盖作用的也称为颜料,前者是真正的颜料,后者有时被称为惰性颜料、填料或增量剂。除了遮盖和赋色作用外,颜料还有增强、增加附着力、改善流变性能、改善耐候性、赋予特殊功能、降低成本等作用。常用的颜料有:无机颜料,如钛白、锌钡白、氧化锌、锑白、炭黑、铁黑、铁红、镉红、铬黄、铁黄、三氧化二铬、铁蓝、群青等;有机颜料,如大红粉、联苯胺黄、耐光黄、镍偶氮黄、酞菁绿、哇吖啶酮等;金属颜料,如铝粉、铜粉等;防锈颜料,如红丹、锌粉、氧化锌、锌铬黄、磷酸锌、盐酸锌黄、铝胺锌、偏硼酸钡等;功能颜料,如夜光颜料、荧光颜料、示温颜料等;惰性颜料或称体积颜料,如钡白、碳酸钙、硅酸钙、瓷土、云母、氢氧化铝、滑石粉、硅石、白炭黑等。没有颜料的涂料称为清漆,而含有颜料的涂料称为色漆(瓷漆)。

③ 分散介质。分散介质即挥发性有机溶剂或水,主要是有机溶剂,其主要作用在于使成膜物质分散而形成黏稠液体,本身不构成涂层,用来改善涂料的可涂布性,帮助成膜物、颜料混合物转移到被涂物表面上。通常,将成膜物质基料和分散介质的混合物称为漆料。所用的溶剂按来源分成四类:植物系溶剂,如松节油;煤焦系溶剂,如苯、二甲苯等;石油系溶剂,如汽油、煤油和柴油;合成系溶剂,如乙醇、正丁醇、二丙酮醇、醋胺乙酯、丙酮、丁酮、环己酮、乙二醇乙醚、醋酸苯酯等。

④ 辅助材料。辅助材料又称助剂,本身不能成膜,但能帮助成膜物质形成一定性能

的涂膜并留在涂膜内,有时添加一种到数种助剂,有时可以不加。助剂包括催干剂、增塑剂、增稠剂及稀释剂等。

2. 涂料的分类

涂料的品种很多,可从不同的角度进行分类。

（1）按有无颜料分类

涂料按有无颜料可分为无颜料的清漆和加颜料的色漆。

（2）按形态分类

涂料按形态可分为水性涂料、溶剂型涂料、粉末涂料、无溶剂涂料等。

（3）按用途分类

涂料按用途可分为建筑涂料、汽车涂料、木器涂料、船舶涂料、塑料涂料、纸张涂料、罐头涂料等。

（4）按使用效果分类

涂料按使用效果可分为绝缘涂料、防锈涂料、防污涂料、防腐涂料等。

（5）按施工顺序分类

涂料按施工顺序可分成面漆（包括罩光漆）和底漆两大类。底漆又分为封闭底漆、腻子或填孔剂、头道底漆、二道底漆等。

（6）按施工涂装方法分类

涂料按施工涂装方法可分为喷漆、浸渍漆、电泳漆、烘漆等。

3. 新型涂料

（1）水性涂料

水性涂料是以水代替涂料中的有机溶剂,因而从安全、成本、毒性以及环境污染等方面都是十分重要的。现已形成一个多品种、多性能、多用途的体系,其中以水溶性树脂涂料和乳胶涂料为主。水溶性树脂涂料分水溶性自干或低温烘干涂料和电泳涂料。

（2）高固体分涂料

涂料中的挥发性有机溶剂污染环境,因此降低溶剂量,发展高固体分涂料,是涂料研究的重要方向。一般溶剂型热固性涂料,在喷涂要求的黏度下,其固含量（质量）一般为40% ~ 60%,而所谓的高固体分涂料的固含量则在60% ~ 80%。制备平均相对分子质量低、相对分子质量分布窄的树脂,降低树脂的玻璃化温度,选择溶解性好的溶剂,提高涂料施工温度等都可提高涂料的施工固体分。高固体分涂料具有涂膜丰满、一次涂装可得厚涂层、溶剂少、贮存运输方便、对环境污染小等特点,并可用现有设备生产和施工,达到节能、省资源和低污染的目的。用于家用电器、机械、电机、汽车等的涂装。

（3）粉末涂料

粉末涂料是粉末状的无溶剂树脂涂料具有工序简单、节约能源和资源、无环境污染、生产效率高等特点。粉末涂料主要用于金属器件涂装,现已广泛用于家用电器、仪器仪表、汽车部件、输油管道等各个方面,是发展很快的一种涂料。

（4）光敏涂料

光敏涂料（或称为固化涂料）一般用紫外光作为能源,引发漆膜内的成膜物质进行自由基或阳离子聚合,从而固化成膜的涂料。目前光固化涂料主要是自由基型固化涂料。光固化涂料具有固化速度快、生产效率高、无溶剂、污染小、省能源、适用于自动流水线涂布等特点,特别适用于不能受热的材料的涂装,主要用于木器、家具、纸张、塑料、皮革、食品罐头等装饰性涂装。

4. 功能性涂料

凡是具有保护和装饰这两种基本功能外,而另有特殊功能的涂料称功能性涂料或称特种涂料。因为涂料是对材料改性或赋予特殊功能最简便的方法,因此功能性涂料与尖端科学密切相关。功能涂料品种繁多、产量小、效益高,但技术难度大。

(1) 防火涂料

火灾给人类的生命财产和文明带来的灾难是非常巨大的。防火从古至今都受到人类的高度重视。防火涂料作为防火的有效措施之一获得广泛应用。防火涂料具有两种功能:一是涂层本身具有不燃烧或难燃烧性,即能防止被火焰点燃;其二是能阻止底材的燃烧或对其燃烧的蔓延有阻滞作用。本身不燃或难燃但无第二种功能的涂料称为阻燃涂料。

(2) 防污涂料

海上设施特别是各种船舶都会受到海洋附着生物的侵害,为了防止海洋生物的这种污损,虽然有多种防止海洋生物污损的方法,但目前为止,使用防污涂料是最佳的手段。这主要是防污涂料通过漆膜中防污剂(毒料)的逐步渗出来防止海洋生物污损,以前使用的防污剂有氧化亚铜、三苯基锡类以及三丁基锡类等。但从安全性上考虑,开始使用硅类防污剂和氟树脂类防污剂。防污涂料采用的基料很广泛,如松香、沥青、乙烯系树脂、氯化橡胶、聚氨酯、有机硅树脂、丙烯酸树脂等。

(3) 变色涂料

变色涂料指涂层的颜色随环境条件如光、温度、湿度、pH 值、电场、磁场等变化而变化的涂料。此类涂料种类很多,用途广泛,这里仅介绍示温涂料和伪装涂料。

① 示温涂料。示温涂料是通过涂层颜色的变化测量物体表面温度及温度分布的特殊涂料,它的优点在于可测量用温度计无法测量的场合的温度或湿度分布。它主要用于:超温报警;大面积物体表面温度分布的测量,例如发动机叶片上涂上示温涂料,就可以得到叶片上温度分布情况,从而了解叶片冷却效果;高速运动物体及复杂表面的温度测量;非金属材料温度的测量等。

示温涂料通常分为两大类:可逆型和不可逆型。可逆型示温涂料加热到某一温度即发生色变,冷却时颜色又恢复原状;不可逆型示温涂料受热到一定温度后变色,冷却后并不恢复原状。

② 伪装涂料。伪装涂料主要用于军事上,在各种设施和仪器上涂上伪装涂料后,在可见光、红外光、紫外光、雷达等侦察条件下,可不被敌人发现。最普通的伪装涂料是迷彩涂料,属可见光伪装,它是通过减少或消除目标与背景的颜色区别来实现的。所以伪装涂料是一种随环境自动变色而达到与不同背景色调一致的涂料。

（4）导电涂料和磁性涂料

导电涂料和磁性涂料都是在现代科学技术，特别是信息和电子技术中起重要作用的涂料。它的发展和现代前沿研究领域密切相关。

① 导电涂料。涂层具有导电性能或者排除积累静电荷能力的涂料，都称为导电涂料。导电涂料可分为两类：掺合型导电涂料及本征型导电涂料。因为涂料中的成膜物质基本上都是绝缘的，为了使涂料具有导电性，最常用的方法是在成膜物质中掺入导电微粒（如炭黑、石墨粉、金属粉、某些金属氧化物）使其导电。而本征型（也称结构型）导电涂料是由于成膜物质（聚合物）本身具有固有的导电性，而使涂料导电，这些导电的聚合物包括聚电解质、共轭聚合物等。

抗静电涂料可以防止在塑料等材料表面灰尘的附着和产生静电。在涂料中加入碳粉、金属粉末等导电性微粒或加入抗静电剂可制成抗静电涂料，后一种方式效果好。

② 磁性涂料。磁性涂料主要用来制备各种磁性记录材料的涂料，如磁带、磁盘、磁卡、磁鼓和磁轮等，其中用于磁带的涂料量最大。

磁性涂料是指在成膜物质树脂中掺入磁性粉末如针状 $\gamma - Fe_2O_3$ 磁粉和金属磁粉等。磁性涂层的磁性是由磁粉的质量所决定，磁粉决定磁性涂层的记录密度和存储量、磁特性、稳定性等。当然对涂料也有要求，常用的成膜载体是氨基涂料。

（5）航空航天特种涂料

① 阻尼涂料。阻尼涂料系指能减弱振动、降低噪音的涂料。阻尼涂料主要涂布在处于振动条件的大面积薄板状壳体上，例如汽车及航天器的壳体等。

② 隐身涂料。隐身技术是当代先进科学技术的最新成就，在军事上有重要意义。隐身涂料是隐身技术的重要组成部分。隐身涂料也可称为伪装涂料，但它主要是指防雷达侦察的涂料，主要是通过波的干涉作用来吸收电磁波。当雷达波射到隐身涂层时，一部分反射，另一部分透过涂层经底部反射再穿出涂层，经过巧妙的设计和深层内铁氧体的作用，这两部分波位相正好相反，而振幅相当，因此可因干涉而被消除。这层涂料不仅可以防雷达，而且可吸收紫外线，因此在飞机、导弹上涂上这样的涂料后，能突破雷达和红外线的防御。

③ 烧蚀涂料。高速的航天器由于和空气的剧烈摩擦所产生的气动热可达几千度，最好的耐高温合金也会在此温度下熔化、烧毁，而且可迅速将热量传入飞行器内部。有机烧蚀材料的应用解决了在高热流气动加热下的热保护问题，它是利用其本身在高温作用下发生物理（熔融、蒸发、升华、辐射等）和化学（分解、解聚、离子化等）的复杂过程，本身烧蚀（消耗或消失）带走热量而达到保护飞行器正常飞行的一种材料。烧蚀涂料是其中的一种形式，它具有制造简单、施工方便、不受被保护物体外形限制等优点。

④ 温控涂料。航天器在太空飞行时，其环境温度差可达 $\pm 200\ ℃$，为了保证航天器的各种仪器、设备及宇航员的正常工作环境，必须对航天器的温度进行控制，使用温控涂料（或称热控涂料）是进行温度控制的手段之一。温控涂料是通过涂层的吸收辐射比的调节来达到温控的目的的。所谓吸收辐射比是指物质吸收太阳能的吸收系数 α 与其热发射系数 ε 之比 α/ε。α/ε 越高，表面升温程度越大；α/ε 越低，降温程度越大。

5.5　功能高分子材料

5.5.1　感光高分子

　　感光高分子又称感光树脂,是具有感光性能的高分子物质。高分子的感光现象是指高分子吸收光能量后,分子内或分子间产生化学的或结构的变化,如交联、降解、重排等。但是吸收光的过程并不一定非由高分子本身完成,也包括与其共存的感光性化合物(光敏剂),吸收光能量后再引起高分子化学和结构的变化。

　　感光高分子最早是在照相制版方面作为光致抗剂而发展起来的。天然高分子如明胶中加重铬酸盐,利用重铬酸盐的感光性,用于照相制版中获得成功,才使照相制版得到迅速的发展。进入 20 世纪,研制出多种有机感光材料,特别是 1945 年后,以聚乙烯醇肉桂酸酯为代表的新型的感光高分子材料的发现,使这种技术从照相制版更广泛地发展到电子工业、金属精密加工工业等方面。

　　感光高分子根据光照后物性的变化可分为光致不溶解型、光致溶解型、光降解型、光导电型、光致变色型等。根据感光基团的种类可分为重氮型、叠氮型、肉桂酰型、丙烯酸型等。根据骨架聚合物可分为 PVA 系、聚酯系、尼龙系、丙烯酸酯系、环氧系、氨基甲酸酯系等。根据光反应的种类有光交联型、光聚合型、光氧化还原型、光二聚型、光分解型等。根据聚合物的形态或组分可分为感光性化合物 + 高分子型、带感光基的高分子型和光聚合组成型。

　　感光高分子已被广泛用于印刷工业的各种制版材料,这些版材包括 PS 胶印版、感光树脂凸版(液体树脂版、固体树脂版、苯胺树脂版)、凹版以及丝网印刷版。PS 胶印版代替了传统的有毒铅版,已占印刷业的主导地位。在电子工业上,感光高分子主要用于印刷线路板、高集成度的半导体芯片。另外光固化涂料可用作家具、PVC 墙纸、装饰板等面漆。它又是电子元件、器件的主要包封绝缘材料以及光导纤维的包覆材料,另外感光性胶黏剂除一般用途外,还可用于电子和液晶元件、光盘等的黏结或密封、集成电路装配、复合包装材料等,压敏胶及导电胶也有其应用。此外,感光高分子在医疗上也可用作齿科材料,在纤维工业中可用于棉纤维的表面接枝改性,在生化工业中可用来固定生化酶,在图像情报工业中可用于记录显示等。感光高分子未来开发目标是研制出与银盐具有同等感光性(感光度和分辨率)的高分子材料,以及转换效率达到非晶硅太阳能电池水平的高分子太阳能电池。

5.5.2　导电高分子

　　目前,材料按电导率大体可分为四类,即绝缘体、半导体、电导体和超导体。一般高分子材料均是优良的绝缘体。受橡胶工业炭黑与橡胶混炼后,其电导率变为 10^{-2} S/cm 的启迪,从 20 世纪 60 年代初开始,将导电性无机材料,如炭黑、金属粉末或颗粒或金属丝、碳纤维等掺到各种聚合物中,从而得到了导电性的复合性材料。1971 年,日本的白川用 Zeigler – Natta 催化剂成功地合成了聚乙炔薄膜,具有金属光泽和很高的结晶度,室温下

电导率在 10^{-9}(顺式) ~ 10^{-5}(反式)S/cm 之间。1977 年,美国宾夕法尼亚大学的 Mac Diarmid 等人用白川制备的聚乙炔膜用电子受体 I_2 进行掺杂,使其电导率提高到 10^{-2} S/cm 并覆盖整个半导体到金属导体之间的区域,此类不含任何金属原子的导电高分子具有如此高的电导率,引起极大的重视,从而开创了结构型导电高分子新领域。

近 20 年来,人们已合成百种不同结构和类型的导电高分子化合物。从结构上来看,可以分为共轭高分子、电荷转移复合体、聚合物离子 – 自由基盐、含金属聚合物等。其中,共轭结构的导电高分子仍然代表着导电高分子发展的主流。

具有共轭结构的高分子本身的电导率仍旧较低,例如,电导率最高的反式聚乙炔的电导率只有 10^{-5}S/cm,仍属半导体范围。但它们经过掺杂处理后,多数共轭高分子的电导率都有显著的提高。

据上所述,为获取高导电的聚合物,应希望聚合物本身共轭体系为十分完整的分子结构,聚合物本身应为取向度高度一致及结晶度高。另外在掺杂时,应选择合理的掺杂剂种类,以及最佳的掺杂条件(浓度、均相等)。为此,人们对各种聚合物的聚合方法、后处理工艺进行不断更新和完善。迄今,所得的 π 共轭导电聚合物绝大多数是不溶和不熔的,所以对于可溶性的导电聚合物的研究具有重大的意义。其中包括嵌段和接枝共聚法,在链段中提供可溶性成分,可直接浇铸成膜。赋形性导电聚合物的合成,也即光合成中间体,成型(如成膜、成纤等) 经拉伸以提高其取向控制,然后再转化成共轭体系,另选用兼有溶剂功能的掺杂体系,这些都引起研究导电高分子人们的高度关注。

5.5.3　医用高分子

医用高分子是在高分子材料科学不断向医学和生命科学渗透,高分子材料广泛应用于医学领域的过程中逐步发展起来的一大类功能高分子材料。医用高分子的研究,已形成了一门介于现代医学和高分子科学之间的边缘学科。

近 40 年来,高分子材料已经越来越多地应用于医学领域,造福于人类,聚酯纤维用作人工血管和食道,有机玻璃用作人工骨骼和人工关节,使患者恢复正常的生活与工作能力;中空纤维渗透膜用于人工肾,挽救了不少肾功能衰竭患者的生命;硅橡胶、聚氨酯等材料制成的人工心脏瓣膜,经手术置换后,可使严重心脏病患者获得新生;用高分子材料制成的人造血液,给身患血癌绝症的病人带来希望;人造玻璃体、人造皮肤、人工肝脏、人工肺等一大批人工器官的研制成功大大促进了现代医学的发展。

医用高分子作为一门边缘学科,融和了高分子化学、高分子物理、生物化学、合成材料工艺学、病理学、药理学、解剖学和临床医学等多方面的知识,还涉及许多工程学问题,如各种医疗器械的设计、制造等。上述学科的相互交融、相互渗透,对医用高分子材料提出了越来越严格而复杂的多功能要求。促使医用高分子材料的品种越来越丰富,性能越来越完善,功能越来越齐全。高分子材料虽然不是万能的,不可能指望它解决一切医学问题,但通过分子设计的途径,合成出具有生物医学功能的理想医用高分子材料的前景是十分广阔的。有人预计 21 世纪,医用高分子将进入一个全新的时代。除了大脑之外,人体的所有部位和脏器都可用高分子材料来取代。仿生人也将比想象中更快地来到世上。医用高分子的发展,对于战胜危害人类的疾病,保障人民身体健康,探索人类生命的奥秘,无疑具有重大的意义。因此,如何快速发展新型的多功能医用高分子材料,已成为医学、药物学和化学工作者共同关心的问题。

经过 40 多年的艰苦努力,目前用高分子材料制成的人工器官中,比较成功的有人工血管、人工食道、人工尿道、人工心脏瓣膜、人工关节、人工骨骼、整形材料等,已取得了重要的研究成果,但一些功能比较复杂的器官,如人工肝脏、人工胃等还需要不断地完善。在医用高分子材料的发展过程中,遇到一个巨大难题是材料的抗血栓问题。

对于医用高分子材料还没有确切的分类方法,有的按高分子材料的化学结构来分,也有的按医学工程中实际用途来区分。表5.7 是高分子材料按医学工程中实际用途来分类的。

表5.7 医用高分子材料的分类

分　类	内　　容
人工脏器	人工心脏、人工肾、人工肺、人工肝、人工胰、人工气管、人工输尿管和尿道、人工眼、人工耳、人工舌、人工乳房、人工子宫、人工喉
人工组织	人工皮肤、人工细胞、人工血管、人工骨、人工关节、人工血液、人工神经、人工肌腱、人工软骨、人工齿及牙托、人工晶状体、人工玻璃体
医用材料	输血输液袋、高分子缝合线、医用胶黏剂、高分子夹板绷托、高吸水性树脂、塑料注射器
药用高分子	低分子药物的载体、带有高分子链的药物、具有药效的高分子、药品包装材料

主要高分子材料在医学上的应用情况见表5.8。

表5.8 高分子材料在医学上的用途

高分子材料名称	医学上主要用途
丙烯酸树脂	齿科材料、胶黏剂、面部整容材料、药物包衣、头盖骨
聚甲基丙烯酸羟乙酯	缝合材料、导尿管、接触眼镜、人工角镜、人工晶体、鼓膜栓、骨髓生长用海绵
纤维素、聚乙烯醇	半透膜、人工肾脏、模拟皮肤
聚酯纤维	人工血管、人工器官中增强材料
无机聚合物	人工心脏部件、人工血管、人工肾脏部件
尼龙	覆盖材料、成型品
聚甲醛	人工肾脏中吸附剂的覆盖材料
有机氟	人工血液、人工血管、导尿管
有机硅聚合物	血液消泡剂、肠胃消气药、伤口透气保护膜、人工乳房等整容材料
脲醛树脂	外科用绷带、医用复合材料
聚氯乙烯	输血袋、手术用袋、伤口保护材料
聚丙烯	一次性针筒
聚乙烯	膝关节修补材料、插管

第6章　天然高分子材料

天然高分子材料是生命起源和进化的基础,古代人类就开始利用天然高分子材料作为生活资料和生产资料,并掌握了其加工技术,如棉、麻、丝、毛的加工纺织,用木材、棉、麻造纸,鞣革和生漆调制等都是人类对天然高分子材料进行加工和利用的早期例证。人类社会的进步始终与人类对天然高分子材料加工和利用的进步过程密不可分。

天然高分子材料属于环境友好型材料,具有多种功能基团,可通过物理或化学改性的方法制成具有新功能的材料。天然高分子材料的研究是材料科学、生命科学、农林学、高分子科学等几个学科的交叉利用。目前,自然界中应用较广泛的天然有机高分子材料见表6.1。

表6.1　自然界中主要的天然有机高分子材料

类别	植物/海藻多糖	动物多糖	细菌多糖
多糖类	淀粉 纤维素 果胶 魔芋葡甘聚糖 海藻酸钠 鹿角莱酸 胶质	多糖(真菌) 出芽酶聚糖 胞外 - α - D - 葡聚糖	甲壳素、壳聚糖(真菌) 果聚糖 黄原胶 聚氨基半乳糖 凝胶多糖 基兰多糖
蛋白质类	大豆、玉米蛋白 丝蛋白 弹性蛋白质	酪蛋白、血清蛋白 节肢弹性蛋白 聚氨基酸	胶原蛋白、凝胶 聚赖氨酸 聚谷氨酸
聚酯类	聚羟基烷酸酯	聚乳酸	聚羟基丁二酸
脂类	乙酸甘油酯、石蜡		
其他	木质素	紫虫胶	天然橡胶

目前,世界各国都在加大对天然资源的开发和利用,天然高分子材料已经渗透到工农业生产、医药环保等各领域,同时,以可再生天然高分子资源为基础的研究也越来越受到广大科研工作者的青睐和瞩目。本章将对纤维素、淀粉、甲壳素和壳聚糖、蛋白质、木质素等几种具有代表性的天然高分子材料进行介绍。

6.1　纤维素

纤维素是自然界中分布最广、含量最多的一种多糖,是地球上最古老、最丰富的天然高分子材料。植物是纤维素的主要来源,植物通过光合作用合成纤维素,纤维素是植物细胞壁的主要成分。棉花纤维素含量为90% ~ 98%,是自然界中纤维素含量最高的天然产物。禾本科植物茎的纤维素含量也很高。某些细菌、藻类和真菌也能通过酶解过程等产生纤维素。

6.1.1 纤维素的分子结构

1838 年,法国科学家 Payen(1795—1871)首次用硝酸、氢氧化钠交替处理木材后,分离出一种均匀的化合物并命名为纤维素(cellulose),元素分析这种纤维状固体的分子式为 $C_6H_{10}O_5$。1839 年,法国科学院在报道这种纤维状固体时,将之称为"纤维素",这名称一直沿用至今。1920 年,Staudinger 发现纤维素不是 D - 葡萄糖单元的简单聚集,而是由 D - 葡萄糖单元通过 $1,4 - \beta -$ 糖苷键组成的大分子多糖,化学结构式为 $(C_6H_{10}O_5)_n$(n 为聚合度),由质量分数分别为 44.44% 、6.17% 、49.39% 的碳、氢、氧三种元素组成。纤维素的结构式如图 6.1 所示。

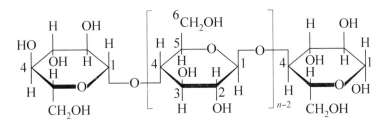

图 6.1　纤维素的结构式

纤维素的重复单元是纤维素二糖 (cellobiose),已证明纤维素的 C_1 位上保持着半缩醛的形式,具有还原性,而在 C_4 上留有一个自由羟基。纤维素的化学结构具有以下特点:

(1)纤维素大分子的基本结构单元是 β - D - 葡萄糖残基以 $1,4 -$ 糖苷键相连接,相邻残基相互旋转 180°,各大分子间有良好的对称性,而且结构规整。

(2)纤维素大分子中的每一个葡萄糖残基(不含两端)上有三个自由羟基,都有一般羟基的性质。

(3)纤维素大分子末端基的性质是不同的,其中一端的一个碳原子上的羟基在葡萄糖环结构变成开链式时会变成醛基而具有还原性。

6.1.2 纤维素的超分子结构

植物纤维素的来源和种类不同,其分子质量相差很大。纤维素的分子质量和分子质量分布明显影响材料的力学性能(强度、模量、耐屈挠度等)、纤维素溶液性质(溶解度、黏度、流性等)以及材料的降解、老化及各种化学反应。

纤维素大分子为无支链的线形分子。从 X 射线和电子显微镜观察可知,纤维素呈绳索长链排列,每束由 100 ~ 200 条彼此平行的纤维素大分子链聚集在一起,形成直径为 10 ~30 nm 的微纤维(microfibril)。若干根微纤维聚集成束,形成纤维束(fibril)。在植物细胞壁中,纤维素一般与木质素、半纤维素、淀粉类物质、蛋白质和油脂等物质相伴生,如图 6.2 所示。

天然植物纤维具有复杂的多级结构。一根纤维是由若干根纤维素微纤维组成的,一根纤维素微纤维又由若干根纤维素分子链组成。纤维素中分布着纳米级的晶体和无定型

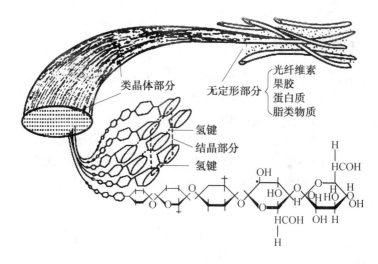

图 6.2 纤维素的结构示意图

部分,依靠分子内及分子间数量众多的氢键和范德瓦尔斯力维持着自组装的大分子结构和原纤的形态。

天然纤维素分子中的每个葡萄糖单元环上均有 3 个羟基(—OH),羟基上极性很强的氢原子与另一个羟基上电负性很强的氧原子上的孤对电子,相互吸引可以形成氢键(—O…H),因此,在纤维素大分子之间、纤维素和水分子之间,或纤维素大分子内部都可以形成氢键。纤维素的聚合度非常大,如果所含的羟基均被包含于氢键之中,则分子间的氢键力将非常巨大。所以,氢键决定了纤维素的多种特性,如自组装性、结晶性、形成原纤的多相结构、吸水性、可及性和化学活性等各种特殊性能。

由于氢键和范德瓦尔斯力的作用,纤维素易于结晶和形成原纤结构,纤维素原纤是一种细小、伸展的单元,这种单元构成纤维素的主体结构,并使长的分子链在某一方向上聚集成束。由于原纤聚集的大小不同,可以细分为基元原纤、微原纤和大原纤。因此,纤维素在结构上可以分 3 层:① 单分子层,纤维素单分子即葡萄糖的高分子聚合物;② 超分子层,自组装的结晶的纤维素晶体;③ 原纤结构层,纤维素晶体和无定形纤维素分子组成的基元原纤等进一步自组装的各种更大的纤维结构,以及在其中的各种孔径的微孔等。

纤维素是不纯的多相固体,常常伴生着木质素、半纤维素和其他有机、无机的小分子物质。如何高效地从这些伴生杂质中分离出纤维素是当前纤维素科学的一个研究重点。

6.1.3 纤维素的物理化学性质

1. 纤维素纤维的吸湿与解吸

纤维素纤维自大气中吸取水或蒸汽,称为吸附;因大气中降低了蒸汽分压而自纤维素中放出水或蒸汽称为解吸。纤维素纤维所吸附的水可分为两个部分:一部分是进入纤维无定形区与纤维素的羟基形成氢键而结合的水,称为结合水。这种结合水具有非常规的特性,即最初吸着力很强,并伴有热量放出,使纤维素发生润胀,还产生对电解质溶解力下降等现象,因此结合水又称为化学结合水。当纤维物料吸湿达到纤维饱和点后,水分子继续进入纤维的细胞腔和孔隙中,形成多层吸附水,这部分水称为游离水或毛细管水。结合水属于化学吸附性能,而游离水属于物理吸附范围。吸附的水分子只能存在于非结晶区的线形纤维素分子链之间与结晶区的表面上,纤维素水分的减少或增多必然会改变维素分子链之间的距离,靠拢或拉开,从而导致收缩或膨胀。纤维素在绝干态为绝缘体,但含水分时其导电性随含水率而增加,这一性质可用于测纤维饱和点以下的含水率,介电性质多数与非结晶区的羟基数目密切相关。

2. 润胀与溶解

纤维素物料吸收润胀剂后,其体积变大,分子间的内聚力减小,但不失其表观均匀性。纤维素纤维的润胀分为结晶区间的润胀和结晶区内的润胀两种。前者指润胀剂只能达到无定形区和结晶区表面,X 射线衍射图不发生变化;后者润胀剂继续无限地进入到纤维素的结晶区和无定形区,就达到无限润胀。纤维素的无限润胀就是溶解。

由于纤维素上的羟基是有极性的,纤维素的润胀剂多是有极性的。水是纤维素的润胀剂,各种碱溶液是纤维素的良好润胀剂,磷酸、甲醇、乙醇、苯胺、苯甲酸等极性液体也可导致纤维润胀。

3. 纤维素的表面电化学性质

纤维素具有很大的比表面,和大多数固体物一样,当它与水、水溶液或非水溶液接触时,其表面获得电荷。由于纤维素本身含有糖醛酸基、极性羟基等基团,在水中的纤维素表面总是带负电荷。由于热运动的结果,在离纤维表面由远而近有不同浓度的正电子分布。近纤维表面部位的正电子浓度大,离界面越远,浓度越小。吸附层和扩散层组成的双电层称为扩散双电层。扩散双电层的正电荷等于纤维表面的负电荷。

纤维素纤维表面在水中带负电形成双电层的特性和一些制浆造纸过程有很大的关系。

4. 纤维素的可及度

纤维素的可及度是指反应试剂抵达纤维素羟基的难易程度,是纤维素化学反应的一个重要因素。在多相反应中,纤维素的可及度主要受纤维素结晶区与无定形区的比率的影响。普遍认为,大多数反应试剂只能穿透到纤维素的无定形区,而不能进入紧密的结晶区。纤维素的无定形区也称为可及区。

纤维素的可及度不仅受纤维素物理结构的真实状态所制约,而且也取决于试剂分子的化学性质、大小和空间位阻作用。由于与溶胀剂作用的纤维素真正基元不是单一的大分子,而是由分子间氢键结合而成的纤维素链片。因此,小的、简单的以及不含支链分子的试剂,具有穿透到纤维素链片间间隙的能力,并引起片间氢键的破裂,如二硫化碳、丙烯腈、氯代乙酸等,均可在多相介质中与羟基反应,生成高取代度的纤维素衍生物。具有庞大分子但不属于平面非极性结构的试剂,如 3 - 氯 - 2 - 羟丙基二乙胺和硝基苄卤化物,即使与活化的纤维素反应,也只能抵达其无定形区和结晶区表面,生成取代度较低的衍生物。

5. 纤维素的反应性

纤维素的反应性是指纤维素大分子基环上的伯仲羟基的反应能力,由于纤维素链中每个葡萄糖基环上有三个活泼的羟基(一个伯羟基和两个仲羟基),可发生一系列与羟基有关的化学反应,包括纤维素的酯化、醚化、接枝共聚和交联等化学反应。影响纤维素的反应性能及其产品均一性的因素有:纤维素形态差异的影响;纤维素纤维超分子结构差异的影响;纤维素基环上不同羟基的影响;聚合度及其分布的影响。

6.1.4 纤维素的溶解与再生

纤维素分子因分子内氢键的大量存在,以及结晶区和非结晶区共存的复杂形态结构,导致纤维素既不溶于水也不溶于普通溶剂,这使得纤维素的加工性能很差,这也是制约纤维素工业发展的很重要因素。可以说,纤维素的利用在很大程度上取决于它的溶剂。因此,研究纤维素的溶解和寻找新溶剂,将纤维素直接溶解变成溶液,对未来纤维素的应用具有十分重要意义。

纤维素的溶解是指溶剂分子无限进入纤维素的结晶区内部,借助溶剂分子与纤维素之间的物理或化学作用,消除纤维素分子链之间的氢键作用,破坏纤维素的结晶构造,使纤维素以单分子链的形式分散在溶剂中形成均相溶液。评价一种纤维素溶剂是否具有实用化前景,应当考虑以下几方面因素:

① 溶解能力,包括纤维素在溶剂中的溶解度、溶解速度、纤维素再溶解过程中的降解程度等;

② 再生纤维素材料的性能,如强度和模量;

③ 溶剂的毒性、溶解与加工过程之中的稳定性、溶剂的可回收性等。

根据纤维素在溶剂中溶解时是否发生化学反应,可将纤维素的溶剂分为反应性溶剂和非反应性溶剂。前者是纤维素在溶解过程中生成不稳定的共价键衍生物;后者则是纤维素在溶解时只发生分子间相互作用,而没有共价键形成。显然,能直接溶解纤维素的非衍生化溶剂是纤维素新溶剂的发展方向。

1. 非反应性溶剂

这类溶剂不参与纤维素的衍生化反应,在溶解过程中与纤维素分子发生分子间相互作用,通过破坏纤维素分子间氢键使纤维素分子呈单分子状态分散在溶液中,形成均相体系,提高了纤维素分子羟基的化学反应活性。通过对纤维素分子的溶解过程进行热力学研究表明,只有新生成的氢键键能大于 21 kJ/mol 时,才能使纤维素溶解。目前,常用的非反应性溶剂包括混合碱溶液、离子液体、有机 / 无机溶剂系统等。

(1)混合碱溶液

①NaOH / CS_2 体系。传统生产黏胶纤维的黏胶法就是采用这一溶液体系。先将纤维素用18% ~ 25% 的强碱处理生成碱纤维素,再经过老化后使纤维素聚合度降至300 ~ 500。然后再将降解了的纤维素与 CS_2 反应得到纤维素衍生物 —— 纤维素黄酸酯,该衍生物可溶于稀碱中制成黏胶液,用于制备黏胶纤维。在纺丝过程中,纤维素黄酸酯在酸性凝固浴中还可重新再生为纤维素。这种方法目前仍是生产再生纤维素产品的主要方法。

但该方法在生产过程中会释放大量有害物质 CS_2 和 H_2S 等有毒气体以及含锌废水,而且难以回收。可用尿素替代 CS_2 与纤维素反应生成纤维素氨基甲酸酯,然后采用相同方法生产黏胶纤维,且此工艺在室温下更为稳定。

②NaOH/ 尿素体系。在氢氧化钠水溶液中添加尿素可使纤维素在溶剂中的溶解度增加,对草浆、棉短绒、木浆、甘蔗渣浆等天然纤维和黏胶丝、玻璃纸、纤维素无纺布等再

生纤维素等都有较好的溶解性,得到的纤维素浓溶液是透明的,而且对纤维素的溶解度可达100%。

该溶液体系都属于低温、高效溶解体系,由于尿素能有效地破坏纤维素的分子间氢键,尿素破坏纤维素分子内氢键,二者的协同效应能加速纤维素的溶解。该体系操作简单方便,对黏均相对分子质量较大,尤其是经过蒸汽爆破的木浆纤维素和再生纤维素有较好的溶解性。这一溶剂体系在凝固剂作用下可以纺出力学性能良好、染色性高的再生纤维素丝,可用于制备新型纤维素丝、膜(包括透明膜、发光膜等功能膜制品等)、水凝胶、气凝胶等多种纤维素及其复合材料。

若用氢氧化锂替代NaOH组成LiOH/尿素体系,则在低温下形成的氢键网络更稳定,水合LiOH的半径比水合NaOH的半径要小,可以更容易地渗入纤维素结晶片层中,促进纤维素的溶解。若用硫脲替代尿素组成NaOH/硫脲体系,则不必经过由液相转为固相的冷冻过程就能够有效溶解天然纤维素,同时硫脲还能防止纤维素凝胶的形成。

(2)离子液体

离子液体是指熔点低于100 ℃的低熔点盐,由阳离子和阴离子构成,一般由有机阳离子和无机阴离子组成,具有优良的溶解性及强极性、高惰性的特点。

离子液体是纤维素的直接溶剂,纤维素在溶解过程中没有发生衍生化反应。首先在离子液体中游离态的阴、阳离子(离子簇)与无定形区纤维素形成了配位结构,纤维素羟基的氧原子和氢原子参与配合物的相互作用,产生润胀作用,氧原子起到电子对给予体的作用,氢原子起到电子受体的作用,随着溶解过程的进行,离子液体不断渗入结晶区,配位作用相继进行,纤维素分子间原有的氢键作用被破坏,实现了纤维素的溶解,纤维素分子的反应性相应地提高。

通常离子液体在常温下只能使纤维素湿润。随溶解温度的升高,纤维素首先发生润胀,由纤维素丝组成的集束结构逐渐变得松散,进而逐渐解离。随着溶解过程的继续,纤维素丝逐渐变细变短,直至完全溶解,溶解过程几乎不造成纤维素降解。

(3)氯化锂/二甲基乙酰胺

1979年,首次发现氯化锂/二甲基乙酰胺(LiCl/DMAC)可以溶解纤维素,该体系对纤维素的溶解是直接溶解,不形成任何中间产物。McCormic等认为纤维素分子葡萄糖单元上的羟基质子通过氢键与Cl$^-$相连,Cl$^-$则与纤维素Li$^+$(DMAC)相连,由于电荷间的相互作用使得溶剂逐渐渗透至纤维素表面,从而使纤维素溶解。LiCl/DMAC/Cell在室温下很稳定,可进行成膜、均相酯化等开发研究。但溶剂中LiCl价格昂贵,回收困难,长期以来主要局限在实验室研究。

(4)金属盐配合物

金属盐配合物是历史上最早用于溶解纤维素的溶液,如铜氨溶液、铜乙二胺溶液、酒石酸铁钠溶液等。纤维素可以溶解于金属盐配合物溶液中,以分子水平分散。以最典型的铜氨溶液为例,将氢氧化铜溶于氨水中形成深蓝色的$Cu(NH_3)_4(OH)_2$络合物即为铜铵溶液。铜氨法的溶解机理被认为是溶解过程中形成了纤维素醇化物或分子化合物,纤维素分子葡萄糖单元2、3位羟基上的O原子能与铜四氨氢氧化物组成的铜配合盐溶液发生反应,形成配合物,破坏纤维素内部的氢键结构,从而达到溶解纤维素的目的。铜氨溶液对纤维素的溶解能力很强。溶解度主要取决于纤维素的聚合度、温度以及金属配合物的浓度。该方法对铜和氨的消耗量大且很难完全回收,污染严重,而且铜氨溶液不稳定,对氧和空气非常敏感,溶解过程中微量的氧就会使纤维素发生剧烈的氧化降解,损害产品的质量。

（5）胺氧化物体系

胺氧化物尤其是 N – 甲基吗啉 – N – 氧化物(NMMO)是目前真正实现工业化生产且前景可观的一种溶剂。NMMO 能很好地溶解纤维素,得到成纤、成膜性能良好的纤维素溶液。N—O 键具有强极性,能够与纤维素上的羟基形成氢键而使其溶解,对纤维素浓度可高达 30% ,对于高聚合的纤维素也有很强的溶解能力。但其对纤维素的溶解条件比较严格,随着 NMMO 水合物的含水量增加,对纤维素的溶解性会降低,若含水量超过 17% 后即失去溶解性,纤维素在含水量 13.3% 的水化合物($NMMO \cdot H_2O$)中溶解状态最佳,熔点约为 76 ℃。

纤维素在 NMMO 中为直接溶解,不生成任何纤维素的衍生物。NMMO 分子中的强极性官能团 N → O 上氧原子的孤对电子可以和纤维素大分子中的羟基成强的氢键,生成纤维素 – NMMO 配合物,这种络合作用先在纤维素的非结晶区内进行,破坏了纤维素大分子间原有的氢键,过量的 NMMO 溶剂使络合作用逐渐深入到结晶区内,继而破坏纤维素的聚集态结构,最终使纤维素溶解,溶解机理如图 6.3 所示。

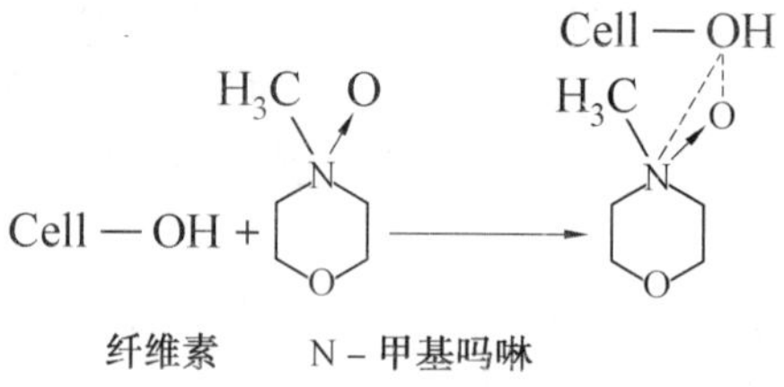

图 6.3　纤维素在 NMMO 中的溶解机理

2. 反应性溶剂

反应性溶剂可以与纤维素反应,溶剂分子的空间位阻效应和化学反应性降低纤维素结晶区内可键合羟基的数目,引起纤维素分子内部的氢键断裂,从而促进纤维素分子的溶解。

（1）聚甲醛／二甲基亚砜(PF/DMSO)体系

该体系是纤维素的一种优良无降解的溶剂体系,高聚合度的纤维素也能溶解其中。一般认为,其溶解机理是 PF 受热分解产生的甲醛与纤维素的羟基反应生成羟甲基纤维素(它是一种半缩醛衍生物),羟甲基纤维素能溶解在 DMSO 中。随着新鲜甲醛的继续加入,羟甲基会继续反应生成长链的亚甲基氧链,末端羟基功能化后可具有类似氧乙烯非离子表面活性剂的性质。其中 DMSO 的作用有两点:促进纤维素溶胀,使与纤维反应均匀;使生成的羟甲基纤维素稳定的溶解,阻止羟甲基纤维素分子链聚集。上述形成羟甲基纤维素的有力证明,是将溶液冻结干燥,可分离出羟甲基纤维素的白色固体物,这种固体物在室温下也易溶于 DMSO 中。

该溶剂溶解纤维素,具有原料易得、溶解迅速、无降解、溶液黏度稳定、过滤容易等优点,但存在溶剂回收困难,生成的纤维结构有缺陷、品质不均一等特点。

(2)四氧化二氮/二甲基甲酰胺(N_2O_4/DMF)体系

一般认为 N_2O_4 能够与纤维素反应生成亚硝酸酯中间衍生物而溶于 DMF 中,该溶剂体系溶解纤维素,具有成本低、易控制纺丝条件等优点,主要用于制备无机纤维素酯,如磷酸酯、硫酸酯。也可在吡啶碱催化下,与含有酰基氯基团的聚合物或酸酐反应制备有机酸酯,但溶剂四氧化二氮是危险品,毒性大,纤维素溶解时,DMF 与 N_2O_4 生成副产物,有分解爆炸的危险。

6.1.5　纤维素的降解

纤维素在各种环境都有可能发生降解反应,对于生产纤维素制品而言,纤维素的降解反应有利有弊。如碱纤维素老化时,降解作用控制着最终产品的品质;而对于纸浆造纸,为了得到高的得率和保持较好的纤维素机械性质,必须使纤维素的降解反应控制在最低限度。纤维素的降解主要有:酸性水解降解、碱性水解降解、氧化降解、热降解、光降解、机械降解、离子辐射降解等几种降解类型。

(1)纤维素的酸性水解降解

纤维素大分子的苷键对酸的稳定性很差,在适当的氢离子浓度、温度和时间条件下发生水降解,使相邻两葡萄糖单体间碳原子和氢原子所形成的苷键发生断裂,聚合度下降,还原能力提高,这类反应称为纤维素的酸性水解,部分水解后的纤维素产物称为水解纤维素,纤维素完全水解时则生成葡萄糖。

纤维素糖苷的酸水解断裂经历三个连续的反应步骤:① 纤维素上糖苷氧原子迅速质子化;② 糖苷键上正电荷缓慢地转移到 C_1 上,接着形成碳阳离子并断开糖苷键;③ 水分子迅速地攻击碳阳离子,得到游离的糖残基并重新形成水合氢离子。

上述过程继续进行下去引起纤维素分子链的逐次断裂,水解后纤维素聚合度下降,在碱溶液中的溶解度增加,纤维素还原能力提高,纤维机械下降,酸水解纤维素变为粉末时则完全丧失其机械强度。

(2)纤维素的碱性降解

一般情况下,纤维素的配糖键对碱是比较稳定的。制浆过程中,随着蒸煮温度的升高和木质素的脱除,纤维素会发生碱性降解。纤维素的碱性降解主要为碱性水解和剥皮反应。

① 碱性水解。纤维素的配糖键在高温条件下,尤其是大部分木质素已脱除的高温条件下,纤维素会发生碱性水解。与酸性水解一样,碱性水解使纤维素的部分配糖键断裂,产生新的还原性末端基,聚合度降低,纸浆的强度下降。纤维素碱水解的程度与用碱量、蒸煮温度、蒸煮时间等有关,其中温度的影响最大。当温度较低时,碱性水解反应甚微,温度越高,水解越强烈。

② 剥皮反应。是指在碱性条件下,纤维素具有还原性的末端基一个个掉下来,使纤维素大分子逐步降解的过程。

(3)纤维素的氧化降解

纤维素葡萄糖基环的 C_2、C_3、C_6 位的游离羟基以及 C_1 位的还原性末端基易被空气、氧气、漂白剂等氧化剂所氧化,在分子链上引入醛基、酮基或羧基,使功能基改变。氧化剂与纤维素作用的产物称为氧化纤维素。氧化纤维素的结构与性质和原来的纤维素不同,随使用的氧化剂的种类和条件而定。在大多数情况下,随着羟基的被氧化,纤维素的聚合度下降。

纤维素的氧化是工业上的一个重要过程。通过对纤维素氧化的研究,可以预防纤维素纤维的损伤或获得进一步利用的性质。例如,次氯酸盐和二氧化氯用于纸浆和纺丝纤维的漂白;在黏胶纤维工业中,利用碱纤维素的氧化降解调整再生纤维的强度,对以碱纤维素为中间物质的其他酯醚化反应以及纤维素的接枝共聚等都是十分重要的。

纤维素氧化方式有两种:选择性氧化和非选择性氧化。氧化纤维素按所含基团分为还原型氧化纤维素和酸型氧化纤维素,其共有的性质是:氧的含量增加,羰基或羧基含量增加,纤维素的糖苷键对碱液不稳定,在碱液中的溶解度增加,聚合强度降低。这两种氧化纤维素的主要差别在于酸型氧化纤维素具有离子交换性质,而还原氧化纤维素对碱不稳定。

(4)纤维素的热降解

纤维素的热降解是指纤维素在受热过程中,尤其在较高温度下,其结构、物理和化学性质发生变化,包括聚合度和强度的下降、挥发性成分的逸出、质量的损失以及结晶区的破坏。严重时还产生纤维素的分解,甚至发生碳化反应或石墨化反应。对大多数化合物,在较低温度下的热降解是零级反应,在较高温度下的热降解是一级反应。一般来说,木塑样品的活化能($20 \sim 100$ kJ/mol)比聚糖样品的活化能($50 \sim 300$ kJ/mol)低。

(5)纤维素的光降解

太阳光是纤维素物质降解、生成氧化纤维素和有强还原性的有机物。当存在湿气和氧气时,棉纱和织物被光降解,引起强度下降并产生羰基和羧基;用石英汞灯长时间辐射,可将纤维变成粉末。纤维素的光降解机理可概括为直接光降解和光敏降解两种过程。

(6)纤维素的机械降解

纤维原料加工过程中,机械应力的作用会大大改变纤维素的物理和化学性质,如纤维束分散、长度变短、还原端基增加,聚合度、结晶度和强度下降,对化学反应的可及度和反应性提高。机械力引起纤维素纤维的机械降解对纺织、制浆、造纸、纤维素衍生物、纤维素水解等方面的影响是值得重视的,主要有机械加工引起的降解和机械球磨引起的降解。

(7)纤维素的离子辐射降解

离子辐射指辐射粒子的能量大于1个电子的结合能,可从饱和分子中除去电子的辐射。离子辐射的辐射源主要有两类:γ辐射源和电子束辐射源。γ射线源无需电能活化,易得、便宜、半衰期较长、使用温度高,具有实用价值。离子射线(主要是γ射线)的应用主要是木塑化合物的产生,这些高能的射线穿入厚的木材样品,在样品内引发聚合反应。γ射线辐射改变木材的结构和化学性质以及物理和机械性能。这些变化主要取决于辐射剂量和木材材种。

纤维素材料是很好的包装材料,大量产品用于保健、医疗、手袋、杀菌布等。在用γ射线对纤维素材料消毒时,纤维素的降解所引起的聚合度降低和强度损失等是所不希望的,因此,对离子辐射的纤维素的保护课题是值得重视的,任何一种有效的保护方法都必须在游离基形成之前被采用,或者能抑制游离基的连续反应过程。

6.1.6 纤维素的改性

1. 纤维素及其衍生物的接枝共聚

接枝共聚是指在聚合物的主键上接上另外一种单体单元,是对纤维素及其衍生物进行改性的有效途径。接枝共聚可以引入不同性能的支链聚合物,在纤维素材料固有优点的基础上,得到具有纤维素底物和支链聚合物双重性能的功能材料,从而极大地扩宽了纤维素的应用范围。纤维素接枝共聚的方法主要有自由基引发接技和离子引发接枝两种基本类型。近年来,表面引发 ATRP 反应也被用于纤维素及其衍生物的表面改性。

纤维素的大多数接枝共聚反应采用自由基聚合,都是首先在纤维素基体上形成自由基,然后与单体反应生成接枝共聚物。自由基引发接枝研究较多,如四价铈引发接技、五价钒引发接枝、高锰酸钾引发接枝、过硫酸盐引发接枝、Fentons 试剂引发接枝、光引发接枝、高能辐射引发接枝等。引发反应的大分子自由基,可以借助各种化学方法、光、高能辐射和等离子体等手段产生。在化学方法中,氧化还原体系的研究比较广泛,如高氧化态金属可以与纤维素构成氧化还原体系,使纤维素产生大分子自由基。另一种氧化还原体系是引发剂本身产生小分子自由基,然后从纤维素骨架上夺取氢原子,产生大分子自由基。

纤维素的离子型接枝共聚可以分为阳离子聚合和阴离子聚合两种,它们都是通过在纤维分子上生成活性点来实现的。阳离子引发接枝聚合,主要是通过 BF_3、$TiCl_4$ 等金属卤化物,在微量的共催化剂存在下,进行包括碳正离子在内的接技共聚反应。阴离子引发接枝,则先将纤维素制成钠盐,再与乙烯基单体反应生成接枝共聚物。与自由基接枝共聚相比,离子型接枝在纤维素接枝共聚反应中所占的比例不大,但在反应的可重复性、可控性(指对接枝侧链的相对分子质量、取代度和纤维素骨架接枝点的控制) 以及消除反应中均聚物等方面具有优势。目前离子引发接枝多为阴离子引发接枝,阴离子接枝聚合所得的聚合物支链规整,相对分子质量可控。离子引发接枝共聚反应不仅速度快,接枝位置可以控制,而且对一些不能由自由基引发聚合的单体,也可以采用离子引发接枝,但离子型接枝共聚需在无水无氧的情况下进行,实施因难,同时在碱金属氧化物的存在下,纤维素会发生降解。

接枝改性既能破坏纤维素分子内和分子间的氢键,起到内增塑的作用;又能将具有功能性的聚合物链引入纤维素分子中,得到功能化的材料。但是接枝改性对工艺条件要求较高,现有纤维素及纤维素衍生物的接枝改性大多停留在实验室阶段。

2. 纤维素及其衍生物的交联

交联是纤维素改性的重要途径,并已在工业上广泛用于改善纤维素织物的性能。纤维素的交联反应主要是通过相邻纤维素链上 —OH 基的烷基化反应以醚键的方式交联,形成三维网状结构的大分子。

目前纤维素产生化学交联的主要途径有:① 通过化学或引发形成的纤维素大分子基团的再结合;② 纤维素阴离子衍生物通过金属阳离子(二价或二价以上) 交联;③ 通过纤维素吸附巯基化合物形成二硫桥的氧化交联;④ 纤维素的羟基与异氰酸酯反应形成氨酯键;⑤ 与多聚羧酸反应的酯化交联;⑥ 与多官能团醚化剂反应的醚化交联。醚化反应交联剂包括醛类、N－羟甲基化合物、能与与纤维素发生开环反应的多官能化合物等,甲醛是最早使用的交联剂。

通过交联反应,可以改变纤维和织物的性质,提高纤维素的抗皱性、耐久烫性、黏弹性、湿稳定性以及纤维的强度。纤维素经环氧氯丙烷交联后可明显改善其孔结构和溶胀行为。水溶性纤维素醚交联后可得到水凝胶,并可用作色谱柱填充材料。

3. 等离子体改性

把惰性气体置于放电的电场之中,当电子流与气体的分子相互撞击时,一部分气体分子获得能量,产生各种粒子,其中带正电的粒子与带负电的粒子浓度几乎相等,这个复杂的体系通常称为等离子体。目前较为常用的放电方法是:具有高压低频的电晕放电和射频放电等。电晕放电的电压可高达几万伏,频率可在几十到几千赫之间,可以在常压下进行;射频放电的电压也很高,频率也高,常用的频率为 13 ～ 20 MHz,需在真空条件下进行。若通过接枝、交联等反应属于化学改性,那么采取等离子体的方法使纤维素改性,就属于物理性。

纤维素改性上应用的等离子体是低温等离子体,这种等离子体的特征是:电子的温度与气体分子的温度不平衡,气体分子的温度接近于常温,而电子温度却较之高 1 ～ 100 倍。正因为电子具有的高能量才能引发反应使纤维素的部分键断裂,从而产生新的化合物,同时,气体分子的温度又不太高,不会造成纤维素主体分解。

利用等离子体对纤维素改性,主要体现在以下两个方面:① 改变材料的表面结构;② 在材料表面或本身结合新的基团和聚合物。因等离子体触及纤维材料表面深度,在 0.1 μm 以内,对材料的其他物理力学性能影响极小,所以用等离子体的方法对纤维素进行改性,只改变其表面性质,而纤维素内部未遭到破坏,这样能够既保持原有的良好性能,又获得了新的特性,从而提高纤维材料的实用性。

4. 共混改性

共混是高分子材料制备的重要手段,也是目前可降解高分子材料的产业化重点。通过纤维素或纤维素衍生物与其他高分子材料的共混改性,充分发挥各组分的结构和性能特点,可制备具有良好力学性能、加工性能、性价比和某些特殊功能的高分子材料,这一领域已成为国内外的研究热点。

（1）纤维素与天然高分子的共混

纤维素基共混型可生物降解材料主要包括两大类:一类是与其他天然高分子的共混;一类是与可生物降解型合成高分子的共混。用于与纤维素共混的其他天然高分子一般是蛋白质、壳聚糖、淀粉等,这些物质具有很好的生物降解性能,它们与纤维素通过机械共混、熔融共混或溶液共混都可制得可生物降解的材料。

（2）纤维素与可生物降解合成高分子材料的共混

与纤维素共混的可生物降解合成高分子主要有聚乙二醇、聚己内酯、聚乳酸等,由于这些合成高分子具有优良的力学性能、加工性能以及生物降解性能,通过加入这些高分子可以改善纤维素材料的性能和功能,获得性能优良的高分子材料。

6.1.7 细菌纤维素

1. 细菌纤维素的特点

目前工业中应用的纤维素多为植物纤维素。植物纤维素总是与木质素、半纤维素和果胶等杂质相伴生,在使用前需将杂质除去,在去除杂质过程中会产生很多废水,不仅污染环境,而且使得生产成本增加。相比之下,细菌合成的纤维素纯度更高,而且具有更高的分子质量和结晶度。细菌合成的纤维素更细,长径比更高。通常由 3 ~ 4 nm 的微纤组成 40 ~ 60 nm 的纤维束,这在制备一些微小纤维产品时非常有利。X 射线衍射分析结果显示细菌纤维素分子具有高度规则的晶体结构,其结晶度可高达 95%,这使得细菌纤维素的弹性模量和拉伸强度都高于植物纤维素。

研究发现,很多微生物都有能力合成纤维素,这些微生物合成的纤维素在化学组成和结构上与植物纤维素非常相似,但是纯度高很多,而且拥有一些优越的特性。为了区别于植物来源的纤维素,将这些微生物合成纤维素称为细菌纤维素(bacterial cellulose,BC)。各种细菌属中,目前合成纤维素能力最强、研究最多的是木醋杆菌。木醋杆菌为革兰氏阴性,好氧型,常出现于腐败的水果、醋及发酵饮料中。

2. 细菌纤维素的制备方法

细菌纤维素的结构随菌株种类和培养条件的不同而有所不同。细菌纤维素的培养方式主要有两种:平面静态培养和连续动态培养(或称摇瓶培养)。静态培养是以扁形盆钵装培养液,接菌后在适宜条件下静置数日,菌在气液表面生长,随着细胞的生长,微纤维不断地聚合、积累,最终形成的纤维素膜漂浮在培养液的表面,由大量的连续重叠的微纤维组成。动态培养是在机械搅拌罐或气升式生化反应器中通风培养,此时纤维素完全分散在发酵液中。两种培养方式所得的纤维素在化学性质上相同,但是在微观结构上有所不同。研究发现,摇瓶培养所形成的纤维素呈团块状,表面光滑,用刀将团状物剖开后,发现内部有许多小颗粒状的纤维素。这是由摇瓶培养过程中产生的剪切力造成的。将静态培养和摇瓶培养产品相比较,由静态培养的细菌纤维素通常为薄而大的白色膜状物,层状重叠,微纤维直径为 10 ~ 50 nm。摇瓶培养的细菌纤维素为厚而小的白色片状物,呈网格状,微纤维直径为 50 ~ 100 nm。静态培养的细菌纤维素的聚合度较高、结晶较完善、杨氏模量较高;动态培养的细菌纤维素的结晶度、聚合度及纤维素含量均比静态培养的低。但是,静态培养方式生产周期长、占地面积大、劳动强度高;动态培养方式由于供氧充足,可以缩短发酵周期,提高生产效率。

细菌纤维素作为一种性能优异、用途广泛的生物材料,具有诱人的发展前景,它的出现有望改写人类几千年来仅仅依赖棉、麻等植物获得天然纤维素的历史。目前,我国对细菌纤维素的研究仅仅停留在实验室水平,与日本、美国等发达国家的差距还较大。应从分子生物学的角度对其加以深入研究,进一步明确细菌纤维素的生成和作用机理。采用基因工程和高密度培养等手段来提高细菌纤维素的合成效率,同时应加强细菌纤维素合成的动力学研究,设计合理的生物反应器,早日实现细菌纤维素在我国的商品化,使其在食品、医药、纺织、造纸、化工、采油等领域发挥巨大的潜能。

6.2　淀粉

淀粉(starch)是绿色植物进行光合作用的产物,是碳水化合物的主要储存形式,广泛存在于植物的种子、根、茎等组织中。与石油化工原料相比,淀粉来源广泛、价格低廉、可生物降解、易于改性,是环境友好和符合可持续发展要求的材料,因此,对淀粉制品的研究极具应用前景。

6.2.1　淀粉的结构

淀粉是由单一类型的葡萄糖单元组成的多糖,其基本结构单元是 $\alpha - D - $ 吡喃式葡萄糖,即 C_1 位上的羟基位于右侧。糖单元之间经脱水形成糖苷键,其分子式可写为 $(C_6H_{10}O_5)_n$,式中 $C_6H_{10}O_5$ 为脱水葡萄糖单位, n 为组成淀粉高分子的脱水葡萄糖单元的数量,即聚合度。

从理论上讲,葡萄糖每一个碳原子上的羟基与其相邻的结构单元可能具有多种连接形式,但研究发现,淀粉大分子中的葡萄糖基主要是由 $\alpha - 1,4 - $ 糖苷键连接的,还有少量 $\alpha - 1,6 - $ 糖苷键连接。大多数天然淀粉是由两种多糖型的混合物组成,它的结构有直链淀粉(amylose)与支链淀粉(amylopectin)之分,在天然淀粉中,直链淀粉占 20% ~ 30%,支链淀粉占 70 ~ 80%。不同品种淀粉中直链淀粉与支链淀粉的质量分数见表 6.2。

表6.2　不同品种淀粉中直链淀粉与支链淀粉的质量分数

淀粉品种	直链淀粉含量 /%	支链淀粉含量 /%	淀粉品种	直链淀粉含量 /%	支链淀粉含量 /%
玉米	27	73	糯米	0	100
黏玉米	0	100	小麦	27	73
高直链淀粉玉米	70	30	马铃薯	20	80
高粱	27	73	木薯	17	83
黏高粱	0	100	甘薯	18	82
稻米	19	81			

实验室分离提纯直链淀粉和支链淀粉的方法一般用正丁醇法,即用热水溶解直链淀粉,然后用正丁醇结晶沉淀分离得到纯直链淀粉。淀粉颗粒中的直链淀粉和支链淀粉可以用几种不同的方法分离开,如醇络合结晶法、硫酸镁溶液分步沉淀法等。络合结晶法是利用直链淀粉与丁醇、戊醇等生成络合结构晶体,易于分离;支链淀粉存在于母液中,这是实验室中小量制备的常用方法。硫酸镁分步沉淀法是利用直链和支链淀粉在不同硫酸镁溶液中的沉淀差异,分步沉淀分离。

1.支链淀粉与支链淀粉

（1）直链淀粉

直链淀粉存在于淀粉内层,组成淀粉颗粒质。它水解时得到唯一的二糖为麦芽糖及唯一的单体为葡萄糖,这表明它是以 $\alpha - 1,4 - $ 糖苷键连接成的大分子。每个直链淀粉分子含 1 000 ~ 4 000 个葡萄糖单元,即相对分子质量为 160 000 ~ 600 000。图 6.4 为直链淀粉的分子结构。

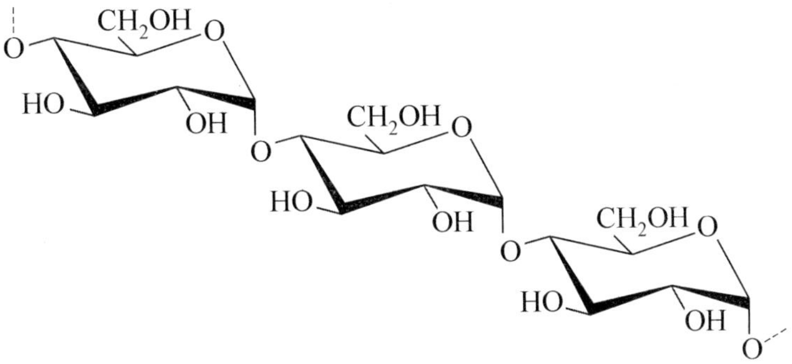

图 6.4　直链淀粉的分子结构

直链淀粉是一种线形聚合物,其结构呈卷绕着的螺旋形,直链淀粉中每 6 个葡萄糖单元组成螺旋的一个螺距,在螺旋内部只有氢原子,羟基位于螺旋外侧。分子链中葡萄糖残基之间有大量的氢键存在,如图 6.5 所示。同时,淀粉中的水分子也参与形成氢键结合,与不同的淀粉分子形成氢键,形同架桥。氢键的键能虽然不大,但是由于数量众多,使得直链淀粉分子链保持螺旋结构。这种紧密堆集的线圈式结构,使直链淀粉从其水溶液中逐渐形成不溶性沉淀。在加热条件下,氢键受到破坏,此时直链淀粉可以溶解于热水中。直链淀粉水溶液的黏度较小,溶液不稳定,静置后可析出沉淀,因此直链淀粉凝沉性较强。

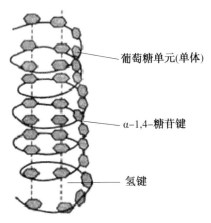

图 6.5　直链淀粉分子链的螺旋结构

用碘液可以鉴定直链淀粉。直链淀粉的螺旋管状内径恰可允许碘分子插入其中,碘在淀粉螺旋管内呈链状排列形成淀粉 – 碘的络合物。用原子力显微镜观测碘嵌入后淀粉的结构,发现加碘前,淀粉分子形成单层螺旋状的超大分子层,表面较为光滑,淀粉链间分支不明显,表观平均高度度为 0.031 nm。与碘分子发生反应后,光滑的螺旋结构变成网状拓扑结构,网格的最大高度增加到 5 nm,在网络的边沿有小突起,高度约为0.5 nm。碘嵌入超大淀粉分子之中,形成淀粉 – 碘的复合物,螺旋结构的螺距发生了非常明显的变化,由 300 nm 左右变成 700 nm 左右。这种结构上螺距的增加、体积的膨胀,使复合物能够比较均匀地吸收波长范围为 400 ~ 750 nm 的可见光而反射蓝光,表现出碘遇淀粉显蓝色的特性。利用直链淀粉与碘之间存在的这种特殊的、非常灵敏的相互作用,可以确定淀粉中直链淀粉的含量。

天然淀粉中所含直链淀粉的聚合度也并不均匀一致,一般未经降解的直链淀粉的聚合度(DP)很高,且不同来源的直链淀粉之间的差异很大,所测定的聚合度一般为平均聚合度。天然淀粉的直链与支链含量以及聚合度见表 6.3。

表 6.3 天然淀粉的直链与支链含量及聚合度

含量及聚合度		玉米淀粉	马铃薯淀粉	小麦淀粉	木薯淀粉	蜡质玉米粉
直链淀粉	含量(干基)/ %	28	21	28	17	
	平均聚合度	930	4 900	1 300	2 600	
	平均聚合度质量	2 400	6 400		6 700	
	表观聚合度分布	400 ~ 15 000	840 ~ 22 000	250 ~ 1 300	580 ~ 2 200	
支链淀粉	含量(干基)/ %	72	79	72	83	99
	聚合度(范围)/ × 10^4	0.2 ~ 3	0.3 ~ 3	0.3 ~ 3	0.3 ~ 3	0.3 ~ 3

直链淀粉链上只有一个还原性端基和一个非还原性端基。直链淀粉也存在微量的支化现象,分支点是 α - 1,6 - 糖苷键连接,平均每 180 ~ 320 个葡萄糖单元有一个支链,分支点 α - 1,6 - 糖苷键占总糖苷键的 0.3% ~ 0.5%。但是由于支链的数量很少,而且支链较长,或支链长但分支点相隔很远,因此对直链淀粉的性质影响较小。

(2)支链淀粉

支链淀粉存在于淀粉的外层,组成淀粉皮质。支链淀粉具有高度分支结构,主链的 α - D - 吡喃式葡萄糖单元以 α - 1,4 - 糖苷键连接,侧链通过 α - 1,6 - 糖苷键与主链连接,分支点的 α - 1,6 - 糖苷键占总糖苷键的 4% ~ 5%。支链淀粉中的侧链分布并不均匀,有时很近,相隔 1 到几个葡萄糖单元;有的较远,相隔 40 个以上的葡萄糖单元,平均相距 20 ~ 25 个葡萄糖单元。图 6.6 是支链淀粉的分子结构。支链淀粉中其主链和支链均呈螺旋状,各自均为长短不一的小直链。支链淀粉与酸作用,最后生成 D - 葡萄糖,但水解过程中生成的二糖中,除麦芽糖外,还有以 α - 1,6 - 糖苷键连接的异麦糖,这是支链淀粉中有 α - 1,6 - 糖苷键存在的一个证明。

支链淀粉的平均聚合度高达 100 万以上,相对分子质量在 2 亿以上,是天然高分子化合物中相对分子质量最大的。支链淀粉不溶于水,但它不像直链淀粉分子那样紧密排列,比较松散,易与水分子接近,水合的程度增加,生成的胶体黏性很大,形成黏滞糊精。

支链淀粉遇碘也会有显色反应。其中,直链在 40 个 D - 葡萄糖残基以上者遇碘变蓝,以下者则变红棕或黄色。碘钻入长短不一的螺旋卷曲管内会显示出不同的颜色,蓝色和红色相混使得支链淀粉遇碘显示红紫色。

2. 淀粉颗粒的结构

淀粉以微小的颗粒形式存在于植物中,淀粉颗粒是由许多环层构成的,环层内是呈放

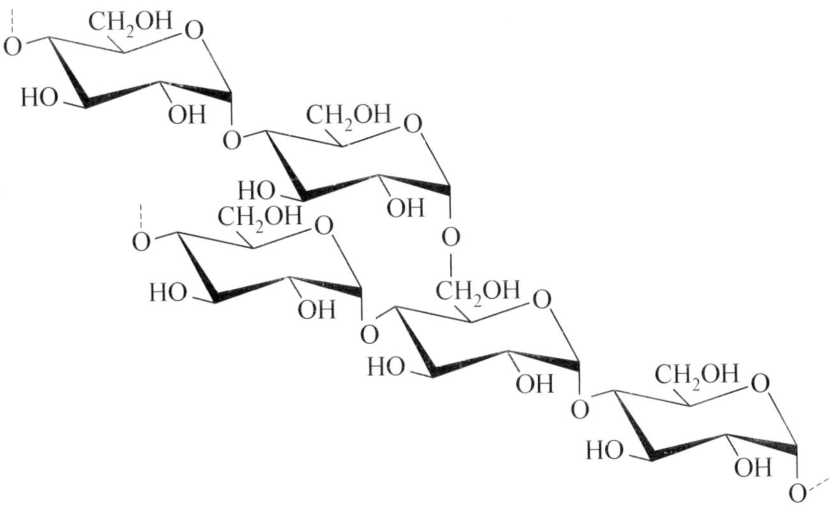

图 6.6 支链淀粉的分子结构

射状排列的微晶束,在微晶束内,因直链淀粉分子和支链淀粉分子的侧链都是直链,这些长短不同的直链淀粉分子和支链淀粉分子的侧链相互平行排列,相邻羟基之间通过氢键结合。微晶束之间则很可能通过一部分无定形的分子链联系起来,同一个直链淀粉分子或支链淀粉分子的分支,可能参加到几个不同的结晶束里;而一个微晶束也可能由不同淀粉分子的分支部分构成。微晶束本身有大小的不同,同时在淀粉的每一个环层中微晶束的密度也不一样。因此,可以说淀粉具有一种局部结晶的网状结构,其中起骨架作用的是巨大的支链淀粉分子,直链淀粉分子则可能有一部分单独包含在淀粉颗粒中,另一部分分布在支链淀粉分子中,与支链淀粉一起构成微晶束。图 6.7 所示的是淀粉颗粒的微晶束结构。

图 6.7 淀粉颗粒的微晶束结构

淀粉颗粒的结晶区为颗粒体积的 25% ~ 50%,其余部分为无定型区;结晶区与无定形区并没有明确的分界线,变化是渐进的。在显微镜下可以观察到淀粉颗粒具有类似树木年轮的环层结构,环层结构是淀粉颗粒内部相对密度不同的表现。这种密度的差异是由昼夜之间光照强度的不同造成的,白天光合作用转移到植物胚乳细胞中的葡萄糖较多,合成的淀粉相对密度大,而晚上没有光合作用,昼夜相间、周而复始就造成了环层结构。各环层共同围绕的一点称为粒心(也称核或脐),根据环纹和粒心的形状,可辨别淀粉的来源和种类,见表6.4。

表6.4 淀粉颗粒的结构特性

淀粉来源	长轴长度/平均长度/μm	整齐度	形状	环纹	粒心	单复粒
玉米	5～30/15	整齐	圆形或多角形,棱角显著	比较清楚	中间,呈星状环纹	单粒
马铃薯	15～120/50	不太整齐	大粒呈卵形或贝壳形,小粒呈圆形	明显,完整	偏心明显	主要为单粒,也有复粒
小麦	2～40/20	有大、小粒,少数有中粒	大粒圆形,小粒卵形	不清楚	中间,可以看出	单粒多,复粒少

根据淀粉颗粒粒心数目和环层排列情况可将淀粉分为单粒、复粒和半复粒三种。单粒只有一个粒心,包括同心排列和偏心排列两种;复粒是由几个单粒组成的,具有几个粒心,尽管每个单粒可能原来都是多角形的,但在复粒的外围仍然显示统一的轮廓,如大米和燕麦的淀粉颗粒;半复粒的内部有两个单粒,各有各的粒心和环层,但最外围的几个环层则是共同的,由此构成一个整粒。有些淀粉颗粒,开始生长时是单个粒子,在发育中产生几个大裂缝,但仍然维持其整体性,这种颗粒称为假复粒。

在同一种淀粉中,所有的淀粉粒可以全部是单粒,如玉米淀粉;也可以同时在几种不同的类型,如小麦淀粉粒,除大多数为单粒外,也有复粒;马铃薯淀粉除单粒外,有时也形成复粒和半复粒。

6.2.2 淀粉的基本性质

1. 物理性质

淀粉是细小颗粒状白色粉末,淀粉品种对淀粉颗粒的大小、形状有较大的影响。淀粉的颗粒结构中既有无定形区,也有结晶区。淀粉中较短的支链组成了微晶区,淀粉中的长支链淀粉和直链淀粉组成无定形区。

直链淀粉在水中溶解性较差,溶液不稳定,凝沉性强,具有抗油、抗水、无味等特点,与碘形成蓝色配合物,可以制备成透明薄膜、柔性纤维等形式,在食品包装中有较多的应用。

支链淀粉在水中溶解性较好,溶液性质稳定,具有较弱的凝沉性,与碘形成紫红色配合物,支链淀粉制备的透明薄膜则具有较低的强度,遇水即溶。

2. 淀粉颗粒的大小和形貌

淀粉的颗粒特性主要是指淀粉颗粒的形态、大小、轮纹、偏光十字和晶体结构等。淀粉在植物光合和非光合组织中都有积累,是多糖的一种储藏形式。由于遗传背景不同,这些淀粉粒差异显著,形状也不同,有圆盘形、圆球形、多边形及复合形等。如小麦淀粉颗粒大小不一(图6.8),颗粒较大的淀粉主要为扁球形、椭圆形和圆形,而且直径越大,其形状越扁、越圆。

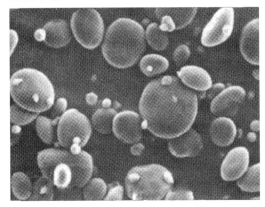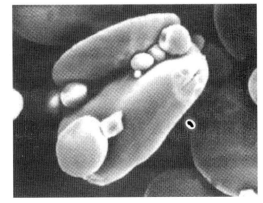

图6.8 小麦淀粉颗粒的电镜观测图

淀粉在植物体内以淀粉粒的形式存在,淀粉粒径及形状随种属变化较大,如美人蕉科淀粉粒直径有100 μm,苋属淀粉粒直径为0.5 ~ 2.0 μm,玉米、水稻、大麦和黑麦的淀粉粒直径分别为10 ~ 50 μm、1 ~ 10 μm、20 ~ 45 μm 和10 μm 以下,大麦、黑麦及茄属淀粉粒的形状分别为扁豆状、球形、椭圆形、圆形或一些不规则形状。

淀粉颗粒的结晶区、非结晶区交替排列,一起交替构成淀粉颗粒,许多排列成放射状的微晶束组成结晶区,在淀粉分子间微晶束以氢键结合成簇状。没有混入到微晶束中的直链淀粉分子形成无定形区域。淀粉颗粒因为具有结晶结构而呈现双折射性,在偏光显微镜下可见典型的偏光十字。

3. 淀粉的晶体结构

淀粉的结晶区与非结晶区是其主要的两个组成部分。X 射线衍射曲线的结晶区呈现尖峰特征,而非晶区呈现弥散特征。采用光学显微镜、扫描电子显微镜、电子衍射分析技术、差热扫描量热分析技术、小角射线散射技术、核磁共振技术、广角衍射分析技术等都可以描述淀粉的结晶特性。

淀粉的结晶性显著影响淀粉的组成结构、化学反应活性、糊化过程以及变性淀粉的性质等。不同来源的植物品种的淀粉结晶性不同,采用X 射线衍射研究天然淀粉,发现淀粉可分为A 型、B 型和C 型:A 型主要来源于谷类淀粉(如稻米、小麦、玉米);B 型来源于根茎类、果实淀粉(如西米、香蕉和马铃薯淀粉);C 型包含 A 型和 B 型两种晶体(如豆类、香蕉中的淀粉),在X 射线衍射图中,C 型是连接 A 型和 B 型的中间部分,也可以看做 A 型和 B 型混合物。

4. 淀粉的理化特性

(1)淀粉的吸水性

淀粉颗粒内部结晶结构占颗粒体积的25% ~ 50%,其余为无定形结构,化学试剂在淀粉无定形区具有较快的渗透速度,淀粉的化学反应主要发生在无定形区。淀粉中每个葡萄糖单元上均含有3 个羟基,通过羟基相互作用,形成分子内和分子间氢键,使得淀粉具有很强的吸水性,但是由于氢键的存在使得分子间作用力很强,溶解性差,亲水但是在水中不溶解,淀粉含水量一般都较高,淀粉含水量会影响淀粉的一些理化性质。

淀粉分子中含有的羟基和水分子会相互作用而形成氢键,所以淀粉虽然含有较高的水分,但是外观却呈现干燥的粉末状。不同类型的淀粉由于分子中羟基自行结合以及与水分子结合的程度不同而含水量不同。如淀粉分子较小,则易于自行缔合,使得游离羟基数目相对减少,可以通过氢键与水分子结合的羟基数目亦减少,从而含水量较低。另外,淀粉的含水量还受空气湿度和温度变化的影响。将淀粉暴露于不同的相对湿度和温度下,会产生吸收、释放水分的现象。淀粉中存在自由水和结合水两种水分:自由水是指被保留在物体团粒间或孔隙内的水,仍具有普通水的性质,随环境温度、湿度变化而变化,可被微生物利用;结合水不再具有普通水的性质,不能被微生物利用。

（2）淀粉的溶解与膨胀特性

淀粉颗粒由有序的结晶区和无序的无定形区组成,因其结晶区的存在,淀粉颗粒不溶于冷水,但很容易在冷水中分散形成乳状悬浮液,并在冷水中轻微的润胀。淀粉颗粒的无定形区是亲水的,使淀粉颗粒具有较强的吸湿性。在绝干空气中相对湿度为零,淀粉水分含量也接近零。但随着空气相对湿度的增加,淀粉的含水量也随之提高,并且淀粉中的水分通过氢键作用,参与淀粉颗粒的结晶结构,提高淀粉的结晶程度。因此,虽然淀粉含水量很高,但淀粉颗粒一般都不会显示潮湿而呈干燥状态。不同品种的淀粉含水量的差别与淀粉分子中羟基之间自身的结合力及淀粉分子与水分子结合能力有关。

干淀粉浸入水中时,因吸水形成氢键而放出热量,原淀粉中含水量越低,放出热量越多,而且大部分热量是最初加入水中时释放的。淀粉吸水后还伴随着体积的膨胀,先是产生有限的可逆膨胀,而后是整个颗粒的膨胀。盐析离子如(SO_4^{2-})会抑制淀粉的吸水膨胀,而盐溶离子如(I^- 和 SCN^-)会促进淀粉的吸水膨胀。明矾含有离子 Al^{3+}、K^+ 和 SO_4^{2-},引入的离子抑制了水分子的流动,从而抑制了淀粉颗粒无定形区的水合作用,显著降低了马铃薯淀粉的膨胀度;除此之外,离子还会进入淀粉颗粒深处,优先作用于无定形区,从而阻碍水分子作用于无定形区。

（3）淀粉的糊化及糊化温度

淀粉颗粒分散于冷水中后,在没有搅拌的情况下容易沉降。如果搅拌并进行加热,淀粉颗粒先是可逆地吸水润胀,而后加热至某一温度时,突然膨胀,其晶体结构消失,最后变成黏稠的淀粉糊,即使没有搅拌,也不会很快下沉,这种现象称为淀粉的糊化。将淀粉悬浮液加热,发生糊化所需的温度称为淀粉的糊化温度。

淀粉颗粒糊化的本质是水进入其内部,淀粉分子的结晶区和无定形区间的氢键被破坏,晶体结构解体,淀粉颗粒原有缔合状态被改变,分散在水中成为亲水性的胶体溶液。在偏光显微镜下观察,糊化后的淀粉偏光十字消失,表明晶体结构已被破坏。淀粉经过糊化处理后黏度增加,双折射性、结晶性消失,对化学药品、淀粉酶反应更灵敏。不同淀粉颗粒间链接状态不同,膨胀能力差异较大,所以不同种类的淀粉,其糊化温度各不相同（表6.5）。不同淀粉颗粒即使品种相同,糊化难易程度也不尽相同,糊化后糊的性质也不同（表6.6）。

表6.5 常见淀粉的糊化温度/℃

淀粉种类	膨胀开始温度	糊化开时温度	糊化终了温度	淀粉种类	膨胀开始温度	糊化开时温度	糊化终了温度
甘薯类	52	60	65	大米淀粉	54	59	61
马铃薯淀粉	50	59	63	玉米淀粉	50	55	63
小麦淀粉	50	61	65				

表6.6 淀粉糊的性质

性质	玉米	马铃薯	小麦	木薯	蜡质玉米
糊的黏性	中等	很高	低	高	高
糊丝的特性	短	长	短	长	长
糊的透明度	不透明	非常透明	模糊不透明	十分透明	透明
剪切强度	中等	低	中低	低	低
老化性能	高	中	高	低	很低

糊化过程可以分为三个阶段:一是可逆吸水阶段,这时水分子只是单纯地进入淀粉颗粒的微晶束的间隙中,无定形部分的游离羟基结合,淀粉颗粒缓慢虹吸少量的水分,产生有限的膨胀。悬浮液的黏度无明显变化,淀粉内部保持原来的晶体结构,冷却干燥后可以复原,双折射现象不变。二是不可逆吸水阶段,当进一步加热到淀粉的糊化温度时,水分子进入淀粉颗粒的内部,与一部分淀粉分子结合,淀粉颗粒不可逆地迅速吸收大量水分,颗粒突然膨胀至原来体积的60 ~ 100倍,借助于外部的热能使氢键断裂,破坏了分子间的缔合状态,双螺旋伸直形成分离状态,破坏了支键淀粉的晶体结构,比较小的直链淀粉从颗粒中渗出,黏度大为增加,淀粉悬浮液变化为黏稠的糊状液体,透明度增加,冷却后淀粉粒的外形已经发生变化,不能恢复到原来的结晶状态。三是高温阶段,淀粉糊化后,继续加热,则大部分淀粉分子溶于水中,分子间作用力很弱,淀粉粒全部失去原形,微晶束解体,变成碎片,最后只剩下最外面的一个环层,即不成形的空囊,淀粉糊的黏度继续增加,若温度再升高到如110 ℃,则淀粉颗粒全部溶解。

因此,在一般情况下,淀粉糊中不仅含有高度膨胀的淀粉颗粒,而且还含有被溶解的直链淀粉分子和分散的支链淀粉分子以及部分的微晶束。

(4)淀粉的老化特性

淀粉稀溶液或淀粉糊在低温下静置一定时间,混浊度增加,溶解度减少,在稀溶液中会有沉淀析出,如果冷却速度快,特别是高浓度的淀粉糊,就会变成凝胶体,这种现象称为淀粉的回生或老化。老化后的淀粉失去与水的亲和力,难以被淀粉酶水解,因此不易被人体消化吸收,遇碘不变蓝色。淀粉糊或淀粉溶液老化后,可能出现以下现象:黏度增加、不透明或混浊、在糊的表面形成皮膜、不溶性淀粉颗粒沉淀、形成凝胶、从糊中析出水、组织不均一、水分析出。

老化的本质是淀粉分子糊化后,随着温度下降,分子链运动减缓,支链淀粉的支链和直链淀粉分子都趋于平行排列,聚集靠拢,互相形成氢键结合,形成螺旋结构并有序堆积,重组形成混合微晶束。淀粉的老化是一个淀粉分子从无序到有序的过程。

淀粉的老化可以分为短期老化和长期老化两个阶段。短期老化主要由直链淀粉的有序聚合和结晶所引起,该过程在糊化后较短的时间内完成。而长期老化主要由支链淀粉外侧短链的重结晶所引起,该过程是一个缓慢长期的过程。

直链淀粉比支链淀粉容易老化,支链淀粉分子溶解后,支叉结构会抑制其结合,一般不形成胶体,只有在冰点温度和温度很高等极端条件下,其侧链才会结合,内支链淀粉才会重结晶,产生老化。老化后的直链淀粉非常稳定,加热加压也难溶解,如有支链淀粉分子的存在,仍可能加热成淀粉糊。

当淀粉凝胶被冷冻和融化时,淀粉凝胶老化现象是非常严重的,冷冻与融化淀粉凝胶,破坏了它的海绵状的性质,且放出的水容易挤压出来,造成水从凝胶中析出。

(5)淀粉的凝胶特性

淀粉的凝胶特性包括凝胶的硬度、胶黏度、脆性、弹性、黏合性、黏性和恢复力等。淀粉凝胶的特性取决于其结构。完全糊化后的淀粉在冷却的过程中淀粉链相互作用和相互缠绕,会导致可溶性直链淀粉形成连续三维网状凝胶结构,溶胀淀粉颗粒和碎片填充在直链淀粉网络中。

直链、支链淀粉的含量、聚合度、空间构象和相对分子质量等因素均显著影响淀粉凝胶的形成。淀粉首先从淀粉乳转变成溶胶,淀粉粒溶胀导致直链淀粉分子溶出。直链淀粉分子构成三维网状结构,溶胶此时变成凝胶状态,此时淀粉粒间的作用变强。溶胶的网状结构变化会导致颗粒中的结晶部分变形、松散、溶解。支链淀粉与直链淀粉产生作用,加强了网状结构。

淀粉乳浓度、直链淀粉含量、颗粒大小和分布、溶胀程度、颗粒硬度以及分子链缠绕状态等都会影响淀粉凝胶的形成速度和黏弹性,如直链淀粉含量高的淀粉生成凝胶的过程极为迅速。

6.2.3 淀粉的化学改性

干淀粉的玻璃化转变温度和熔点都高于其热分解温度,直接加热没有熔融过程,所以天然淀粉不具备热塑加工性能,无法在制作塑料制品的机械中进行加工。要使其具有热塑加工性能,就必须使其分子结构无序化,对淀粉进行化学改性是拓宽其应用范围的常用方法。通常使用的方法是对其进行官能团的衍生化。

淀粉的化学改性主要包括两大类:一类是使淀粉相质量下降,如酸解淀粉、氧化淀粉、焙烤糊精等;另一类是使淀粉相对分子质量增加,如交联淀粉、酯化淀粉、醚化淀粉、接枝淀粉等。淀粉的化学性质取决于多种因素,如淀粉的物理性状、取代度、取代基的性质、衍生物的类型、相对分子质量分布、直链与支链淀粉的含量、预处理方法、来源等。

1. 水解

(1)酸水解

淀粉与水一起加热即可引起分子的水解。当与无机酸一起加热时,可彻底水解成葡萄糖,水解过程是分几个阶段进行的,同时有各种中间产物形成:

淀粉 → 可溶性淀粉 → 糊精 → 麦芽糖 → 葡萄糖

研究发现,酸水解分为两步,首先是无定形区的支链淀粉快速水解,然后结晶区的直链淀粉和支链淀粉缓慢水解。α-1,4-糖苷键比 α-1,6-糖苷键更易被水解。

（2）酶水解

淀粉酶在一定条件下也会使淀粉水解，且不同种类的淀粉酶水解具有选择性，可以将淀粉降解成不同的产物。

α-淀粉酶是内切糖苷酶，对淀粉非链端处的内部 α-1,4-糖苷键有选择性，可使淀粉迅速降解。α-淀粉酶不能水解淀粉中的 α-1,6-糖苷键，但是可以越过 α-1,6-糖苷键继续水解 α-1,4-糖苷键，分支的 α-1,6-糖苷键留在淀粉水解的产物中。虽然 α-1,6-糖苷键不能被 α-淀粉酶水解，但是 α-1,6-糖苷键的存在会影响水解的速度，因此 α-淀粉酶水解支链淀粉比水解直链淀粉慢。

β-淀粉酶是一种外切型的糖苷酶，专一性较强，能水解 α-1,4-糖苷键，它对非还原末端的葡萄糖有选择性，一次水解掉一个麦芽糖分子（2 个葡萄糖），逐步降解淀粉。

葡萄糖淀粉酶水解淀粉也是从非还原端开始，既能水解 α-1,4-糖苷键，也能水解 α-1,6-糖苷键，只是水解 α-1,6-糖苷键的速率较慢。

2. 酯化

淀粉分子中葡萄糖单元上的羟基能与各种有机或无机酯化剂反应，生成各种淀粉衍生物称为酯化淀粉。酯化是利用羧基和淀粉六元环上的羟基所含反应达到的。淀粉羟基被长链取代后，淀粉分子间氢键大大减弱，使得淀粉分子可在较低温度下运动，从而达到降低熔融温度的目的。酯化后的淀粉双螺旋链结构被破坏，更容易被酶进攻，降解性能得到进一步提高。

（1）醋酸酯化淀粉

醋酸酯化淀粉又称乙酰化淀粉，是淀粉分子中葡萄糖单元上的醇羟基和乙酰剂（冰醋酸、醋酸酐、醋酸乙烯酯等）发生双分子亲核取代反应，从而在淀粉分子中引入少量的酯基团而生成的一类淀粉衍生物。由于引入乙酰化基团，阻碍或减少了直链淀粉分子间的氢键缔合，降低了淀粉分子之间的结合力。醋酸酯化淀粉的许多性质优于天然淀粉，如糊化温度降低，凝沉性减弱，对酸、热的稳定性提高，糊的稳定性、透明度增加，冻融稳定性好，黏度增大，贮存更加稳定，并具有良好的成膜性。

（2）硫酸酯化淀粉

硫酸或溶于二硫化碳中的三氧化硫都可作为淀粉的硫酸酯化剂，但这类酯化剂均会使淀粉发生较为严重的降解。

（3）磷酸酯化淀粉

淀粉与多种水溶性磷酸盐起酯化反应，如正磷酸盐（磷酸氢二钠、磷酸二氢钠等）、偏磷酸盐、三聚磷酸盐等，制备磷酸酯化淀粉。淀粉和磷酸氢二钠与磷酸二氢钠（正磷酸盐）的混合盐反应，获得的磷酸单酯淀粉是一类阴离子型淀粉改性产物，黏度、透明度、稳定性比原淀粉均有明显提高，取代度增加会导致磷酸单酯淀粉的糊化温度减小。淀粉与三氯氧磷或三氯磷酸钠反应则形成磷酸多酯淀粉。

磷酸酯淀粉可以作为乳化剂、絮凝剂、填充剂应用于食品、废水处理、医药等行业，也可以作为纸带、瓦楞纸、层间增强剂、涂布胶黏剂等应用于造纸工业，作为织物整理剂、印染剂、上浆剂应用于纺织工业。

（4）烷基脂肪酸酯化淀粉

在淀粉分子链中引入长链烷基脂肪酸或烯基琥珀酸等疏水基团可明显改变淀粉与水的水合作用,使淀粉的性质得到明显改善。一般,随着碳链长度和取代度的提高,淀粉酯的疏水性增强,热稳定性提高,玻璃化转变温度降低,熔融温度降低甚至消失,生物降解性能也下降。

（5）烯基琥珀酸淀粉酯

烯基琥珀酸淀粉酯是淀粉或淀粉衍生物与不同长度碳链的烯基琥珀酸酐经酯化反应得到的产物,一般在水介质中进行。烯基脂肪酸淀粉具有优良的性质,它能在油水界面处形成一层强度很高的薄膜,稳定水包油型的乳浊液,不仅具有乳化性,还有稳定、增稠以及增加乳液光泽度的功能;它有优良的自曲流动性和斥水性,能够防止淀粉粒附聚;具有润湿、分散、渗透、悬浮等作用;在酸、碱溶液中具有良好的稳定性。

目前,烯基琥珀酸淀粉酯的研究主要集中在较低取代度的制备方法,而高取代度的产物研究很少。

3. 醚化

淀粉可与多种醚化剂发生醚化反应,获得各种各样的醚化产物。

（1）羧甲基淀粉

以天然淀粉为原料,经醚化反应,再经中和、洗涤、离心分离、干燥等工序便可生产出羧甲基淀粉。羧甲基淀粉外观为白色或微黄色、不结块的粉末。无臭、无味、无毒,常温下溶于水,形成透明黏性液体,呈中性或微碱性,具有良好的分散力和结合力。不溶于醇及醚。胶体溶液遇碘成蓝色,溶液在 pH 值为 2 ~ 3 时失去黏性,逐渐析出白色沉淀。羧甲基淀粉的吸水及吸水膨胀性较强,黏度高,黏着力强,化学性能稳定,乳化性好,不易变质,其化学结构、性质及功用均与羧甲基纤维素相似。广泛应用于石油、采矿、纺织、日化、食品、医药等行业。

（2）羟乙基淀粉

羟乙基淀粉是淀粉分子中葡萄糖单元的一部分羟基与羟乙基通过醚键结合的衍生物,为白色或类白色粉末,无臭、无味,有较强的吸湿性,在热水中易溶解,在冷水中缓慢溶解,不溶于甲醇和乙醚。低取代度(DS 为 0.3 ~ 0.6)的羟乙基淀粉由烯化氧和淀粉在强碱性下反应制得;高取代度(DS > 0.6)的产品在异丙醇介质下反应。低取代度的产品糊化温度比原淀粉低,黏附力增加,在造纸中广泛用作添加剂,在纸张干燥前已形成糊态,能提高机速,增进纸张光泽和印刷性。高取代产品用作血浆增溶剂并作为血细胞冰冻保护介质。羟乙基淀粉是目前最常用的血浆代用品之一。它可改善低血容量和休克患者的血流动力学和氧输送;能够降低红细胞压积,降低血液和血浆黏滞度,尤其是红细胞聚集,可改善低血容量和休克患者微循环障碍区的血流量和组织氧释放,从而改善循环和循环功能。

（3）羟丙基淀粉

羟丙基淀粉是淀粉分子中葡萄糖单元中的一部分羟基与羟丙基通过醚键结合的衍生物。常用的制法是在碱性的淀粉乳中,加硫酸钠防止溶胀,加入环氧丙烷反应而得。羟丙基淀粉是白色和无色粉末,流动性好,具有良好的水溶性,其水溶液透明无色,稳定性好,对酸、碱稳定。糊化温度低于原淀粉,冷热黏度变化较原淀粉稳定。

羟丙基淀粉的用途十分广泛。在食品工业,可用作增稠剂、悬浮剂及黏合剂。在造纸工业,可用作纸张内部施胶,表面施胶,使印刷油墨鲜明,使胶膜光滑,减少油墨消耗,并有一定的拉毛能力。在纺织工业,可用作经纱浆料,提高织造时的耐磨性及织造效率,高取代度的羟丙基淀粉可作印花糊料。在医药工业,可作片剂的崩解剂和血浆增量剂。在食品和日用化工方面,可用作黏合剂、增稠剂、悬浮剂,增加稳定性。在建筑材料中,可作各类内外墙腻子、各类饰面砂浆、抹灰砂浆、石膏、陶瓷和瓷器制品中的成型黏合剂等。此外,还可作建筑材料的黏合剂、涂料或有机液体的凝胶剂。

4. 氧化

氧化淀粉是指淀粉在一定 pH 值和温度下与氧化剂反应所得到的产品,是最普通的变性淀粉之一。淀粉中还原端的醛基及葡萄糖残基中的伯羟基和仲羟基都可以被有限地氧化为醛基、酮基、羧基或羰基,分子中的糖苷键部分发生断裂,使 淀粉分子的官能团发生变化,聚合度降低。

(1)淀粉的氧化机理

氧化反应的作用机制是氧化剂进入淀粉颗粒结构的内部,在颗粒的低结晶区发生作用,在一些分子上发生强烈的局部化学反应,生成高度降解的酸性片段。这些片段在碱性反应介质中变成可溶性的,在水洗氧化淀粉时溶出。

采用不同的氧化剂和氧化工艺可以制备性能各异的氧化淀粉。常见的氧化剂可以分为三类。酸性介质氧化剂主要有硝酸、过氧化氢、高锰酸钾、卤氧酸等。碱性介质氧化剂主要有碱性次卤酸盐、碱性高锰酸钾、碱性过氧化物、碱性过硫酸盐等。中性介质氧化剂主要有溴、碘等。影响淀粉氧化的因素主要有氧化剂类型、体系的 pH 值、温度、氧化剂浓度、淀粉的来源和结构。不同的氧化剂与淀粉分子作用时,发生氧化的基团的位置有所不同。

(2)氧化淀粉的性质

① 由于氧化剂对淀粉有漂白作用,氧化淀粉的色泽较原淀粉颗粒白,而且氧化处理的程度越高,淀粉越白。

② 氧化淀粉仍具有颗粒特性,其颗粒在偏光显微镜下保持有十字偏光现象。氧化淀粉的颗粒结构虽无大的变化,但用显微镜可观察到颗粒表面粗糙,出现断裂和缝隙,且颗粒中径向裂纹随氧化程度增加而增加。当在水中加热时,颗粒会随着这些裂纹裂成碎片,这与原淀粉的膨胀现象不同。

③ 氧化淀粉分子链在水中产生离子基团,离子基团之间的相同电荷产生排斥作用,破坏淀粉分子间的氢键,使淀粉的凝沉性大大降低。

④ 氧化后的淀粉颗粒对甲基蓝及其他阳离子染料的敏感性增强,这主要是经氧化的淀粉已带了弱阴离子性,容易吸附带阳电荷的染料。

⑤ 随着氧化程度增加,氧化淀粉分子质量与黏度降低,羧基或羰基含量增加。

⑥ 由于淀粉分子经氧化切成碎片,氧化淀粉的糊化温度降低,糊液黏度降低,热黏度稳定性提高,凝沉性减弱,冷黏度降低。糊液经干燥能形成强韧、清晰、连续的薄膜,比酸解淀粉或原淀粉的薄膜更均匀,收缩及爆裂的可能性更少,薄膜也更易溶于水。

（3）次氯酸盐氧化淀粉

工业上制备氧化淀粉最常用的氧化剂是次氯酸盐，如次氯酸钠。淀粉的醇羟基变为醛基，然后分子链部分断裂成羟基，一些糖苷键发生断裂，淀粉的平均相对分子质量有所降低。氧化后由于亲水性更强的羧基官能团的导入，改变天然淀粉原有的性质，形成具有水溶性、浸润性、黏结性好的氧化淀粉。氧化程度对氧化淀粉的理化性能影响很大，可以通过氧化剂、氧化时间和黏度来控制氧化程度。

次氯酸盐氧化淀粉的用途较广，可用作造纸工业的表面施胶剂、涂布胶黏剂、瓦楞纸板黏合剂等；还可用作纺织工业的经纱上浆剂，食品工业的冷菜乳剂、淀粉果子冻、色拉油和蛋黄酱的增稠剂等；在精细化工工业中用于皮肤清洗剂、抑汗剂、唇膏、胭脂、脱毛剂、婴儿爽身粉、皮肤除臭剂、地毯清洁剂、液体手套、发光涂料等。

（4）高碘酸或其钠盐氧化淀粉

高碘酸或其钠盐所氧化的淀粉被称为双醛淀粉或二醛淀粉。指淀粉分子中葡萄糖单元上 C_2—C_3 的碳碳键断裂开环后 C_2 和 C_3 碳原子上的羟基被氧化成醛基。双醛淀粉中的醛基易于游离出来，因此会发生加成、羟醛缩合等醛基化合物特有的反应。

双醛淀粉可用于造纸工业中高级纸种的表面施胶以及高湿强度功能纸的生产；在医药工业中，双醛淀粉用于治疗尿毒症；还可用于皮革、食品、建筑材料等方面。

5. 接枝共聚淀粉

淀粉经物理或化学方法引发，与某些化学单体（如丙烯腈、丙烯酰胺、乙酸乙烯等）进行接枝共聚反应，形成接枝共聚淀粉。接枝的方法可分为三类：自由基引发接枝共聚法、离子相互作用法和缩合加成法。接枝共聚淀粉的性质主要取决于所用的单体和接枝百分率、接枝效率、接枝链的平均分子质量。

淀粉 - 丙烯腈接枝共聚物的水解产物是世界上开发出的第一个高吸水性树脂。经皂化水解能吸自重几百甚至上千倍的无离子水的高吸水树脂。合成所用的硝酸铈铵是至今淀粉接枝不饱和单体最有效的引发剂。

除接枝上单一单体丙烯腈外，淀粉还可与混合单体接枝生成共聚物，即在淀粉上除了接枝丙烯腈外，还可以接枝丙烯、甲基丙烯酸、丙烯酸、丙烯酰胺等单体。其优点是进一步提高产物的吸水倍数，此外，如采用颗粒淀粉，可省去糊化工序，缩短皂化时间，产品容易过滤、分离、清洗、贮存。

6. 交联淀粉

淀粉的交联反应是淀粉的醇羟基与具有二元或多元官能团的化学试剂形成 二醚键或二酯键，使两个或两个以上的淀粉分子之间架桥在一起。由于在淀粉原有氢键作用基础上又新增了交联化学键，使交联淀粉在加热等外界条件作用下，氢键被削弱或破坏时，仍可使颗粒保持着程度不同的完整性，从而使交联淀粉的糊黏度对热、酸和剪切力的影响具有较高稳定性，糊液具有较高的冷冻稳定性和冻融稳定性等特点。

凡有两个或多个官能团，能与淀粉分子中的两个或多个以上羟基起反应的化学试剂都能用作淀粉的交联剂。在工业生产中最普遍的主要为环氧氯丙烷、三偏磷酸钠和三氯氧磷等。

交联淀粉的颗粒形状与原淀粉相同，但受热膨胀糊化和糊的性质发生很大变化，淀粉颗粒中淀粉分子间经由氢键结合成颗粒结构,在热水中受热,氢键强度减弱,颗粒吸水膨胀,黏度上升,达到最高值;继续膨胀受热氢键破裂,颗粒破裂,黏度下降。交联化学键的强度远高过氢键,增强颗粒结构的强度,抑制颗粒膨胀、破裂、黏度下降。随交联程度增高,淀粉分子间交联化学键数量增加,糊化温度不断提高,这种交联键增强到一定程度能抑制颗粒在沸水中的膨胀,不能糊化。

交联淀粉对于热、酸和剪切力的影响具有较高的稳定性,在食品工业中,用交联淀粉作增稠剂、稳定剂具有很大优势。交联淀粉还具有较高的冷冻稳定性和冻融稳定性,特别适用于冷冻食品中。高程度交联淀粉受热不糊化,颗粒组织紧密,流动性高,适于橡胶制品的防黏剂和润滑剂,能作为外科手术橡胶手套的润滑剂,无刺激性,对身体无害,在高温消毒过程中不糊化,手套不会黏在一起。交联淀粉对酸、碱和氧化锌作用的稳定性高,适于作为干电池中电解液的增稠剂,能防止黏度降低、变稀、损坏锌皮外壳而发生漏液,并能提高保存性和放电能。

交联淀粉在常压下受热,颗粒膨胀但不破裂,用于造纸打浆机施胶效果很好。交联淀粉抗机械剪力稳定性高,为波纹纸板和纸箱类产品的良好胶黏剂。用交联淀粉浆纱,易于附着在纤维面上增加摩擦抵抗性,也适用于碱性印花糊中,具有较高的黏度,悬浮颜料的效果好。铸造沙芯、煤砖、陶瓷用为胶黏剂,石油钻井也用交联淀粉。

6.3 蛋白质

蛋白质存在于所有生物体中,从高等动植物到低等的微生物、从人类到最简单的病毒都含有蛋白质。蛋白质在生物体中起非常重要的作用,各种生物功能及生命现象往往是通过蛋白质来体现的。生命的主要机能都与蛋白质有关,例如消化、排泄、运动、收缩,以及对刺激的反应和繁殖等。

蛋白质是由常见的 20 种以上 L - α - 氨基酸通过 α 碳原子上的取代基间形成的酰胺键连成的,是由具有特定空间结构和生物功能的肽链构成的生物大分子。只含有肽链的蛋白质是简单蛋白,肽链和其他组分还能形成复合蛋白。蛋白质和与肽链的差别在于折叠的方式。一条肽链只有通过折叠成特定的空间结构后,才能称为蛋白质。因此,蛋白质是经过折叠后具有特定空间构象的肽链;肽链是去折叠、无特定空间构象的蛋白质。

组成蛋白质的元素有碳(50% ~ 55%)、氢(6% ~ 7%)、氧(19% ~ 30%)、氮(12% ~19%)、硫(0 ~ 4%)。有些蛋白质还含有少量磷或金属元素铁、铜、锌、锰、钴和钼等,个别蛋白质还含有碘。各种蛋白质的含氮量很接近,平均为16%,通过测定生物样品中的含氮量就可计算出其蛋白质含量。

6.3.1 蛋白质的化学基础

1.氨基酸及其性质

氨基酸是简单的有机化合物,氨基酸的物理化学性质主要是由其碱性官能团氨基(—NH$_2$)和酸性官能团羧基(—COOH)、侧链取代基(R)及其相互作用而决定。

按照氨基在碳链上位置的不同,人们用 α、β、γ、δ、ε 等对不同的氨基酸进行区别。当氨基位于羧基相邻的第一个碳原子,即 α 碳原子上时,这种氨基酸称为 α – 氨基酸;如果氨基位于相邻的下一个碳原子(β – 碳原子),则该氨基酸称为 β – 氨基酸,以此类推。构成蛋白质的氨基酸全部是 α – 氨基酸。氨基酸具有下列通式:

$$
\begin{array}{cc}
\overset{\displaystyle NH_2}{\underset{\displaystyle R}{H-\overset{|}{\underset{|}{C}}-COOH}} & \overset{\displaystyle NH_3^+}{\underset{\displaystyle R}{H-\overset{|}{\underset{|}{C}}-COO^-}}
\end{array}
$$

中性分子形式　　　　　　两性离子形式

不同氨基酸之间的差别仅在于 α – 碳原子上的取代基 R 的不同。除了甘氨酸外,其他氨基酸的 α – 碳原子均为不对称碳原子。由 α – 碳原子的不对称性造成的氨基酸几何异构物分别称为 L – 氨基酸或 D – 氨基酸。蛋白质中存在的氨基酸均为 L – 氨基酸。

植物和某些微生物可以合成各种氨基酸,而人和动物则不同。人体和动物通过自身代谢可以合成大部分氨基酸,但有一部分氨基酸自身不能合成,必须由外界食物供给,这些氨基酸称为必需氨基酸。人体所需的必需氨基酸有 8 种,包括赖氨酸、色氨酸、甲硫氨酸、苯丙氨酸、缬氨酸、亮氨酸、异亮氨酸、苏氨酸。当人体缺乏这 8 种必需酸中的任何一种时就会引起生长发育不良,甚至引起一些缺乏症。如果一种蛋白质中含有全部必需氨基酸,能使动物或人正常生长,称为完全蛋白质,如酪蛋白、卵蛋白等。如果蛋白质组成中缺少一种或几种必需氨基酸则称为不完全蛋白质,如白明胶等。所以一种蛋白质的营养价值高低要看它是否含有全部必需氨基酸以及含量多少。

氨基酸的性质是由它的结构决定的,不同氨基酸之间的差异只是在侧链上,因此氨基酸具有许多共同的性质。个别氨基酸由于其侧链的特殊结构还有许多特殊的性质。

氨基酸呈无色结晶,熔点高(> 200 ℃),融熔时即分解。在水中溶解度各不相同,易溶于酸或碱,一般不溶于有机溶剂。通常用乙醇可以把氨基酸从其溶液中沉淀析出。氨基酸有些味苦、有些味甜、有些无味,谷氨酸的单钠盐有鲜味,是味精的主要成分。

蛋白质中的氨基酸除甘氨酸外都具有不对称的碳原子,所以具有旋光性,而且以左旋为多。它们的空间构型是以 α 碳原子为中心的四面体,并有两种对应异构体,即 L – 氨基酸和 D – 氨基酸。虽然从蛋白质水解得到的氨基酸都是 L – 氨基酸,但在生物体内特别是细菌中 D – 氨基酸还是广泛地存在,如细菌的细胞壁和某些抗菌素中都含有 D – 氨基酸。

20 种蛋白质氨基酸在可见光区域都无光吸收,在近紫外线(220 ~ 300 nm) 区,侧链基团含有芳香环共轭双键的色氨酸、酪氨酸和苯丙氨酸具有光吸收能力,其最大吸收分别在 280 nm 波长处,因此,可以利用分光光度法测定蛋白质的含量。

2. 氨基酸的化学反应

氨基酸的 α – 氨基和 α – 羧基所参与的化学反应性能与羧酸、胺类化合物相似。极性、酸碱性氨基酸侧链官能团也具有一定的化学反应能力,这些反应对氨基酸的分析、鉴定和蛋白质的化学修饰都十分有用。

（1）氨基的反应

① 茚三酮反应。茚三酮为强氧化剂，在加热条件下，引起氨基酸脱羧转变为醛并释放出氨和二氧化碳，茚三酮的一个羰基还原为醇羟基，水合茚三酮变成还原型茚三酮。在弱酸性溶液中，还原型茚三酮、氨和另一分子茚三酮反应，缩合生成蓝紫色化合物。此反应十分灵敏，也可在分离氨基酸时作为显色剂定性、定量地测定氨基酸。

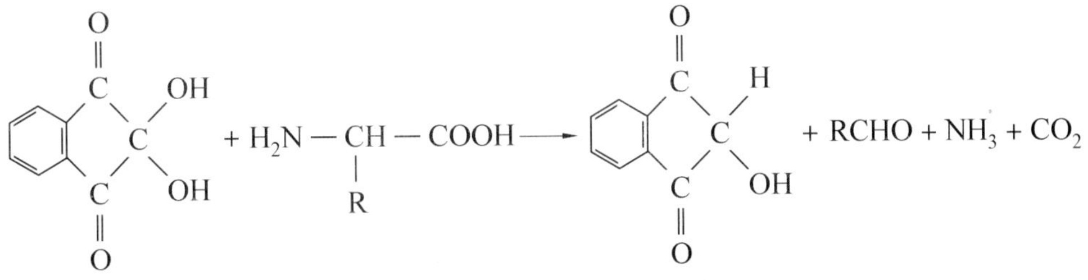

水合茚三酮　　　　　　　　　　　　　还原茚三酮

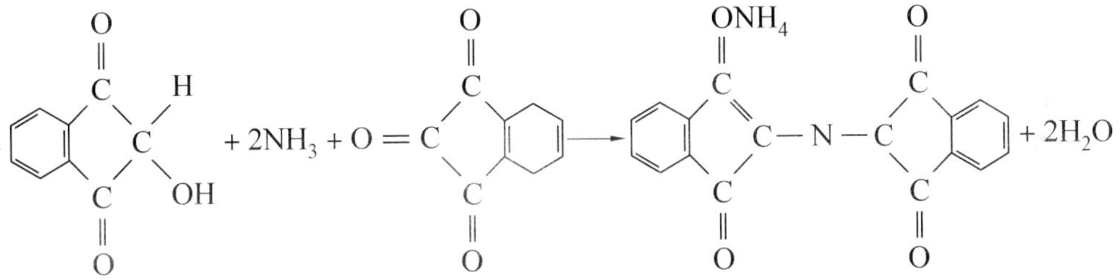

蓝紫色化合物 (570 nm)

② 醛胺缩合反应。甲醛在中性或偏碱性条件下与氨基酸的氨基反应，生成氨基酸的羟甲基、二羟甲基衍生物，并定量释放出氢离子。以酚酞为指示剂，用碱滴定氢离子，可以测定氨基酸中氨基的量。此反应可用于氨基酸的滴定分析。

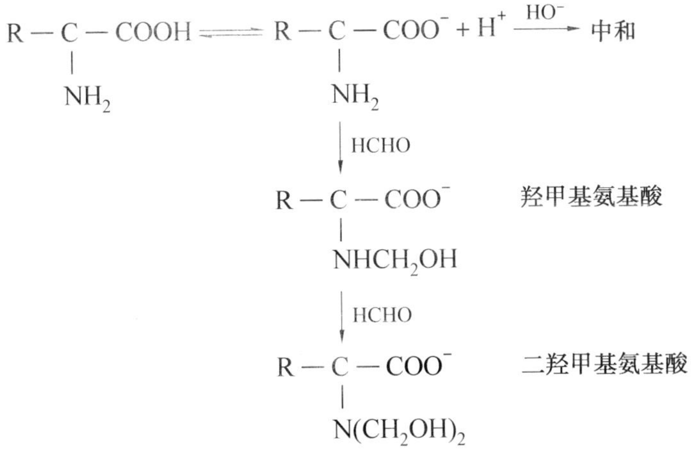

③ 与亚硝酸的反应。有机伯胺（$R-NH_2$）可同亚硝酸盐定量发生反应，生成醇和氮气，在标准条件下测定生成氮气的体积，即可计算出相应伯胺的量，氨基酸由于带有 $\alpha-$伯氨基，所以可以发生此反应。该方法称为范斯莱克（Van Slyke）法，氨是基酸含量检测的一种方法，可用于氨基酸定量和蛋白水解程度的测定。

$$R-\underset{\underset{NH_2}{|}}{CH}-COOH + HNO_2 \longrightarrow R-\underset{\underset{OH}{|}}{CH}-COOH + H_2O + N_2\uparrow$$

④ 与酰化试剂的反应。氨基与酰氯或酸酐在弱碱溶液中发生反应,氨基被酰基化,此反应可用于多肽链 N - 末端氨基酸的标记和微量氨基酸的定量测定。

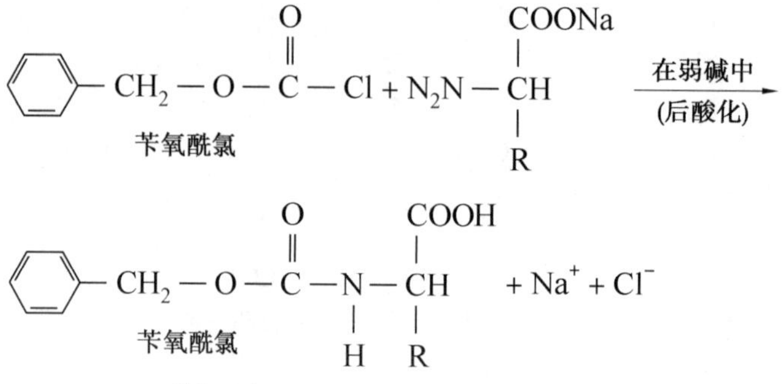

苯氧酰氯

苯氧酰氯

苯氧酰氨基酸

⑤ 与2,4 - 二硝基氟苯(DNFB)的反应。在弱碱性(pH = 8 ~ 9)、暗处、室温或40℃条件下,氨基酸的 α - 氨基很容易与2,4 - 二硝基氟苯反应,生成黄色的2,4 - 二硝基氨基酸(DNP - 氨基酸)。此反应又称桑格反应,由 Sanger 首先发现,用来测定多肽或蛋白质的末端氨基,曾经广泛地应用于测定多肽或蛋白质中氨基酸的排列顺序。

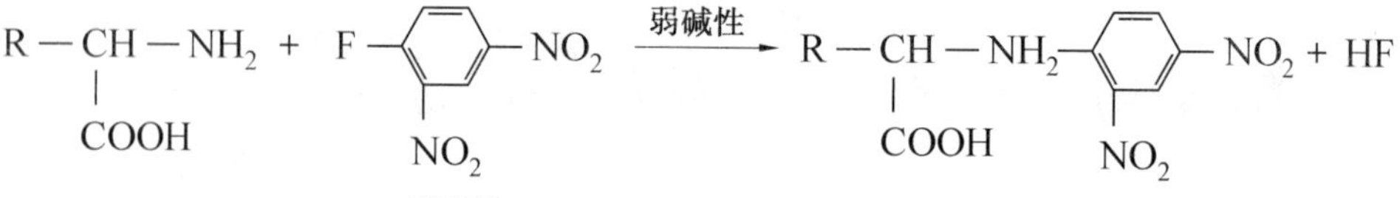

DNFB

DNP–氨基酸 (黄色)

⑥ 与苯异硫氰酸(PITC)的反应。在弱碱性条件下,氨基酸的 α - 氨基可与苯异硫氰酸反应生成相应的苯氨基硫甲酰氨基酸(PTC - 基酸),此反应又称艾德曼反应。在酸性条件下,PTC - 氨基酸环化形成苯乙内酰硫脲氨基酸(PTH - 氨基酸)。PTH - 氨基酸在酸性条件下极稳定并可溶于乙酸乙酯,用乙酸乙酯抽提后,经高压液相色谱鉴定就可以确定肽链 N - 末端氨基酸的种类。该法的优点是可连续分析出 N - 端的十几个氨基酸。氨基酸自动顺序分析仪就是根据该反应原理而设计的。

(2) 羧基的反应

氨基酸的羧基在确定的条件下可以与胺、醇、羧酸、卤化物反应,生成相应的衍生物酰胺、酯、酸酐、酰卤等。

① 酯化反应。氨基酸与芳香醇的酯化反应是重要的羧基保护反应,在化学合成多肽中非常有用。

② 生成酰氯反应。如果将氨基酸的氨基用苄氧甲酰基等基团保护后,其羧基可与二氯亚砜或五氯化磷作用生成酰氯。这个反应可使氨基酸的羧基活化,使它容易与另一氨

基酸的氨基结合,因此,在多肽人工合成中是常用的。

③与强还原剂硼氢化锂的反应。羧基的另外一个重要反应是非水溶剂中与强还原剂硼氢化锂的反应。该反应中,羧基被还原为醇基,氨基酸转变为相应的 α - 氨基醇。

$$R-\underset{\underset{NH_2}{|}}{\overset{\overset{H}{|}}{C}}-COOH \xrightarrow{LiBH_4} R-\underset{\underset{NH_2}{|}}{\overset{\overset{H}{|}}{C}}-CH_2OH$$

α - 氨基醇

(3)与金属离子的配合反应

氨基酸氨基与羧基可以独立地与金属离子结合,形成稳定的配合物。氨基酸的羧基与 Cr^{3+} 形成的配合物是皮革铬鞣的基本化学反应。

氨基酸的氨基和羧基也可以同时与某些金属离子如 Cu^{2+}、Ni^{2+} 等生成螯合物。氨基酸与铜离子形成的 $Cu(Ⅱ)A_2$ 螯合物,可以用于氨基酸的定量络合测定。

3. 蛋白质的结构

蛋白质的结构可以分为四个层次来研究,即一级结构、二级结构、三级结构和四级结构。

(1)蛋白质的一级结构

蛋白质的一级结构指蛋白质多肽链中氨基酸的排列顺序,包括二硫键的位置。其中最重要的是多肽链的氨基酸顺序。一级结构是蛋白质分子结构的基础,它包含了决定蛋白质所有结构层次构象的全部信息。蛋白质一级结构研究的内容包括蛋白质的氨基酸组成、氨基酸排列顺序和二硫键的位置、肽链数目、末端氨基酸的种类等。

每一种蛋白质分子都有自己特有的氨基酸组成和排列顺序即一级结构,这种氨基酸排列顺序决定它的特定的空间结构,也就是蛋白质的一级结构决定了蛋白质的二级、三级等高级结构。

一个蛋白质分子是由一条或多条肽链组成的。每条肽链是由组成的氨基酸按照一定顺序以肽键首尾相连而成。一个氨基酸的羧基与另一个氨基酸的氨基之间失水形成的酰胺键称为肽键,通过肽键连接起来的化合物称为肽。

$$H_2N-\underset{\underset{}{}}{\overset{\overset{R_1}{|}}{CH}}-CO\boxed{OH + H}NH-\underset{\underset{}{}}{\overset{\overset{R_2}{|}}{CH}}-COOH \longrightarrow$$

$$H_2N-\underset{\underset{}{}}{\overset{\overset{R_1}{|}}{CH}}\boxed{-CO \rightarrow NH}-\underset{\underset{}{}}{\overset{\overset{R_2}{|}}{CH}}-COOH + H_2O$$

肽键

由两个氨基酸组成的肽称为二肽,由几个到几十个氨基酸组成的肽称为寡肽,由更多个氨基酸组成的肽则称为多肽。其骨架是由重复肽单位排列而成,称为主链骨架。

各种肽链的主链结构是一样的,只是侧链 R 基的顺序不同。组成肽链的氨基酸由于参加了肽键的形成而不再是完整的分子,故称为氨基酸残基。而第一个和最后一个氨基

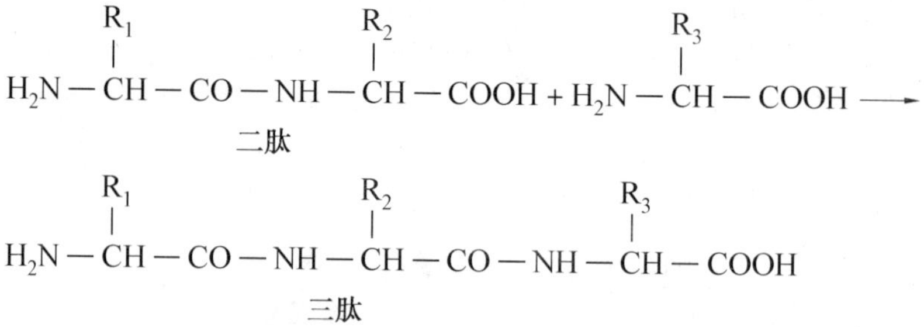

$$\begin{array}{ccc} R_1 & R_2 & R_3 \\ | & | & | \\ H_2N-CH-CO-NH-CH-COOH & + & H_2N-CH-COOH \longrightarrow \end{array}$$

二肽

$$\begin{array}{ccc} R_1 & R_2 & R_3 \\ | & | & | \\ H_2N-CH-CO-NH-CH-CO-NH-CH-COOH \end{array}$$

三肽

酸残基和其他残基不同,分别有一个游离的氨基和羧基,分别称为氨基末端(N-末端)和羧基末端(C-末端)。氨基酸序列是从 N-末端氨基酸残基开始一直到 C-末端氨基酸残基为止。

多肽氨基酸数量一般小于 100 个,超过这个界限的多肽就被称为蛋白质。蛋白质的氨基酸含量可以从一百到数千。最大的多肽对应的分子质量为 10 000Da,是可以透过天然半透膜的最大分子,所以,多肽是可以透过半透膜的,蛋白质则不可以。

肽键是蛋白质分子的主要共价键。有些蛋白质不是简单的一条肽链,而是由两条以上肽链组成的,肽链之间通过二硫键连接起来,除此以外,在某些蛋白质分子一级结构中,尚有肽链间或肽链内的二硫键(图6.9)。二硫键在蛋白质分子中起稳定空间结构的作用。

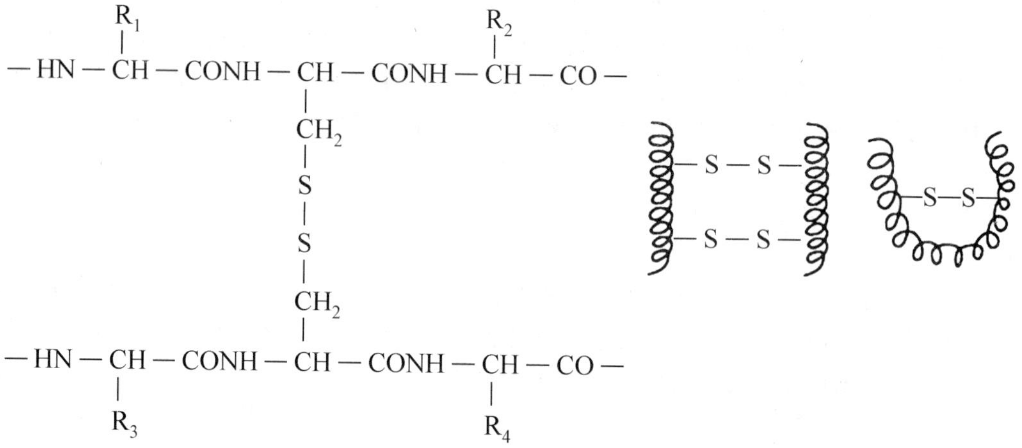

图6.9 蛋白质肽链内和肽链间二硫键示意图

一般来说,蛋白质分子中氨基酸的排列是十分严格的,每一种氨基酸的数目与其序列都是不能轻易变动的,否则就会改变整个蛋白质分子的性质与功能。由于蛋白质的一级结构决定高级结构,因此,了解蛋白质的一级结构是研究蛋白质结构的基础。

(2)蛋白质的二级结构

蛋白质的二级结构是指借助于主链上的氢键维持的肽链有规律的螺旋或折叠形态,是多肽链局部的空间结构(构象),而不涉及各 R 侧链的空间排布。主要有 α-螺旋、β-折叠、无规卷曲、β-转角等几种形式,它们是构成蛋白质高级结构的基本要素。

天然蛋白质都有特定的构象。构象问题是蛋白质研究的一个核心问题。蛋白质由按照特定顺序排列的氨基酸构成的长链,并且通过长链的弯曲、折叠形成一定的立体形状。

这些特定的几何形状是蛋白质的功能所要求的,不同的功能要求蛋白质具有不同的几何形状。

肽单位是刚性平面结构(即肽单位上6个原子位于同一平面)。构成肽键的4个原子和与其相邻的两个 α - 碳原子构成一个肽单元。由于参与肽单元的6个原子位于同一平面,故又称为肽键平面。肽键有部分双键的性质,因此不能自由旋转。而 C_α 与羰基碳原子及 C_α 与氮原子之间的连接(C_α—C 和 C_α—N)都是单键,可以自由旋转。它们的旋转角度,就决定了相邻肽单元的相对空间位置,于是肽单元就成为肽链折叠的基本单位。

相邻的两个肽平面通过 C_α 相对旋转的程度决定了两个相邻的肽平面的相对位置。一个蛋白质的构象取决于肽单位绕 C_α—N 键和 C_α—C 键的旋转,于是肽平面就成为肽链盘绕折叠的基本单位,也是蛋白质之所以会形成各种立体构象的根本原因。因为 C_α—N 键和 C_α—C 键旋转时受到 C_α 原子上的侧链 R 基的空间阻碍影响,所以使肽链的构象受到限制,只能形成一定的构象。

(3) 超二级结构和结构域

在蛋白质分子中,特别是在球状蛋白质分子中,经常可以看到由若干相邻的二级结构单元(主要是 α - 螺旋和 β - 折叠)组合在一起,彼此相互作用,形成种类不多、有规则的二级结构组合或二级结构串,在多种蛋白质中充当三级结构的构件,称为超二级结构。现在已知的组合如 α - 螺旋聚集体($\alpha\alpha$ 型)、β - 折叠聚集体($\beta\beta\beta$ 型)以及 α - 螺旋和 β - 折叠的聚集体,常见的是 $\beta\alpha\beta$ 型聚集体(图6.10)。在一些纤维状蛋白质和球状蛋白质中都已发现有 α - 螺旋聚集体($\alpha\alpha$ 型)的存在。在球状蛋白质中常见的是两个 $\beta\alpha\beta$ 型聚集体连在一起,形成 $\beta\alpha\beta\alpha\beta$ 结构,称为 Rossmann 卷曲。

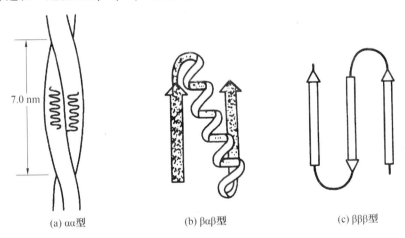

(a) $\alpha\alpha$型　　(b) $\beta\alpha\beta$型　　(c) $\beta\beta\beta$型

图6.10　几种超二级结构类型

Wetlaufer 于1973年根据对蛋白质结构及折叠机制的研究结果提出了结构域的概念。结构域(structural domain)是介于二级和三级结构之间的另一种结构层次。结构域是指蛋白质亚基结构中明显分开的紧密球状结构区域,又称为辖区。多肽链首先是在某些区域相邻的氨基酸残基形成有规则的二级结构,然后又由相邻的二级结构片段集装在一起形成超二级结构,在此基础上多肽链折叠成近似于球状的三级结构。

对于较大的蛋白质分子或亚基,多肽链往往由两个或多个在空间上可明显区分的、相对独立的区域性结构缔合而成三级结构,也即它们是多结构域,如免疫球蛋白的轻链含两个结构域,这种相对独立的区域性结构就称为结构域。对于较小的蛋白质分子或亚基来说,结构域和它的三级结构往往是一个意思,也就是说这些蛋白质或亚基是单结构域,如核糖核酸酶、肌红蛋白等。结构域自身是紧密装配的,但结构域与结构域之间关系松懈。结构域与结构域之间常常有一段长短不等的肽链相连,形成铰链区。不同蛋白质分子中结构域的数目不同,同一蛋白质分子中的几个结构域彼此相似或很不相同。常见结构域的氨基酸残基数达 100 ~ 400 个,最小的结构域只有 40 ~ 50 个氨基酸残基,大的结构域可包含超过 400 个氨基酸残基。

（4）蛋白质的三级结构

蛋白质的三级结构是指多肽链在二级结构、超二级结构以及结构域的基础上,进一步卷曲折叠形成复杂的球状分子结构。三级结构包括多肽链中一切原子的空间排列方式。

蛋白质多肽链如何折叠卷曲成特定的构象,是由它的一级结构即氨基酸排对顺序决定的,是蛋白质分子内各种侧链基团相互作用的结果。维持这种特定构象稳定的作用力主要是次级键,它们使多肽链在二级结构的基础上形成更复杂的构象。肽链中的二硫键可以使远离的两个肽段连在一起,所以对三级结构的稳定也起到重要作用。

到目前为止,确定了三级结构的蛋白质并不多,可是已经给出了若干非常重要的信息,其原则可能适用于很多蛋白质。

1958 年,英国著名的科学家 Kendwer 等用 X 射线结构分析法第一个搞清了鲸肌红蛋白的三级结构。在这种球状蛋白质中,多肽链不是简单地沿着某一个中心轴有规律地重复排列,而是沿多个方向卷曲、折叠,形成一个紧密的近似球形的结构（图 6.11）。

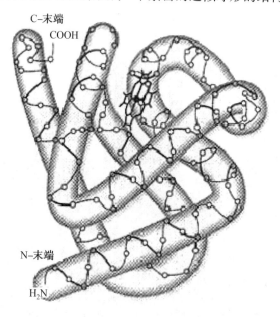

图 6.11　鲸肌红蛋白的构象

虽然各种蛋白质都有自己特殊的折叠方式,但根据大量研究的结果发现,蛋白质的三级结构有以下共同特点：

①整个分子排列紧密,内部只有很小的或者完全没有可容纳水分子的空间。

②大多数疏水性氨基酸侧链都埋藏在分子内部,它们相互作用形成一个致密的疏水核,这对稳定蛋白质的构象有十分重要的作用,而且这些疏水区域常常是蛋白质分子的功能部位或活性中心。

③大多数亲水性氨基酸侧链都分布在分子的表面,它们与水接触并强烈水化,形成亲水的分子外壳,从而使球蛋白分子可溶于水。

蛋白质的构象包括从二级结构到四级结构的所有高级结构,其稳定性主要依赖于大量的非共价键,又称次级键,其中包括氢键、离子键、疏水键和范德瓦尔斯力。此外,二硫键也在维持蛋白质空间构象的稳定中起重要作用。

（5）蛋白质的四级结构

有些蛋白质分子含有多条肽链,每一条肽链都具有各自的三级结构,这些具有独立三级结构的多肽链彼此通过非共价键相互连接而形成的聚合体结构就是蛋白质的四级结构。在具有四级结构的蛋白质中,每一个具有独立的三级结构的多肽链称为该蛋白质的亚单位或亚基(subunit)。亚基之间通过其表面的次级键连接在一起,形成完整的寡聚蛋白质分子。亚基一般只有一条肽链组成,亚基单独存在时没有活性,具有四级结构的蛋白质当缺少某一个亚基时也不具有生物活性。

有些蛋白质的四级结构是均一的,即由相同的亚基组成,而有些则是不均一的,即由不同亚基组成。亚基一般以 α、β、γ 等命名。亚基的数目一般为偶数,个别为奇数,亚基在蛋白质中的排布一般是对称的,对称性是具有四级结构的蛋白质的重要性质之一。

由两个亚基组成的蛋白质一般称为二聚体蛋白质,由四个亚基组成的蛋白质一般称为四聚体蛋白质,由多个亚基组成的蛋白质一般称为寡聚体蛋白质或多体蛋白质。但并不是所有的蛋白质都具有四级结构,有些蛋白质只有一条多肽链,如肌红蛋白,这种蛋白质称为单体蛋白。维持四级结构的作用力与维持三级结的力是相同的。

血红蛋白就是由 4 条肽链组成的具有四级结构的蛋白质分子,血红蛋白的功能是在血液中运输 O_2 和 CO_2,相对分子质量为 65 000,由 2 条 α 链(含 141 个氨基酸残基)和 2 条 β 链(含 146 个氨基酸残基)组成(图 6.12)。

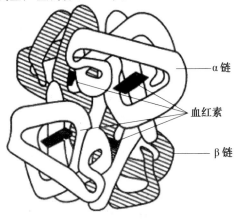

α 链

血红素

β 链

图 6.12　血红蛋白四级结构示意图

在血红蛋白的四聚体中,每个亚基含有一个血红素辅基。α 链和 β 链在一级结构上的差别较大,但它们的三级结构却都与肌红蛋白相似,形成近似于球状的亚基。血红蛋白的亚基和肌红蛋白在结构上相似,这与它们在功能上的相似性是一致的。

四级结构对于生物功能是非常重要的。对于具有四级结构的寡聚蛋白质来说,当某些变性因素(如酸、热或高浓度的尿素、胍)作用时,其构象就发生变化。首先是亚基彼此解离,即四级结构遭到破坏,随后分开的各个亚基伸展成松散的肽链。但如果条件温和,处理得非常小心时,寡聚蛋白的几个亚基彼此解离开来,但不破坏其正常的三级结构。恢复原来的条件,分开的亚基又可以重新结合并恢复活性。但如果处理条件剧烈时,则分开后的亚基完全伸展成松散的多肽链。这种情况下要恢复原来的结构和活性就比只具三级结构的蛋白质要困难得多。

4. 蛋白质的分类

(1) 根据蛋白质分子的形状分类

根据蛋白质分子外形的对称程度可将其分为球状蛋白质和纤维蛋白质两类。

① 球状蛋白质。分子比较对称,接近球形或椭球形,其整体结构是通过大分子肽链以确定方式盘绕、折叠而成。球状蛋白在水中和稀盐溶液中均有良好的溶解性。这主要是由于分子表面的带电荷的亲水性氨基酸侧链,它们与水作用形成的水合层对蛋白与溶剂的紧密接触有重要作用。所有的酶和各种生物活性的蛋白质均为球状蛋白,如白蛋白、球蛋白、组蛋白等。

② 纤维蛋白质。分子对称性差,类似于细棒状或纤维状。纤维蛋白肽链相互平行、顺长排列构成纤维。纤维蛋白大多数不溶于水。比较重要的纤维蛋白有胶原蛋白、丝芯蛋白、角蛋白等。

(2) 根据化学组成分类

根据化学组成可将蛋白质分为简单蛋白质和结合蛋白质两类。

① 简单蛋白质。分子中只含有氨基酸组成的蛋白质,没有其他非蛋白质成分。

② 结合蛋白质。是由蛋白质部分和非蛋白质部分结合而成的,其中的非蛋白质组分称为结合蛋白的辅基,它们与蛋白质组分极性地或共价地结合起来。主要的结合蛋白有糖蛋白、核蛋白、脂蛋白、色蛋白、金属蛋白和磷蛋白六种。

(3) 根据溶解度分类

根据溶解度不同,可将蛋白质分为以下六类。

① 白蛋白(albumin),又称清蛋白,在自然界分布广泛,相对分子质量较小,溶于水、中性盐类、稀酸和稀碱,在 pH 为 4 ~ 8.5 的水溶液中易于结晶,可被饱和硫酸铵沉淀。小麦种子中的麦清蛋白、血液中的血清蛋白和鸡蛋中的卵清蛋白等都属于这一类。

② 球蛋白(globulin),具有生物活性的蛋白质多为球蛋白,其相对分子质量较白蛋白高,球蛋白一般不溶于水而溶于稀盐溶液、稀酸或稀碱溶液,可被半饱和的硫酸铵沉淀。球蛋白在生物界广泛存在并具有重要的生物功能,大豆种子中的豆球蛋白、血液中的血清球蛋白、肌肉中的肌球蛋白以及免疫球蛋白都属于这一类。

③ 组蛋白(histone),存在于核糖体中,对蛋白质的生物合成具有重要作用。相对分子质量较低,由于含有大量精氨酸、赖氨酸而呈碱性,可溶于水或稀酸。组蛋白是染色体

的结构蛋白。

④ 精蛋白(protamine),易溶于水或稀酸,是一类相对分子质量较小、结构简单的蛋白质。精蛋白含有较多的碱性氨基酸,缺少色氨酸和酪氨酸,所以是一类碱性蛋白质。精蛋白存在于成熟的精细胞中,与 DNA 结合在一起,如鱼精蛋白。

⑤ 醇溶谷蛋白(prolamine),含有较多的谷氨酸和脯氨酸,不溶于水和盐溶液,溶于 50% ～ 90% 的乙醇,多存在于禾本科作物的种子中,如玉米醇溶蛋白、小麦醇溶蛋白。

⑥ 硬蛋白(scleroprotein),也称纤维蛋白,不溶于水、盐溶液、稀酸、稀碱,主要存在于皮肤、毛发、指甲中,起支持和保护作用,如角蛋白、胶原蛋白、弹性蛋白、丝蛋白等。

5. 蛋白质的两性和等电点

蛋白质是由氨基酸组成的,在其分子表面带有很多可解离基团,如羧基、氨基、酚羟基、咪唑基、胍基等。此外,在肽链两端还有游离的 α - 氨基和 α - 羧基,因此蛋白质是两性电解质,可以与酸或碱相互作用。溶液中蛋白质的带电状况与其所处环境的 pH 有关。当溶液在某一特定的 pH 条件下,蛋白质分子所带的正电荷数与负电荷数相等,即净电荷为零,此时蛋白质分子在电场中不移动,这时溶液的 pH 称为该蛋白质的等电点,此时蛋白质的溶解度最小。由于不同蛋白质的氨基酸组成不同,所以都有其特定的等电点,在同一 pH 条件下所带电荷不同。

如果蛋白质中碱性氨基酸较多,则等电点偏碱,如果酸性氨基酸较多,等电点偏酸。酸碱氨基酸比例相近的蛋白质其等电点大多为中性偏酸,约为 5.0。

6. 蛋白质的溶解性

蛋白质是大分子电解质,它们在溶液中的溶解性与溶液的 pH 关系最大。此外,还受溶剂的介电常数、电解质的电离常数、离子强度、离子种类及蛋白质的结构等的影响。

电解质浓度对于蛋白质的溶解度有重要意义。具有明显不对称电荷分布的蛋白质,如血红蛋白,一定浓度的盐对于它们的溶解和溶液的稳定性都是必不可少的。这个被称为盐溶效应,是由于它能遏制蛋白质通过相反电荷互相吸引而导致的集合。一定量的电解质可以强化水合作用,提高溶解度并阻止其高度聚集,从溶液中析出。导致蛋白质从溶液中析出的盐效应,称为盐析效应。这可能是由于高浓度电解质的水合作用,剥夺了蛋白质的结合水。

由于不同蛋白质析出时所需要的电解质浓度有区别,因此,盐析是蛋白质混合物初步分离的有效方法。

7. 蛋白质的胶体性质

蛋白质是生物大分子,蛋白质溶液是稳定的胶体溶液,具有胶体溶液的特征,其中电泳现象和不能透过半透膜对蛋白质的分离纯化都是非常有用的。蛋白质之所以能以稳定的胶体存在主要是由于以下因素:

(1) 蛋白质分子大小已达到胶体质点范围(颗粒直径为 1 ～ 100 nm),具有较大表面积。

(2) 蛋白质分子表面有许多极性基团,这些基团与水有高度亲和性,很容易吸附水分子。实验证明,每克蛋白质可结合 0.3 ～ 0.5 g 的水,从而使蛋白质颗粒外面形成一层水膜。由于这层水膜的存在,使得蛋白质颗粒彼此不能靠近,增加了蛋白质溶液的稳定性,阻碍了蛋白质胶体从溶液中聚集、沉淀出来。

（3）蛋白质分子在非等电状态时带有同性电荷，即在酸性溶液中带有正电荷，在碱性溶液中带有负电荷。由于同性电荷互相排斥，所以使蛋白质颗粒互相排斥，不会聚集沉淀。

如在蛋白质溶液中加入适当试剂，破坏了蛋白质的水化膜或中和了其分子表面的电荷，从而使蛋白质胶体溶液变得不稳定而发生沉淀的现象。可通过下列方法可使蛋白质产生沉淀并可有效地用于蛋白质的分离。

① 盐析。在蛋白质溶液中加入一定量的中性盐（如硫酸铵、硫酸钠、氯化钠等）使蛋白质溶解度降低并沉淀析出的现象称为盐析。这是由于这些盐类离子与水的亲和性大，又是强电解质，可与蛋白质争夺水分子，破坏蛋白质颗粒表面的水膜。另外，大量中和了蛋白质颗粒上的电荷，使蛋白质成为既不含水膜又不带电荷的颗粒而聚集沉淀。由于不同蛋白质的分子大小及带电状况各不相同，所以盐析所需的盐浓度不同。因此，可以通过调节盐浓度使混合液中几种不同蛋白质分别沉淀析出，从而达到分离的目的，这种方法称为分段盐析。硫酸铵是最常用来盐析的中性盐。

② 调 pH 至等电点。当蛋白质溶液处于等电点 pH 时，蛋白质分子主要以两性离子形式存在，净电荷为零。此时蛋白质分子失去同种电荷的排斥作用，极易聚集而发生沉淀。

③ 有机溶剂。有些与水互溶的有机溶剂如甲醇、乙醇、丙酮等可使蛋白质产生沉淀，这是由于这些有机溶剂和水的亲和力大，能夺取蛋白质表面的水化膜，从而使蛋白质的溶解度降低并产生沉淀。此法也可用于蛋白质的分离、纯化。用有机溶剂来沉淀分离蛋白质时，需在低温下进行，在较高温度下进行会破坏蛋白质的天然构象。

④ 重金属盐。当蛋白质溶液的 pH 大于其等电点时，蛋白质带负电荷，可与重金属离子（如 Cu^{2+}、Hg^{2+}、Pb^{2+}、Ag^+ 等）结合形成不溶性的蛋白盐而沉淀。临床上利用蛋白质能与重金属盐结合的这种性质，抢救误服重金属盐中毒的病人，给病人口服大量蛋白质，然后用催吐剂将结合的重金属盐呕吐出来解毒。

⑤ 生物碱试剂。生物碱是植物组织中具有显著生理作用的一类含氮的碱性物质。能够沉淀生物碱的试剂称为生物碱试剂。生物碱试剂都能沉淀蛋白质，如单宁酸、苦味酸、三氯乙酸等都能沉淀生物碱。因为一般生物碱试剂都为酸性物质，而蛋白质在酸性溶液中带正电荷，所以能和生物碱试剂的酸根离子结合形成溶解度较小的盐类而沉淀。临床血液化学分析时常利用此原理除去血液中的蛋白质，此类沉淀反应也可用于检验尿中蛋白质。

8. 蛋白质的透析

蛋白质溶液具有一般大分子溶液的性质，如不透过半透膜、扩散慢、黏度大等。

将封在火棉胶薄膜中的蛋白质溶液浸入水或水溶液中，水和小分子物质将通过膜自由扩散。蛋白质分子则由于不能透过半透膜而保持在膜内。这种方法可以除去蛋白质溶液中的盐和其他小分子杂质，称为透析（dialysis）。

9. 蛋白质的变性与复性

蛋白质因受某些物理或化学因素的影响，分子的空间构象被破坏，从而导致其理化性质发生改变并失去原有的生物学活性的现象称为蛋白质的变性作用。变性时，维持蛋白质构象的氢键、疏水键甚至双硫键等将遭受不同程度的破坏,但是一般不引起初级结构的改变。

蛋白质变性后许多性质都发生了改变,主要表现在生物活性丧失、理化性质发生改变,如旋光值改变、特性黏度增大、紫外和红外吸收光谱改变、失去结晶能力、黏度增大和溶解度降低,甚至凝集、沉淀。变性后的蛋白质分子结构松散,暴露出一些活性基团,使原来不能发生的一些反应能够发生,如易被蛋白酶水解。

蛋白质的变性作用主要是由于蛋白质分子内部的结构被破坏。天然蛋白质的空间结构是通过氢键等次级键维持的,而变性后次级键被破坏,蛋白质分子就从原来有序的卷曲的紧密结构变为无序的松散的伸展状结构,所以,原来处于分子内部的疏水基团大量暴露在分子表面,而亲水基团在表面的分布则相对减少,致使蛋白质颗粒不能与水相溶而失去水膜,很容易引起分子间相互碰撞而聚集沉淀。

变性分为可逆和不可逆两种。除去变性因素后变性蛋白质原构象和功能可以恢复的是可逆变性。这时蛋白质分子内部结构的变化不大,只是某些键(如氢键)遭受轻微破坏,如果除去变性因素,蛋白质可恢复其天然构象和生物活性,这种现象称为蛋白质的复性(renaturation)。例如胃蛋白酶加热至80~90 ℃时,失去溶解性,也无消化蛋白质的能力,如将温度再降低到37 ℃,则又可恢复溶解性和消化蛋白质的能力。如果变性条件剧烈持久,蛋白质内部结构发生了很大变化,这时的变性是不可逆的,如鸡蛋煮熟。

影响蛋白质变性的因素很多,物理因素有高温、紫外线、X射线、超声波、高压、剧烈的搅拌和振荡等。化学因素有强酸、强碱、尿素、胍盐、去污剂、重金属盐(如 Hg^{2+}、Ag^+、Pb^{2+} 等)、三氯乙酸、浓乙醇等。不同蛋白质对各种因素的敏感程度不同。

10. 蛋白质的颜色反应

蛋白质分子中的肽键、苯环、酚以及分子中的某些氨基酸可与某些试剂产生颜色反应,这些颜色反应可应用于蛋白质的分析工作,定性定量地测定蛋白质。

(1)双缩脲反应

双缩脲是由两分子尿素缩合而成的化合物。双缩脲在碱性溶液中能与硫酸铜反应产生红紫色配合物,此反应称双缩脲反应。蛋白质分子中含有许多肽键,结构与双缩脲相似,因此也能产生双缩脲反应,所以可用此反应来定性定量地测定蛋白质。凡含有两个或两以上肽键结构的化合物都可有双缩脲反应。

(2)蛋白质黄色反应

蛋白质溶液遇硝酸后先产生白色沉淀,加热则白色沉淀变成黄色,再加碱,颜色加深呈橙黄色。这是因为硝酸将蛋白质分子中的苯环硝化,产生了黄色硝基苯衍生物。所以凡含有苯丙氨酸、酪氨酸、色氨酸的蛋白质均有此反应。

(3)米隆反应

米隆试剂为硝酸汞、亚硝酸汞、硝酸和亚硝酸的混合物。将此试剂加入蛋白质溶液即产生白色沉淀,加热后沉淀变成红色。这是由于酚类化合物所引起的反应,而酪氨酸含有酚基,所以含有酪氨酸的蛋白质及酪氨酸都有此反应。

(4)乙醛酸反应

将乙醛酸加入蛋白质溶液,然后沿试管壁慢慢注入浓硫酸,则在两液层之间会出现紫色环。凡含有吲哚基的化合物都有此反应,所以凡含有色氨酸的蛋白质及色氨酸都有此反应。

（5）坂口反应

精氨酸分子中的胍基能与次氯酸钠（或次溴酸钠）及 α - 萘酚在氢氧化钠溶液中产生红色产物。此反应可用来测定精氨酸的含量或鉴定含有精氨酸的蛋白质,称为坂口反应。

（6）酚试剂反应

酚试剂又称费林试剂。酪氨酸中的酚基能将酚试剂中的磷钼酸及磷钨酸还原成蓝色化合物（钼蓝和钨蓝的混合物）。由于蛋白质分子中一般都含有酪氨酸,所以可用此反应来测定蛋白质含量。

（7）乙酸铅反应

凡含有半胱氨酸、胱氨酸的蛋白质都能与乙酸铅起反应,生成黑色的硫化铅沉淀,因为其中含有 —S—S— 或 —SH 基。

6.3.2　胶原蛋白

胶原蛋白（collagen）是动物体内含量最多、分布最广的蛋白质。是细胞外基质中的主要蛋白质,也是组成动物皮肤的主要蛋白质。胶原蛋白在哺乳动物体内非常普遍,占蛋白质总量的 25% ～ 30%,相当于体重的 6%,在真皮中胶原占蛋白质总量 80% ～ 85%。

胶原具有独特的组织分布和功能,广泛分布于结缔组织、皮肤、骨骼、韧带等部位,角膜几乎完全是由胶原组成的。胶原是结缔组织极其重要的结构蛋白,起支撑器官、保护机体的功能,是决定结缔组织韧性的主要因素,结缔组织将全身细胞黏合,连接起器官与组织,具有防御、支持、保护、营养等功能。

胶原与组织的形成、成熟、细胞间信息的传递、细胞增生、分化、运动、细胞免疫、肿瘤转移以及关节润滑、伤口愈合、钙化作用和血液凝固等有密切关系,也与一些结缔组织胶原病的发生密切相关。

1.胶原的结构

人体组织中至少已经鉴定出 19 种不同类型的胶原蛋白。Ⅰ、Ⅱ、Ⅲ 型胶原是含量最丰富的胶原,尽管有些类型的胶原蛋白在组织中含量甚微,但它们在决定组织的物理性质方面仍然具有重要作用。Ⅰ 型胶原是生皮中最丰富的胶原,Ⅱ 型胶原是构成软骨的主要胶原蛋白质,Ⅲ 型胶原是血管壁和新生皮肤的主要蛋白质组分,这三种胶原都属于间质胶原（interstitial collagen）。Ⅴ 型胶原也称亲细胞胶原（pericellular collagen）,该胶原在各种组织中含量都很低。Ⅳ 型胶原是基膜中特有的胶原蛋白质,也是构成基膜的主要蛋白质,它的结构不同于间质和亲细胞胶原。

胶原的分子结构单位是原胶原,胶原分子是细长的棒状分子,由三股螺旋构成。电镜下测得 Ⅰ 型胶原分子直径约 1.5 nm,长度约 280 nm,相对对分子质量约 285 kDa,分子含三条肽链,每条肽链由 1 000 多个氨基酸残基构成。

（1）氨基酸组成和序列

胶原的氨基酸组成和序列虽然由于来源和胶原类型不同有一定差异,但几种主要氨基酸的组成大致相同,即甘氨酸(Gly)占 1/3,丙氨酸(Ala)占 11% 左右,还有大约 12% 的脯氨酸(Pro)和 9% 的羟脯氨酸(Hyp),另外还含有羟赖氨酸,不含色氨酸,不含半胱氨酸等。羟脯氨酸和羟赖氨酸(Hyl)在其他蛋白质中含量极低,可以通过测定它们来确定胶原蛋白含量。脯氨酸和羟脯氨酸都是环状氨基酸,锁住了整个胶原分子,使之很难拉开,故胶原具有微弹性和很强的拉伸强度。胶原中由于缺乏色氨酸,所以它在营养上为不完全氨基酸。

胶原肽链氨基酸序列分析表明,胶原肽链由螺旋链和与之相连的非螺旋端肽构成。胶原 α 链螺旋区段大约占总长度的 95%,两端各有一段非螺旋区段,分别称为 N – 端肽和 C – 端肽。端肽氨基酸序列不呈周期性排布,含有一定量的极性氨基酸。胶原 α 链端肽在胶原分子的形成和胶原纤维的组装过程中起到至关作用。端肽的长度因胶原的类型和肽链的不同,在 9 ~ 50 个氨基酸之间变化。端肽链的极性氨基酸含量明显高于螺旋段,脯氨酸含量很低,也不存在周期性排列,肽链构象为松散折叠。

(2)胶原的二级结构和分子间交联

胶原分子((即原胶原)由三根肽链构成。α 链螺旋区因为出现了 Cly – Pro – X 三肽而形成了胶原特有的、紧密的左手螺旋,如图 6.13 所示。三条左手螺旋的肽链相互缠绕构成了原胶原的右手复合螺旋,这就是胶原螺旋。

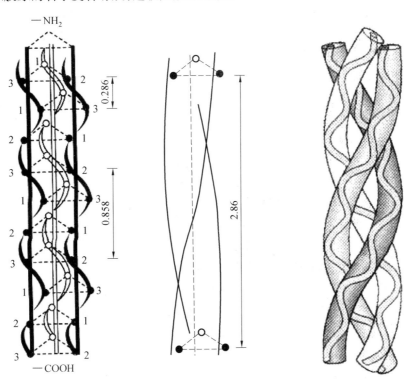

图 6.13　胶原肽链左手螺旋示意图

在胶原螺旋中,每一条肽链的左手螺旋的螺距为 0.9 nm,每圈含 3 个氨基酸,每一个氨基酸在螺旋轴线上的投影约为 0.3 nm,明显大于 α – 螺旋的螺距 0.54 nm 和每一个氨基酸投影0.15 nm,所以胶原螺旋是较α-螺旋更为伸展的螺旋构象。由三条左手螺旋肽链构成的右手大螺旋的螺距为2.86 nm,每圈含10个氨基酸残基。

在这一构象中,所有肽单位的羰基 C═O 键均垂直于螺旋轴向外伸展,因此不能像α-螺旋那样在链内形成氢键维持构象稳定,而是依靠肽链之间形成的氢键维持构象稳定。这种链间的氢键形成的胶原螺旋构象紧密、僵硬,具有很高的稳定性,若氢键破坏,胶原肽链将成为无规卷曲。

维持胶原构象稳定的键有氢键、疏水键和范德瓦尔斯力等次级键。除此之外,还有分子间和分子内的共价键交联。这些交联结构主要有羟醛缩合交联、醛胺缩合(Schiff 碱)交联和羟醛组氨酸交联等。这些交联都涉及赖氨酸和羟赖氨酸侧链的 ε-氨基以及该基团的活化,但是这些交联结构都是可还原的。随着动物的老化,胶原的可溶性逐渐下降,胶原中的可还原交联数量也有下降。

(3)胶原的超分子聚集

天然胶原纤维在电镜下为不分支长链,整条链上均匀分布着明暗相间的横纹,横纹周期 D 为67 nm,约为原胶原分子长度(280 nm)的1/4。酸溶胶原经过小心透析,也可以呈现天然胶原样的横纹,如图6.14所示。

根据对不同状态的胶原电镜模式的分析,1965 年 Smith 等提出了原胶原排列的四分之一错列模型,又称 Smith 模型。该模型认为,原胶原分子长为280 ~ 300 nm,直径1.5 nm,似箭状。在胶原原纤维中,原胶原分子首尾一致地排成一行,形成一根初原纤维。侧向聚集时,两行原胶原分子平行排列,并错开其本身长度的四分之一,错开的距离 D 即是周期性明暗横纹间距,D 约等于67 nm;处于同一轴线的前后两个胶原分子首尾并不相接,而是出现一段空隙(Ho)。因为原胶原的长度不是正好等于4D,而是约为4.5D。D 周期对应的氨基酸残基数为234 个,而原胶原的肽链的氨基酸残基数为 1 056 个,故原胶原肽链的长度约为4.5D,Ho 约为 0.5D。

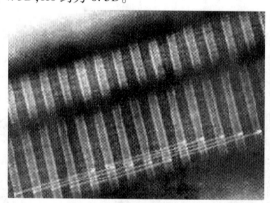

图 6.14　胶原的投射电镜图像

相邻轴线上两个原胶原分子头尾之间则存在一段重叠,从垂直于轴线的方向看,每一空洞和重叠的位置正好与其侧向相邻第5 条轴线上的相应位置重合。这些重合的空洞和重叠就是电镜图中以 D 为周期的明暗横纹。

按照原胶原的四分之一错列排布规则,每一个肽链的首尾肽段都与侧向相邻的肽链的首尾肽段之间存在着局部的互相重叠,肽链两端的 4 个赖氨酰和羟基赖氨酰正好处于这一位置,而且,不论在肽链的 N 端或 C 端,两个相邻赖氨酰之间的位置十分相似。在 N 端,两个氨基酸分别位于 8^N 和 87 位,相隔 94 个氨基酸残基;在 C 端,两个赖氨酰分别位于 930[α1(Ⅰ)链] 和 16^C 位,相隔 99 个氨基酸残基。这就意味着,按照四分之一错列排布的原胶原分子之间,可以在其头、尾部重叠的区域通过赖氨酸残基各自形成一对侧向共价交联。

随着年龄的增长,三股螺旋内及分子间的交联越来越多,使得胶原纤维变硬变脆,改变了骨、肌腱、韧带的机械性能,使骨头变脆、眼球角膜透明度下降。

(4)从原胶原到原纤维

电子显微镜下观察到的原纤维直径在 20 nm 以上,若把由原纤维轴向排列形成的长链称为初原纤维,其直径只有 1.5 nm,按照紧密排列,一束原纤维至少包含 200 根初原纤维。研究发现,原纤维在遭受不完全破坏时,并不是层状剥离,而是纤维束的松散。高分辨的电子显微镜照片还表明,初原纤维并不是平行排列,而是形成更大的螺旋,在这种螺旋上可观察到 67 nm 的周期性横纹。根据这些发现,Miller 和 Wray 等提出了五股初原纤维螺旋模型。按照这一模型,原纤维的基本单位不是单一的呈平行的初原纤维,而是由五股初原纤维形成的右手大螺旋微原纤维,Miller 模型实际上是 Smith 模型的发展。

2. 胶原的性质

胶原在绝干状态下硬而脆,相对密度为 1.4,天然胶原的等电点为 7.5 ~ 7.8,略偏碱性。

(1)酸碱对胶原的作用

胶原肽链存在的酸碱性基团,在溶液中能和酸或碱结合,结合酸碱的量分别称为胶原的酸容量和碱容量。每克干胶原的酸容量为 0.82 ~ 0.9 mmol,碱容量为 0.4 ~ 0.5 mmol。碱或酸与胶原肽链上酸碱性基团结合后,胶原分子间及肽链间氢键、交联键将被打开,引起胶原纤维的膨胀。强酸、强碱长时间处理,胶原会因分子间交联键的破坏、肽键水解而溶解,这种变化称胶解。海德曼等通过对酸溶和碱溶明胶的相对分子质量分布研究发现,酸对胶原的水解表现出更大的偶然性,酸法明胶的相对分子质量分布范围较碱法明胶宽得多。

(2)盐对胶原的作用

不同的盐对胶原的作用差别很大,有的可以使胶原膨胀,有的则使胶原脱水、沉淀。按照盐对胶原的不同作用,可以把盐分为以下三类:

①使胶原极度膨胀的盐,如碘化物、钙盐、锂盐、镁盐等,膨胀作用使纤维缩短、变粗并引起胶原蛋白变性。

②低浓度时有轻微的膨胀作用,高浓度时引起脱水的盐,Nacl 是这类盐中的典型。这类盐对胶原蛋白的构象影响不大。

③使胶原脱水的盐,如硫酸盐、硫代硫酸盐、碳酸盘等。

盐对胶原的膨胀作用、脱水作用的机理比较复杂,至今没有完全搞清楚。一般认为,不同的盐对维持胶原构象的氢键和离子键具有不同的影响。胶原分子的螺旋构象以及维持构象的各种分子间作用力赋予胶原纤维不溶的性质。任何使胶原膨胀的盐类都可能同时具有两种作用,即降低分子的内聚作用(削弱、破坏化学键)并增加其亲溶剂性。

中性盐对胶原的盐效应在制革化学中具有重要意义。在浸水过程中多加入硫化钠,可以促进生皮的充水。碱膨胀后用$(NH_4)_2SO_4$脱碱、消肿,利用的就是中性盐的脱水性;过量NaCl的加入,可以抑制浸酸过程中胶原纤维的剧烈膨胀以及由此而导致的过度水解。

(3)酶对胶原的作用

天然胶原对酶有很强的抵抗力,这主要是胶原紧密的三股螺旋构象对肽链的保护作用。按照酶对胶原肽链的水解能力和方式,可以把酶分为以下四类:

① 动物胶原酶(vertebrate collagenase),这是从动物胰脏中分离出来的,可以水解天然胶原的蛋白酶。动物胶原酶对天然胶原的水解作用仅仅发生在 α 链螺旋区的第775 ~ 776 位 Gly – Leu 之间,它可以从这里把 α 链切为两段,然后胶原自动变性,可被其他蛋白酶水解。

② 胰蛋白酶(trypsin),主要来自动物胰脏。其对胶原的作用方式与动物胶原酶相似。水解部位位于动物胶原酶的相邻处,即第780 ~ 781 位 Arg – Gly 之间。不同的是它对天然胶原的水解能力要比动物胶原酶低得多。

③ 作用于天然胶原非螺旋区段的蛋白酶,胃蛋白酶(pepsin)、木瓜蛋白酶(papain)、胰凝乳蛋白酶(chymotrypsin)均可作用于天然胶原的非螺旋区段肽链,但对螺旋区一般无作用,上述酶因此被用于天然胶原的制备中。胃蛋白酶是酸性酶,在 pH = 1.5 ~ 2.0 时具有最大活力。

④ 细菌胶原酶(bacterial collagenase),一般通过微生物发酵得到,它们对胶原肽链中所有的 Gly – X – Y 三肽敏感,可以从肽链的两端开始,把肽链水解成小片段直至 Gly – X – Y 三肽。细菌胶原酶只能水解胶原而不水解非胶原蛋白质。细菌胶原酶作用的最适 pH 为中性,并要求一定的 Ca^{2+} 作激活剂。

(4)胶原的湿热稳定性

溶液态胶原的变性温度为38 ~ 40 ℃,一旦变性,便形成明胶(gelatin),黏度下降,并可溶于广泛范围的pH(1 ~ 13)的溶液中,这与普通蛋白质凝固的性质正好相反。若为胶原纤维(不溶性胶原),其热变性温度则高得多。当把皮胶原置于液体加热介质中进行升温时,某一温度下会发生突然的收缩变性(卷曲),这种产生热变性的温度称为收缩温度(Ts)。皮胶原热收缩温度随材料的来源而略有差异,一般为60 ~ 65 ℃。

收缩后的胶原纤维明显地变粗变短,强度大大降低,并表现出弹性。X 射线衍射图像证实,此时胶原的天然构象已经崩溃,成为无规则卷曲。

胶原的热变性与氢键的破坏有关。对于胶原分子,维持构象稳定的作用力主要是链间氢键,而羟脯氨酸的羟基氢原子与主链上羰基氧原子之间形成的氢键具有重要意义。研究发现,胶原中羟脯氨酸的含量与胶原纤维的热收缩变性温度存在对应关系,羟脯氨酸含量高则热收缩变性温度也较高。

胶原分子间及链间的共价交联也能显著提高其湿热稳定性。制革鞣制可大大提高胶原的收缩温度,主要是由于在胶原纤维间引进了新的交联结构。收缩温度是制革过程中对胶原水解、变性程度和革的鞣制质量进行评价的重要指标。

3. 胶原纤维的应用

（1）皮革和毛皮制造

动物皮主要由胶原纤维编织而成，是胶原纤维最集中分布的组织。动物皮蛋白的95%以上为胶原。胶原纤维具有很高的机械强度和热稳定性，耐化学试剂和微生物侵蚀。动物皮的粒面具有非常独特的天然纹路，有些动物还具有极丰富和美丽的毛皮，这些都赋予它们良好的耐用性、保暖性和观赏性。由于这些原因，动物皮很早就被人类用于皮革和毛皮制造。19世纪中叶铬鞣技术的出现标志着现代化制革工业的开始。随着化学工业、生物技术、机械制造等领域先进技术在皮革工业中的应用，制革工业的整体水平在不断提升。现在，皮革和毛皮已成为重要的工业产品，被广泛用于服装、鞋类、沙发、汽车坐垫、箱包等消费品的加工制造。

（2）明胶制造

明胶是部分降解的和松散的胶原。骨头和动物皮富含胶原蛋白，是制造明胶的主要原料。明胶具有许多优良的物理及化学性质，如形成可逆性凝胶、黏结性、表面活性等。它是一种重要的工业品，按用途，可分为食用明胶、照相明胶和工业明胶。食用明胶除了可以直接食用外，还被广泛的用作食品凝胶剂、稳定剂、增稠剂、发泡剂、黏合剂等。照相明胶是电影胶片、底片和相纸的重要组成材料。明胶在医药方面的应用亦相当广泛，就药物制剂而言，用明胶制造胶囊、胶丸、"微囊"，也可以在一些黏糊剂医学产品中作为增稠剂。因为它可以吸附本身质量5～10倍的水，因此在外科手术过程中可以用作海绵吸附血液。可以广泛降解（如长时间的加热）的明胶具有一定的黏性，这些降解的产物是生产动物胶水和黏合剂的基础；另外，栓剂、片剂、延效制剂等也常用明胶。

（3）生物医学材料与临床应用

胶原作为生物医学材料具有以下优势：① 低免疫源性；② 与宿主细胞及组织之间有良好的协调性；③ 止血作用；④ 可生物降解性；⑤ 物理机械性能高。因此，胶原在多个医疗领域获得了应用或取得了研究成果。

由胶原制成的手术缝合线既有与天然缝合线一样的高强度，又有可吸收性。使用时，止血效果好，平滑而有弹性，且不易损伤机体。

胶原具有突出的止血功能，可以作为凝血材料，如止血棉或止血无纺布。在人工皮肤、人工血管、人工食管、心脏瓣膜、骨的修复和人工骨、角膜、神经修复、药物载体和固定化酶的载体等方面，胶原也获得了广泛应用。

（4）美容和保健

胶原广泛存在于动物的皮肤、骨骼、肌腱以及其他结缔组织中，具有很强的生物活性和生物功能，能参与细胞的迁移，分化和增殖，使骨骼、肌腱、软骨和皮肤具有一定的机械强度。

富含胶原的组织表现出与年龄增长相关的一些生理变化，如动脉硬化、皮肤弹性变差、眼球晶体出现白内障、角膜透明度减小、骨关节灵活性降低等，尤其是皮肤日渐失去光泽、弹性，变得粗糙，甚至产生皱纹。随着年龄增长，人体内成纤维细胞合成胶原的能力下降，同时胶原的降解速度也趋慢，造成胶原的更新速度变慢，可溶性胶原逐渐减少，使胶原的荷水能力减弱、不能膨胀，形成无弹性的结缔组织，于是发生衰老，并逐渐发展。

胶原具有保湿、修复、美白等美容功能,有研究表明,当注射胶原几周后,人体内的成纤维细胞、脂肪细胞及毛细血管向注射的胶原内移行,组合成自身胶原,从而形成正常的结缔组织,使受损老化皮肤得到填充和修复。

6.3.3 蚕丝蛋白

蚕丝是一种天然蛋白质纤维,享有"纤维皇后"的美誉,是由蚕吐丝结茧,由蚕茧缫制而成。我国是蚕丝的发源地,蚕丝在中国的应用已超过 4 000 年。作为纺织纤维,蚕丝在光泽、手感和悬垂性等方面有特别优良的性质,还具有很好的吸湿性和较好的牵伸性,是理想的高级纺织原料。合成纤维和人造纤维的发展对丝绸工业形成了很大的冲击和竞争,丝绸纺织品的重要性逐渐降低。但由于其独特的观感性质和天然特性,丝绸纺织品依然拥有相当大的消费市场。

蚕丝的种类很多,有在室内培育的家蚕丝,即桑蚕丝;有在室外放养的,如柞蚕丝、木薯蚕丝、蓖麻蚕丝等。目前使用最多的是桑蚕丝和柞蚕丝。其他蚕丝因不宜缫丝,只能作为绢纺原料或制成丝绵。

1. 蚕丝的化学组成和结构

蚕丝主要由丝素和丝胶组成,它们都是蛋白质。丝素蛋白质呈纤维状,不溶于水;丝胶蛋白质呈球形,能溶于水。在桑蚕丝中,丝素占70% ~ 80%,丝胶占20% ~ 30%;柞蚕丝中,丝素占85%,丝胶约占15%。蚕丝中蛋白含量高达98%以上,除此之外,还含有少量色素、灰分、碳水化合物,它们主要分布在丝胶中。

生丝经过精炼脱去丝胶称为熟丝,它只含丝素。丝素属于有机含氮高分子化合物。

(1) 丝素的组成和结构

丝素又称丝心,是蚕丝的主体部分,是具有结晶结构的蛋白质,由18种氨基酸组成,其中7%左右为人体所必需的8种必需氨基酸。丝素的氨基酸组成结构简单,并且组成多肽分子后分子间容易聚集,导致有一定结晶性,其结晶度为50% ~ 60%,丝素中极性侧基与非极性侧基的比为0.42,而丝胶中二者比为2.91。这种差别也是丝胶易溶于水而丝素不溶于水且具有一定强度的根本原因。

丝素蛋白的构象主要是无规则线团为主,相对分子质量极高,同时由于其分子结构和分子间的相互作用极其复杂,不同方法测定的相对分子质量差别较大。有的学者认为,它们的平均相对分子质量为10^4 ~ 10^6,一般为$(3.6 ~ 3.7) \times 10^5$。在水中只发生膨胀而不溶解,亦不溶于乙醇。

丝素蛋白以反平行折叠构象为基础,形成直径大约为10 nm的微纤维(也称微原纤),无数微纤维紧密结合组成直径大约为1 μm的细纤维(也称原纤),大约100根细纤维沿长轴排列构成直径为10 ~ 18 μm的单纤维,即蚕丝蛋白纤维。

研究显示,在丝素的蛋白结构中,存在两种结构区域:一种区域肽链排列整齐、密集,称为结晶区;另一种区域肽链排列不整齐并且疏松,该区域被称为非结晶区。结晶区占纤维总量的60%以上,肽链主要由高度重复的简单氨基酸构成;非结晶区域肽链中包含其他的多种氨基酸。所有的肽链的延伸方向与丝素纤维的走向大体一致。在丝素纤维中,结晶区与非结晶区是交替分布的。每一个结晶区都含有若干条肽链的链段,每一条肽链都要经过若干个结晶区和非结晶区。

由于丝素无定形区主要由带有较大侧基的氨基酸,如苯丙氨酸、奶氨酸和色氨酸等组成,它们阻碍了肽链整齐而密集的排列,同时又集中了具有活泼官能团的氨基酸残基,所以丝素与其他物质的化学作用主要发生在这一区域。研究表明,丝素的无定形区的直径为 1 ~ 10nm。无定形部位对丝素性质起真正的主导作用,因为化学反应、力学伸长、弹性等都与这一部分紧密相关。

(2) 丝胶的组成和结构

丝素外层被覆的是丝胶,丝胶在蚕体内对丝素的流动起润滑剂作用,在茧丝中对丝素起到保护和胶黏作用,约占茧层质量的 25%。除含少量蜡质、碳水化合物、色素和无机成分外,主要成分为丝胶蛋白。丝胶是一种球状蛋白,相对分子质量为 1.4 万 ~ 31.4 万,二级结构以无规则卷曲为主,并含部分 β 构象,几乎不含单一螺旋结构,故丝胶分子空间结构松散无序。丝胶中含大量的碱性氨基酸,具有较好的水溶性和吸水性,可在水中膨润溶解。将溶于水的丝胶在自然条件下放置,可得到可逆性的丝胶凝胶。

丝胶的氨基酸组成与丝素相仿,但各氨基酸的含量有明显不同。在丝胶中甘氨酸、丙氨酸含量少,而含羟基丝氨酸、苏氨酸的含量较高,分别占约 34% 和 9%。此外,它们的酸性和碱性氨基酸含量都比丝素中高。

由于丝胶表面分布着亲水性基团,所以丝胶在水中容易溶解。根据丝胶在水中溶解速度的差别,丝胶在纤维的外围呈层状分布,由外层向内层依次为丝胶 I 、丝胶 II 、丝胶 III 、丝胶 IV(图 6.15)。丝胶 I 的溶解性能最好,对缫丝有利,在精炼时通过热碱液预处理就能除去。丝胶 II 、丝胶 III 、丝胶 IV 的溶解性渐差,越接近丝素的丝胶层(丝胶 IV)越难溶解,它的存在使纤维手感粗糙。

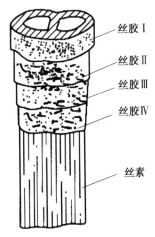

图 6.15　丝胶的层状分布

（标注：丝胶 I、丝胶 II、丝胶 III、丝胶 IV、丝素）

2. 蚕丝的物理性质

(1) 力学性质

蚕丝的应力 – 应变曲线中存在明显的屈服点,就屈服应力和断裂强度来说,桑蚕丝比羊毛高得多。蚕丝是吸湿性很强的纤维,随着相对湿度的变化,其拉伸性能也同时发生一定的改变。一般而言,当相对湿度变大时,蚕丝的初始杨氏模量、屈服点、断裂强度都发生下降,而断裂延伸度增加。除相对湿度外,温度对蚕丝的拉伸性能也有一定影响。

蚕丝纤维在形成过程中,即由液体变为固体纤维时,曾经受到强烈的拉伸和吐丝口处的挤压,不但分子链较为伸直(具有 β – 折叠结构)、取向度较高,而且分子链之间的排列也比较整齐,故比羊毛具备较高的断裂强度和较低的断裂延伸度。

(2) 吸湿性

蚕丝不溶于水,但是能吸收相当的水分。吸水的同时,吸水率可达到 30% ~ 35%,体积膨胀可以达到 30% ~ 40%。膨胀主要表现为直径变粗,但是长度变化不显著。

丝蛋白的吸水分为两个阶段:第一阶段,吸入的水分和分子中的亲水基团结合。这一过程的吸水量可达15%。该过程属于化学过程,因为伴随着有热的释放。第二阶段,水的吸收属于物理渗透过程,没有热效应。

在干燥过程中,水的释放也要经历两个阶段,与吸收过程正好相反。首先是物理吸附水的释放,这一阶段的水蒸发比较容易。但是化学吸附水的蒸发则要困难得多,约有1.5%的水分实际上是很难除掉的。

在常温下,水只引起丝蛋白的膨胀,不会使其溶解。在高温下的短时间处理,丝蛋白也不会发生明显的变化;如果延长处理时间,如长时间煮沸,将有部分溶解。

（3）光学性质

蚕丝的色泽包括颜色和光泽。丝的颜色因原料茧种类不同而不同,以白色、黄色茧最为常见。我国饲养的杂交种均为白色,有时有少量带深浅不同的淡红色。呈现这种颜色的色素大多包含在丝胶内,精炼脱胶后成纯白色。丝的颜色反映了本身的内在品质。如丝色洁白,则丝身柔软,表面清洁,含胶量少,强度与耐磨性稍低,春茧丝多属于这种类型。如丝色稍黄,则光泽柔和,含胶量较多,丝的强度和耐磨性较好,秋茧丝多属于这种类型。

丝的光泽是丝反射的光所引起的感官感觉。茧丝具有多层丝胶,丝蛋白具有层状结构,光线入射后,进行多层反射,反射光互相干涉,因而产生柔和的光泽,生丝的光泽与生丝的表面形态、生丝中的含茧丝数等有关。一般来说,生丝截面越接近圆形,光泽柔和均匀,表面越光滑,干涉光越强。精炼后的生丝,光泽更为优美。

蚕丝的耐光性较差,在日光照射下,蚕丝容易泛黄。在阳光曝晒之下,因日光中290～315 nm近紫外线易使蚕丝中酪氨酸、色氨酸的残基氧化裂解,致使蚕丝强度显著下降。日照200 h,蚕丝纤维强度损失50%左右。柞蚕丝耐光性比桑蚕丝好,在同样的日照条件下,柞蚕丝强度损失较小。

（4）耐热性

熟丝有较高的耐热性,加热至100 ℃时,丝内水分大量散失,但强度未受影响。在120 ℃时放置2 h,所含水分全部放出,成为无水分的干燥丝,伸长率略有减少。在150 ℃处理30 min以上,丝素中的氨基酸开始分解,含氮物质减少,色泽发生变化,强度下降。当温度升到170～180 ℃时,丝纤维出现收缩、分解,开始炭化。温度升至250 ℃时,15 min后变成黑褐色。至280 ℃时,短时间内冒烟,放出角质燃烧时的臭味。

柞蚕丝比桑蚕丝耐热性好,如在140 ℃高温处理30 min,柞蚕丝强度无明显降低,而桑蚕丝已开始分解。

丝的热传导性很低,因此它比棉、麻、羊毛的保暖性都好。

3. 蚕丝的化学反应

蚕丝蛋白的化学反应主要包括水解,氧化剂、还原剂的反应,酶的作用,溶解等。

（1）酸碱对丝蛋白的作用

蚕丝蛋白中酸性氨基酸含量大于碱性氨基酸含量,因此,蚕丝蛋白的酸性大于碱性,是一种弱酸性物质。酸碱都能引起蚕丝蛋白的水解。水解程度主要由溶液的pH、温度和反应时间决定。

稀酸在常温下对蚕丝蛋白的水解作用不明显,如果提高温度,蚕丝蛋白会有轻度破坏,导致丝的光泽、手感、强度、延伸性等不同程度的下降。强酸即使在常温下也会使蚕丝蛋白强烈水解。如果加热,溶解更迅速。如在浓酸中浸渍极短时间,立即用水冲洗,丝蛋白纤维可收缩30% ~ 40%,这种现象称为酸缩,能用于丝织物的皱缩处理。

在丝绸精炼或染整工艺中,常用有机酸处理,以增加丝织物光泽,改善手感,丝绸的强伸度稍有降低。

碱对蚕丝蛋白的破坏作用强于酸,蚕丝蛋白在碱性溶液中更易溶解。强碱的稀溶液即可使蚕丝蛋白溶解。浓度和温度的提高都会加强水解和破坏作用。碱对丝蛋白的破坏作用可能与丝蛋白中交联结构的破坏有关。

(2) 酶对蚕丝蛋白的作用

丝芯蛋白具有很强的抗酶水解能力。在37 ℃下,用胰凝乳蛋白酶、胶原酶和蛋白酶对脱胶蚕丝进行水解,经过长时间的处理后,仍有相当高比例的蚕丝保持其构象。水解时间延长到15 d,纤维方被水解。

(3) 盐对蚕丝蛋白的作用

盐对蚕丝蛋白的作用主要取决于盐的种类,浓度也有一定的影响。对蛋白质有强烈溶解作用的盐如锂、锶、钡的氯化物、硫氰酸盐等的浓溶液可以使丝纤维溶解为黏稠溶液。某些金属配合物溶液也具有很强的溶解蚕丝蛋白的能力,如铜氨溶液、镍氨溶液、铜乙二胺溶液等。具有盐析作用的中性盐,如NaCl等,对蚕丝蛋白的溶解没有明显的促进作用。

(4) 氧化剂和还原剂对丝蚕白的作用

蚕丝蛋白对氧化剂的作用只有很低的敏感性,一些研究认为,氧化可以增加蚕丝蛋白的交联,降低其溶解性。

蚕丝蛋白对还原剂的敏感性更低。常用亚硫酸钠、亚硫酸氢钠等还原剂对蚕丝进行漂白脱色处理。

4. 蚕丝蛋白的改性

丝素蛋白虽然具有很多优良的使用性能,但也存在一些难以克服的缺陷,如丝素蛋白在紫外光照射下,蛋白质分子链发生裂解,取向的β折叠构象被破坏,形成了无序的结构,同时力学性能和热性能也大幅度下降,而且丝素蛋白存在难以染色和易于褪色等问题。为了使丝素蛋白保持原有的优良性能,使一些缺陷得以改善,必须对丝素蛋白进行改性,如可以用生物学的基因方法来改善蛋白品种,也可以采用化学和物理的方法。

共混是普遍采用的改进高分子性能的一种简便易行的方法。将其与对环境及化学试剂等作用的稳定性非常好的腈纶进行了共混纺丝,则能很好地改善蚕丝的性能,充分发挥各自的优点、克服彼此的缺点。将二者共混后通过透射电子显微镜观察发现,二者是部分相容的,部分丝素蛋白呈“蜂窝”状结构分散于聚丙烯腈组分中。通过广角X射线衍射法观察发现,共混复合纤维中含量高的聚丙烯腈组分的晶型基本未变,只是聚丙烯腈的晶粒尺寸变小,结晶度有所下降,而且用氧等离子体蚀刻后再经扫描电镜发现部分丝素蛋白在复合纤维的外部,即聚丙烯腈被丝素蛋白包埋在中间,使共混纤维吸湿性得到了改善,吸混率提高,吸湿速度也比蚕丝快。

　　另外,为了克服蚕丝蛋白膜在干燥状态和有机体中变脆的缺点,人们将其与成膜性能良好的聚乙烯醇进行共混,共混后的膜外观无色均匀透明,通过 SEM 观察发现两者并不完全相容,有明显的分相结构,通过 FTIR 也验证了上述结论,虽然二者分子间的相互作用不强,但蚕丝蛋白膜的性能得到了改善,表现在吸水性大大改善,力学性能也有所改善,制得的共混膜可以在干燥状态和有机体系中使用。还可将丝素蛋白直接制成整理剂,在织物特别是合成纤维为主的织物上进行整理改性,可以得到优良的制品。

5. 蚕丝蛋白的应用

　　蚕丝蛋白纤维主要作为高级纺织服装面料,此外丝蛋白还有许多其他用途。

　　(1) 强效持久的保湿能力

　　蚕丝蛋白富含 18 种氨基酸,其中含有很多亲水基团,所以具有极佳的吸湿和保湿性能。蚕丝蛋白可以吸收质量达 50 倍的水分,且保湿持久性比常用于化妆品中的柠檬酸、明胶等成分更强,在 25 ℃、50% 湿度环境下,三天后经测试,蚕丝蛋白的保湿力仍达 95% 左右,而柠檬酸、明胶则分别为 82% 和 80%。

　　(2) 抗紫外线作用

　　蚕丝蛋白有吸收 UV 光的能力,平均抗 UVB(中波,波长介于 290 ~ 320 nm) 能力有 90%,而抗 UVA(长波,波长介于 320 ~ 400 nm) 的能力则在 50% 以上。

　　(3) 抗发炎能力

　　据对发炎性伤口的实验数据显示,医疗专业常用的亲水性敷料在前五天期间其对伤口面积的缩小几乎没有帮助,但蚕丝蛋白则在前五天即能将发炎性伤口缩小 57%。

　　(4) 促进胶原蛋白的分泌

　　临床实验显示,蚕丝蛋白与空白对照组相比较下,第 4 天胶原蛋白对伤口的覆盖率蚕丝蛋白是对照组的 12 倍,第 8 天是 8 倍,到第 12 天呈现出 9 倍的差异,证明蚕丝蛋白可以加快伤口愈合的速度与增强肌肤的弹性。

　　(5) 生物医药领域的应用

　　蚕丝及其蚕丝蛋白具有优越的生物相容性和一定的可降解性,近年来在生物医药领域,如细胞培养和组织工程等方面有广泛的应用,如将丝素蛋白用于酶的固定化载体、酶传感器、再生丝蛋白膜、组织工程支架、人造皮肤、药物释控材料等方面都有很好的应用。

6.4　木质素

6.4.1　木质素的存在形式及分类

1. 木质素的存在形式

　　木质素作为植物体内普遍存在的一类高聚物,是支撑植物生长的主要物质,和纤维素、半纤维素一起构成纤维素纤维。木质素是植物界中仅次于纤维素的最丰富和最重要的有机高聚物,它广泛分布于具有维管束的羊齿类植物以上的高等植物中,是裸子植物和被子植物所特有的化学成分。木质素和半纤维素一起作为细胞间质填充在细胞壁的微细纤维之间,加固木质化组织的细胞壁,也存在于胞间层,把相邻的纤维细胞黏结在一起。

木质化的细胞壁能阻止微生物的攻击,增加茎干的抗压强度,还能减少细胞壁的透水性,对植物中输导水分的组织也很重要。木质素在木材中的含量一般为20% ~ 40%,禾本科植物中木质素含量一般为15% ~ 25%。

木质素来源丰富,且为可再生资源。木质素无毒,在性能方面有极好的通用性,故在工业上得到广泛应用。目前,商业木质素一般为造纸工业副产物的衍生化产品,是通过化学制浆工艺从植物纤维中分离出来,亚硫酸盐法制浆可得木质素磺酸盐,硫酸盐法制浆可得木质素硫酸盐。木质素磺酸盐广泛用于制革、染料、食品、建筑、工业和农业等行业,主要作为原材料(如香兰素的制备)和添加剂(如黏合剂、螯合剂和乳化剂)。

2. 木质素的分类

长期以来,研究者们习惯把植物中的木质素分为针叶材木质素、阔叶材木质素和禾本科木质素(有时也称为禾草类木质素),这样的分类法虽能反映大多数的针叶材、阔叶材和禾本科的木质素结构,但由于未考虑到双子叶植物的禾草类木质素以及针叶材、阔叶材中少数树种木质素结构的特殊性,故并不是一种严格和令人满意的分类方法。

Gibbs 等将植物中的木质素按其结构分为愈创木基型(guaiacyl,G 型)木质素和愈创木基 - 紫丁香基型(guaiacyl - syringyl,GS 型)木质素两大类。

愈创木基木质素主要由松柏醇脱氢聚合而成,结构均一。这类木质素在 Maule 反应中呈阴性,硝基苯氧化仅生成极少量(一般 < 1.5%)的紫丁香醛,而对羟基苯甲醛的量在5% 左右。大多数针叶材都属于愈创木基木质素,但也有少数例外,具有愈创木基 - 紫丁香基型木质素的结构特征,如罗汉松属中的一些树种等。

愈创木基 - 紫丁香基型木质素是自松柏醇和芥子醇脱氢共聚而成,硝基苯氧化生成大量的紫丁香醛。大部分温带阔叶材及禾本科木质素都属于这一类型。温带阔叶材木质素的硝基苯氧化产物中紫丁香醛占20% ~ 60%,对羟基苯甲醛含量极少,但也有例外,如刺桐和重阳木的木质素具有愈创木基木质素的特征,部分热带阔叶材木质素结构介于 G 型木质素与 OS 型木质素之间,更接近于 G 型木质素。禾本科木质素的硝基苯氧化产物中紫丁香醛的平均量低于阔叶材,而对羟基甲醛的含量则较高。

Nimz 根据木质素的^{13}C - NMR 的研究结果,认为禾本科木质素中有较多量呈醚键连接的对羟基苯丙烷单元(p - hydroxyphenyl propane,简称 H),受压木的木质素中含有比正常针叶材高数倍的对羟基苯丙烷单元,故将其分为 GSH 型木质素。

6.4.2　木质素的结构单元

到目前为止,大多数研究者认为木质素的基本结构单元为苯丙烷结构,共有三种基本结构(非缩合型结构),分别是愈创木基丙烷、紫丁香基丙烷和对 - 羟基苯基丙烷,如图 6.16 所示。

木质素苯基丙烷间存在的两种连接形式:醚键连接和碳碳键。醚键连接是木质素结构单元间主要的键,在木质素大分子中,有60% ~ 70% 的苯丙烷单元以醚键形式连接到相邻的单元上,有30% ~ 40% 的结构单元之间以碳碳键连接。木质素大分子中结构单元的连接部位可大致分为以下几种情形:一个结构单元的酚羟基和另一个结构单元的侧链之间;苯环与另一个结构单元的苯环或侧链之间;侧链与侧链之间。

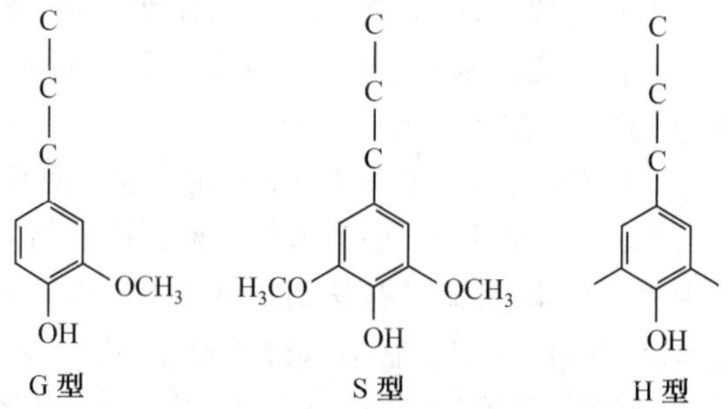

图 6.16　木质素基本单元结构

除以上木质素结构单元间的醚键连接外,在木质素结构单元内,大多数(90% ~ 95%)都存在甲基－芳基醚键,即甲氧基连接到木质素的苯环上。

由此我们可以指出,木质素是由松柏醇基、紫丁香基和香豆醇基三种单体以 C—C 键和醚键等形式连接而成的,具有三维空间结构的聚酚类天然高分子物质。

根据植物来源不同可以将木质素分为针叶材木质素、阔叶材木质素及禾草科木质素。由于木质素本身在结构上具有庞大性和复杂性、在化学性质上具有极不稳定性等,使得迄今为止还没有一种方法能得到完整的天然木质素结构,而只能得到一些木质素的结构模型。这些结构模型只是木质素大分子的一部分,只是按照测定结果平均出来的一种假定结构。Boeriu 等利用红外光谱对各类木质素结构的功能基团进行了对比,见表6.7。从表6.7可以看出,不同植物来源的木质素,甚至同种植物不同分离方法得到的木质素的功能基团都是不同的。

表 6.7　不同类型木质素中功能基团含量

原料	木质素类型	羧基/(mmol·g^{-1})	酚羟基/(mmol·g^{-1})	总糖/%
麦草	碱木质素	2.1	2.43	—
亚麻	碱木质素	1.9	1.1	1.7
针叶木	木质素磺酸盐	3.5	1.1	1.3
针叶木	木质素	1.2	1.1	24.5
针叶木	碱木质素	—	—	1.77
阔叶木	有机溶剂木质素	0.78	2.4	0.32

在几乎所有的脱木质素工艺中,都包含天然木质素共价键的断裂,不同分离方法及分离条件得到的木质素,结构单元之间的连接键型、功能基团组成都有差异,从而使得木质素大分子各部位的化学反应性能很不均一。在木质素大分子中,醚键易于裂开和参加化学反应,同时这些醚键的反应性能又受到木质素结构单元侧链的对位上游离酚羟基的极大影响,这些结构单元主要是酚型结构和非酚型结构。木质素酚型结构的苯环上存在游离羟基,它能通过诱导效应使其对位侧键上的 α－碳原子活化,因而 α 位上的反应性能特别强。非酚型结构中木质素结构上的酚羟基存在取代基,从而不能使 α－碳原子得到活化,所以比较稳定且反应活力较弱,即使 α 位上是醇羟基也比酚型结构的醇羟基反应性能低得多。因而,如何通过化学反应在木质素大分子上析出更多的酚羟基或尽量保护其游离酚羟基免于缩合作用,将有助于提高木质素的反应活性。

6.4.3　木质素的性质

1. 一般物理性质

① 颜色。原本木质素是一种白色或接近无色的物质,但我们所见到的木质素的颜色是在分离、制备过程中造成的。随着分离、制备方法的不同,呈现出深浅不同的颜色,如云杉 Brauns 木质素是浅奶油色,酸木质素、铜铵木质素和过碘酸盐木质素的颜色较深,在浅黄褐色到深褐色之间。通过化学等方法可使木质素的颜色变浅直至变白。

② 相对密度。木质素的相对密度为 1.35 ~ 1.50,制备方法不同的木质素,相对密度也不同。如松木硫酸木质素用水测定的相对密度是 1.451,而用苯测定的相对密度是 1.436;云杉二氧六环木质素用水测定的是 1.330,用二氧六环测定的是 1.391,用比重计法测定的 1.361。

③ 光学性质。木质素结构中没有不对称碳,所以没有光学活性,云杉铜铵木质素的折射率为 1.61,这就证明了木质素的芳香族性质。

④ 燃烧热。木质素的燃烧热值相对较高,如无灰分云杉盐酸木质素的燃烧热是 110.0 kJ/g,硫酸木质素的燃烧热是 109.6 kJ/g。 这正是制浆黑液燃烧法碱回收的依据之一。

⑤ 溶解度。原本木质素由于相对分子质量大和缺少亲水性基团,在水中以及通常的溶剂中基本上不溶解。以各种方法分离的木质素,在某种溶剂中溶解与否,取决于木质素的性质和溶剂的溶解性参数与氢键结合能。在制浆过程中为了把木材中溶解性差的木质素溶出,使纤维分离开来,往往要在木质素大分子中引入亲水性基团。例如,导入磺酸基,就可以得到能溶解的木质素磺酸;在一定条件下,使用碱可从木质素中导出具有亲水性的酚羟基,就使木质素溶解出来,这也是化学制浆的基本依据之一。图 6.17 是制浆过程中木质素溶解并分离出纤维的示意图。

细胞壁　　木质素　　溶解的木质素大分子　　纤维

图 6.17　纸浆的蒸解示意图

⑥ 热性质。木质素的热性质指的是木质素的热可塑性,它是木质素的一项重要的物理性质,对于木材的加工和制浆,特别是机械法制浆具有重要的意义。各种木质素加热到一定的温度即开始软化,干态木质素的玻璃化转化温度(T_g)一般为 127 ~ 193 ℃,随树种、分离方法和相对分子质量大小等而异。吸水润胀后的木质素,软化点大大降低,而随

着相对分子质量增大,其软化点上升,呈直线关系。在木材加工和制浆时以水润湿木片,木片中木质素的软化点在水的作用下降低,从而利于木材加工和纤维的分离。表6.8列出了几种木质素的含水率和和软化点。

表6.8　几种木质素的含水率和软化点

树种	木质素	含水率/%	软化点/℃
云杉	高碘酸木质素	0	193
		3.9	159
		12.6	115
		27.10	90
桦树	高碘酸木质素	0	179
		10.7	128
云杉	二氧六环木质素（低相对分子质量）	0	127
		7.1	72
	二氧六环木质素（高相对分子质量）	0	146
		7.2	92
针叶树	木质素磺酸盐	0	235
		21.2	118

2. 相对分子质量及相对分子质量分布

木质素是一种高分子化合物,原本木质素的相对分子质量可高达几十万,然而,分离木质素的相对分子质量要低得多,一般仅有几千到几万。木质素相对分子质量是不均一的,这是天然高聚物的重要特性之一。经化学处理的分离木质素样品既存在小分子碎片,又有高分子聚合体,其相对分子质量表现出很强的不均一性。

3. 黏合性

木质素具有芳香环以及高度交联的三维网状结构,在木质素的结构中含有酚羟基和甲氧基等,并且在苯环的第五位碳都没有取代基,即苯环上有可反应交联的游离空位(酚羟基的邻、对位),可以进一步交联同化,这是木质素可以制胶的依据。利用木质素的制胶特性,目前已经得到了木质素树脂、木质素 – 脲醛树脂、木质素 – 酚醛树脂、木质素 – 环氧树脂及木质素 – 聚氨酯等,广泛应用于胶合板、刨花板、纤维板及各种人造板的生产中。

4. 螯合性和迟效性

木质素结构中含有一定量的酚羟基和羧基等,它们使木质素具有较强的螯合性和胶体性能,从而为木质素制备螯合微肥提供了可能性。同时木质素是一种可以缓慢达到完全降解的天然高分子材料,因此通过在木质素结构中引入氮元素,然后利用木质素的缓慢降解,制成新型的缓释氮肥。但是,由于木质素本身含氮量较低,通常需要对木质素进行改性来提高其含氮量,其中主要采用的是氧化氨解法。目前利用木质素的螯合性和迟效性,已将其作为螯合铁微肥、土壤改良剂、农药缓释剂等广泛用于农业生产中。

6.4.4　木质素的化学改性

木质素分子结构中含有一定数量的芳香基、醇羟基、羰基、酚羟基、甲氧基、羧基、醚键和共轭双键等活性基团,可以对其进行化学改性,使其成为具有一定功能的高分子材料。

1. 木质素的胺化改性

胺化改性木质素时,是通过自由基接枝反应在其大分子结构中引进活性伯胺、仲胺或叔胺基团,它们以醚键接枝到木质素分子上,生成木质素胺。通过改性,提高木质素的活性,可使之成为具有多种用途的工业用表面活性剂。

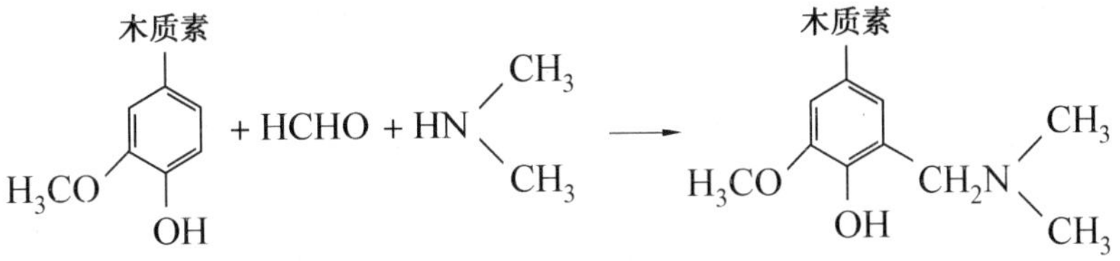

2. 木质素的环氧化改性

木质素与环氧丙烷在有催化剂存在的条件下加热可以直接反应得到环氧化木质素,具有较好的绝缘性、力学性能以及黏合效果等,可以应用于电气工业。

3. 木质素的酚化改性

在木质素苯环的 α - 碳原子上引入酚基,使木质素结构及反应的复杂性得到简化。并进一步提高木质素的反应活性,如在进行环氧化改性时往往需先进行酚化改性以增加木质素的酚羟基含量,从而可以提高反应效率。

4. 木质素的羟甲基化改性

在碱催化作用下,木质素能与甲醛进行加成反应,使木质素羟甲基化,形成羟甲基化木质素,但此法存在产物难以分离的缺陷,而且由于碱液难以处理而存在二次污染环境的问题。

5. 木质素氧化改性

木质素磺酸盐具有较强的还原性,可与多种氧化剂,如过氧化氢、重铬酸盐、过硫酸铵反应。在几种氧化剂存在下,木质素磺酸盐发生降解或聚合均导致酚羟基减少,且在其发生降解时伴随着羰基的增加。

6. 木质素的聚酯化改性

木质素含有酚羟基和醇羟基,它们可以与异氰酸酯进行反应,因此有可能利用木质素替代聚合多元醇用于生产聚氨酯。用甲醛改性木质素(羟甲基化)可以明显改善木质素与聚氨酯之间的接枝反应。

6.5　甲壳素与壳聚糖

甲壳素(chitin)也称甲壳质、几丁质、蟹壳素等,是自然界中唯一带正电荷的天然高分子聚合物,属于直链氨基多糖,学名为 β - (1,4) - 2 - 乙酰氨基 - 2 - 脱氧 - D 葡萄糖,分子式为 $(C_8H_{13}NO_5)_n$,单体之间以 β - 1,4 - 糖苷键连接,相对分子质量一般在 10^6

左右,理论含氮量为 6.9%。甲壳素分子化学结构与植物中广泛存在的纤维素非常相似,所不同的是,若把组成纤维素的单个葡萄糖分子第 2 个碳原子上的羟基(—OH) 换成乙酰氨基(—NHCOCH₃),这样纤维素就变成了甲壳素。因此有人认为,从这个意义上讲,甲壳素可以说是动物性纤维。

甲壳素在地球上含量仅次于纤维素的天然有机物,每年的生物含成量约为 1 000 亿吨,可开发数量估计为 10 亿吨／年,也是一种取之不尽、用之不竭的自然资源。它广泛存在于微生物、酵母、蘑菇的细胞壁中,昆虫的表皮,乌贼、贝壳等软体动物骨骼内,尤其是虾、螃蟹等甲壳类动物的甲壳富含甲壳素。据报道,南极磷虾是地球上数量最多、繁衍最成功的单种生物资源之一,其生物量每年为 6.5 亿 ～ 10 亿吨。甲壳素也是自然界除蛋白质以外数量最大的含氮天然有机高分子,由于海洋、江河、湖沼的水圈,海底陆地的土壤圈,以及动植物的生物圈中的甲壳素酶、溶菌酶、壳聚糖酶等能将其完全生物降解,参与生态体系的碳和氮源循环,它在地球环境和生态保护中起重要的调控协同作用。甲壳素在自然界中的生成量非常丰富,分布面广,它和石油、煤炭不同的是可以继代增殖。地球上太阳能是能量流动源泉,利用太阳能进行光合作用提供的生物量,其中森林占 44%,农作物占 6%,海洋生物占 35%。自然界就是靠动物、植物和微生物之间的生态平衡使生物繁衍生息,并不断提供生物资源的。

壳聚糖(chitosan) 是甲壳素经化学法处理脱乙酰基后的产物,学名为 β － (1,4) － 2 － 氨基 － 2 － 脱氧 － D 葡萄糖,是至今发现的唯一天然碱性多糖。纯品的壳聚糖是带有珍珠光泽的白色片状或粉末状固体,相对分子质量因原料不同而从数十万到数百万。因制备工艺条件和需求不同,脱乙酰度为 60% ～ 100%,壳聚糖脱乙酰度越高,相对稳定性越低,但机械强度增大,生物相容性增加,吸附作用增强。

自 20 世纪 80 年代以来,在全球范围内形成了甲壳素／壳聚糖的开发研究热潮,各国都加大了对甲壳素／壳聚糖产品开发研究的力度。我国的海洋资源丰富,具有非常丰富的甲壳素资源,有巨大的甲壳素和壳聚糖产品的潜在市场,如何加速我国在甲壳素和壳聚糖产品方面的开发研究及产业化过程,是今后甲壳素和壳聚糖化学发展的方向及必然趋势。

6.5.1 甲壳素及壳聚糖的结构与性能

1. 化学结构

甲壳素是由 N － 乙酰氨基 － D 葡糖以 β － 1,4 － 糖苷键连接的直链多糖,分子式为 $(C_8H_{13}NO_5)_n$,其结构与纤维素非常相似,都是六碳糖的多聚体,相对分子质量都在 100 万以上,可以看作是纤维素 C_2 位的 —OH 被 —NHCOCH₃ 取代的产物,构成甲壳素的基本单位是 2 － 乙酰葡萄糖胺,相对分子质量可达 100 万以上,其结构式如图 6.18 所示。

壳聚糖是甲壳素经过脱乙酰作用得到的,又名聚氨基葡萄糖或几丁聚糖,是甲壳素脱去乙酰基的高分子直链型多糖,是甲壳素最重要的衍生物,其结构式如图 6.19 所示。

2. 性能特点

甲壳素是高相对分子质量物质,不溶于酸碱也不溶水,因此不能被身体利用,适合工业、环保等领域应用。甲壳素经脱乙酰基后相对分子质量降低,溶解性增加,容易被人体吸收。甲壳素脱乙酰基纯度越高,人体吸收性越好,目前作为机能性健康食品的壳聚糖具

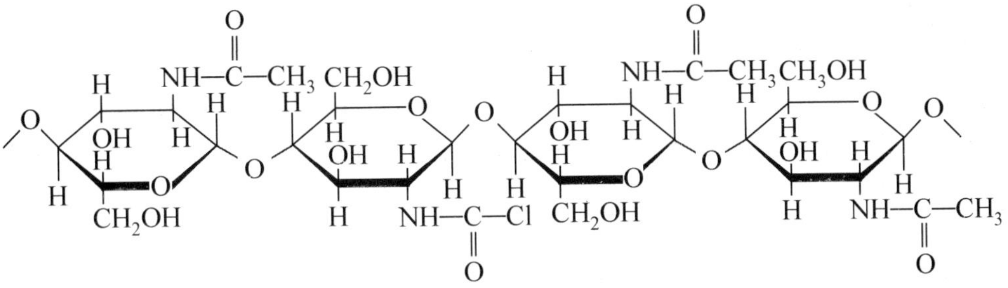

图 6.18　甲壳素的分子结构式

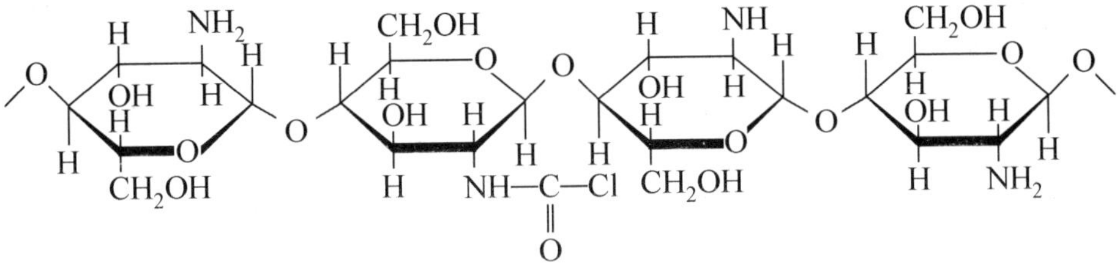

图 6.19　壳聚糖的分子结构式

有脱乙酰基纯度高、相对分子质量低等特点。

甲壳素和壳聚糖都是白色或灰白色半透明的片状或粉状固体,无臭、无味、无毒性,壳聚糖略带珍珠光泽。甲壳素不溶于水、一般溶剂、稀酸和碱,但可溶于含有 5% LiCl 的 N,N－二甲基乙酰胺中,其他溶剂还有:甲酸、甲基磺酸、六氟异丙醇、六氟丙酮以及 1,2－二氯乙烷／三氯醋酸的混合物(质量比为 35∶65)。壳聚糖不溶于水,但可溶于稀有机酸(如醋酸、环烷酸和苯甲酸)的溶液,在 pH 低于 5 时,可得到黏稠的溶液,但要注意,在稀酸中长期保存会逐渐水解。

与纤维素相似,生物体内的甲壳素的相对分子质量为 100 万～200 万,经提取后甲壳素的相对分子质量为 30 万～70 万;由甲壳素制取的壳聚糖的相对分子质量则更低,为 10 万～50 万,生产中甲壳素与壳聚糖的相对分子质量的大小,一般用它们的黏度高低来表示。

甲壳素为高分子线型聚胺,含有活性的胺基与羟基,有强的化学反应能力,为阳离子聚电解质(在 pH 低于 6.5 时,有高的电荷密度,能黏合到带负电荷物质的表面上,能与许多全属离子蟹合)。

壳聚糖具有良好的生物相容性(无毒、天然存在的高分子,可生物降解为基体部分)和一定的生物活性(螺旋促进剂、胆固醇还原剂、免疫系统刺激剂)。即使在常温下,壳聚糖也会逐渐水解,使溶液黏度降低,最后水解为氨基葡萄糖,所以应随配随用。不论是甲壳素或壳聚糖,在 100 ℃ 的盐酸中都完全水解为氨基葡萄糖,在比较温和的条件下水解时,则得到氨基葡萄糖、壳二糖、壳三糖等低聚糖。

甲壳素和壳聚糖具有极强的吸湿性和渗透性,甲壳质的吸湿率高于纤维素,壳聚糖的吸湿率更高,仅次于甘油,可用于化妆品。甲壳素及其衍生物制成的膜或中空纤维具有良好的渗透性,可用于化合物的分离膜、超滤膜、人工肾用的透析膜和药物缓释膜等。

通过土壤填埋、不同菌株(尤其是甲壳素酶、壳聚糖酶和溶菌酶等)平皿培养实验和生物降解率测定表明,甲壳素/壳聚糖理想的生物降解材料,即不但具有优秀的使用性能,成本低廉,而且废弃后可完全分解并参与生态体系的自然循环。甲壳素还是一种十分难得的精细化工原料,同时由于它是一种线型高分子物,故具有良好的成纤性能,而且可以亲和纤维素纤维用的染料,特别是可吸收直接染料,在这一点上它几乎能与纤维素相媲美,是化纤丰富的原料来源。

甲壳素/壳聚糖在生物活体中的响应,以及存留于生物系统期间所引起的活体体系的反应,也就是通常所说的材料反应和宿主反应均能很好保持在可接受水平,即甲壳素具有特有的动植物组织和器官生理适应性、安全性,加之甲壳素/壳聚糖有着良好的物理、化学性质等,因此是优良的天然医用高分子材料。以甲壳素为原料纺制的纤维,除可用作可吸收手术缝合线或医用卫生织物外,也可与化纤混纺制成具有优良服用性能的织物,还可用于制药、污水处理等各个领域,甲壳素对人体无毒害、无刺激,具有天然的生理活性,在印染、造纸、化工、食品、医药、环保等领域均有较高的应用价值和实用意义。

6.5.2 甲壳素及壳聚糖的化学性质

甲壳素和壳聚糖作为糖苷键连接的天然高分子多糖,其化学反应主要有两类:与糖残基官能团有关的反应和与主链降解有关的反应。前者主要包括与糖残基羟基和氨基有关的碱化、酰化、醚化、Schiff 碱化、接枝共聚、交联等化学反应;后者主要包括各种水解、降解反应。

1.碱化

甲壳素的糖残基含有两个羟基:一个是 C_6—OH,为一级羟基,另一个是 C_3—OH,为二级羟基,两者均为醇羟基,可与浓碱反应,生成碱化甲壳素,反应式如下:

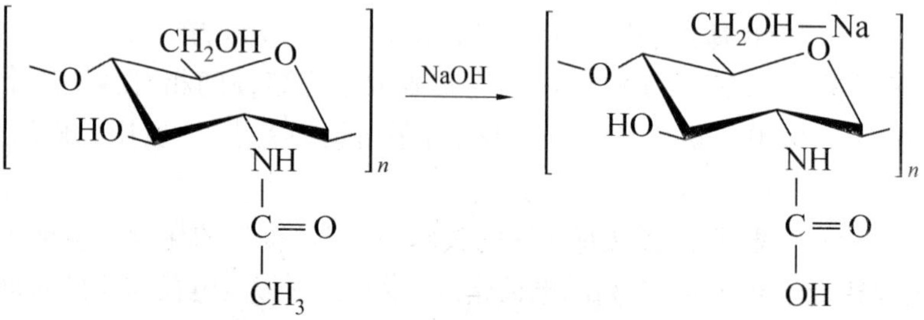

低温有利于碱化反应的进行,且取代反应主要发生在 C_6—OH 上,但 C_3—OH 并不能发生取代反应。甲壳素也可发生同样的反应。反应过程是小分子的碱先进入甲壳素的团粒中,引起甲壳素的润胀,尤其是在温度较低(– 10℃)的情况下,浸入甲壳素或壳聚糖内部的水分子结成冰,体积胀大,削弱了甲壳素或壳聚糖分子内的氢键,破坏了甲壳素或壳聚糖分子的规整性,降低了它们的结晶度,从而促进了碱化反应。

常温进行甲壳素的碱化反应,会伴随着甲壳素的脱乙酰化反应。

2.酰化反应

甲壳素和壳聚糖糖残基中的羟基,可与多种有机酸的衍生物发生 O – 酰化反应,形成有机酯。壳聚糖的糖残基上还含有氨基,酰化反应既可在羟基上进行生成酯,也可在氨基上进行生成酰胺。甲壳素的乙酰氨基,虽然已是酰胺基,但氮原子上的一个氢还有一定的活性,在适当的条件下也能发生酰化反应。然而,与纤维素相比,甲壳素因其分子内和分子间存在众多的氢键,其结构非常致密,酰化反应很难进行,一般要用酸酐或酰氯作酰化试剂,相应的酸作反应介质,在催化剂催化和冷却的条件下进行。常用的催化剂有氯化氢、甲磺酸、高氯酸等。壳聚糖分子结构中的氨基,破坏了一部分氢键,酰化反应比甲壳素要容易得多,可不用催化剂,反应介质常用甲醇或乙醇。

甲壳素和壳聚糖糖残基上的两种羟基的反应活性有一定的差异:C_6—OH 为一级羟基,从空间构象上来讲,又可以较为自由地旋转,位阻也小;而 C_3—OH 是二级羟基,又不能自由旋转,空间位阻也大一些。所以一般情况下,C_6—OH 的反应活性比较大。另外,壳聚糖糖残基上氨基的活性又比一级羟基的活性大一些。当然,这只是壳聚糖自身官能团之间的比较,酰化反应究竟先在哪个官能团上进行,还与反应溶剂、酰化试剂的结构、催化剂、反应温度等因素有关。另外需要指出的是,酰化反应往往得不到单一的酰化产物,N - 酰化、O - 酰化、C_6 - 酰化和 C_3 - 酰化有可能同时发生,如果壳聚糖的所有羟基和氨基全部发生了酰化反应,则生成全酰化壳聚糖,从结构上来讲是全酰化甲壳素。图 6.20 为全酰化壳聚糖衍生物的结构式。

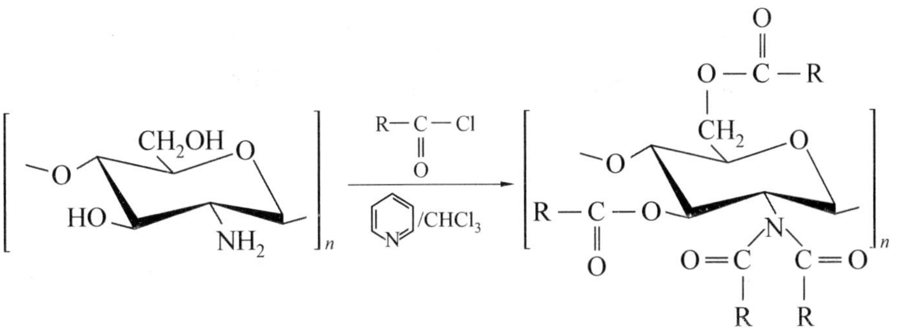

图 6.20 　全酰化壳聚糖衍生物的结构式

3. 酯化反应

与纤维素类似,甲壳素和壳聚糖的羟基,尤其是 C_6—OH,也可与一些含氧无机酸或其酸酐发生酯化反应,壳聚糖的氨基上也可能发生反应。

（1）硫酸酯化

甲壳素和壳聚糖可与硫酸酯化试剂反应生成硫酸酯:

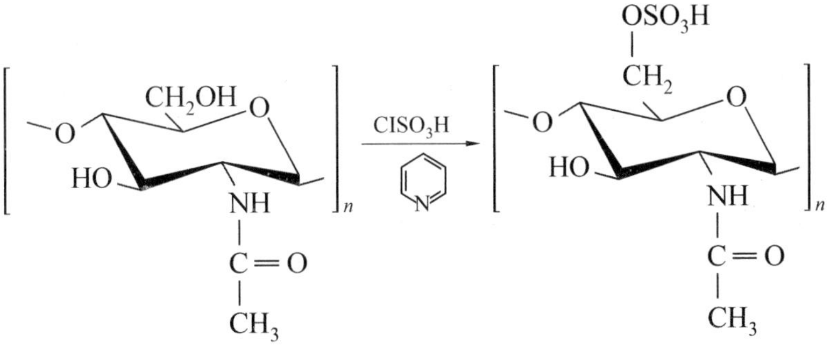

最常用的硫酸酯化试剂为氯磺酸／吡啶,此外还有浓硫酸、发烟硫酸、三氧化硫／吡啶、三氧化硫／二氧化硫、三氧化硫／二甲基甲酰胺等。反应一般在非均相条件下进行,通常发生在 C_6 位的羟基上,但壳聚糖可在二甲基甲酰胺(DMF)中与以偶极离子形式存在的 SO_3 – DMF 络合物进行均相反应,这种络合物的优点是稳定、易存放,能在低温下反应,得到的是 O – 硫酸酯和 N – 硫酸基。

壳聚糖的 6 – O – 硫酸酯是一种聚两性电解质,溶于水,因硫酸酯与氨基、C_3—OH 与吡喃糖环的氧桥之间形成很强的氢键,在溶液中具有稳定的构象。壳聚糖硫酸酯类的结构与肝素相似,也具有抗凝血作用,而肝素的提取、生产是很困难的,售价很高,同时,肝素还有引起血浆脂肪酸浓度增高的副作用。设计壳聚糖硫酸酯的特定结构和相对分子质量可制得抗凝血活性高于肝素而没有副作用的、廉价的肝素代用品。因此,甲壳素／壳聚糖的硫酸酯化是一个非常重要的反应。

(2) 黄原酸化

甲壳素与纤维素、淀粉一样,用碱处理后,再与二硫化碳反应可生成甲壳素黄原酸酯:

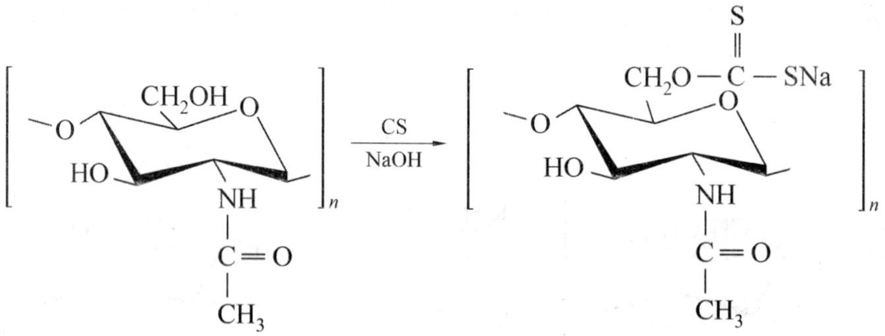

反应在低温(0 ℃)下进行,反应中可加入尿素,破坏甲壳素分子间的氢键作用,促进反应的进行。

将壳聚糖加到二硫化碳和氢氧化钠水溶液中,在 60 ℃ 下反应 6 h,倒入丙酮中,得到N – 黄原酸化壳聚糖钠盐:

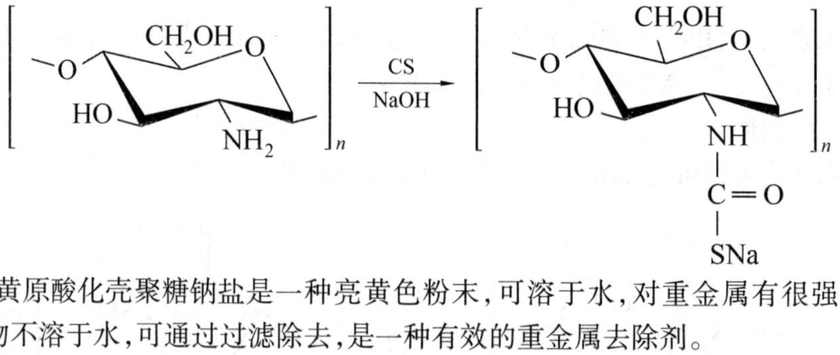

N – 黄原酸化壳聚糖钠盐是一种亮黄色粉末,可溶于水,对重金属有很强的络合能力,螯合物不溶于水,可通过过滤除去,是一种有效的重金属去除剂。

(3) 磷酸酯化

甲壳素和壳聚糖在甲磺酸中与五氧化二磷反应,可生成它们的磷酸酯:

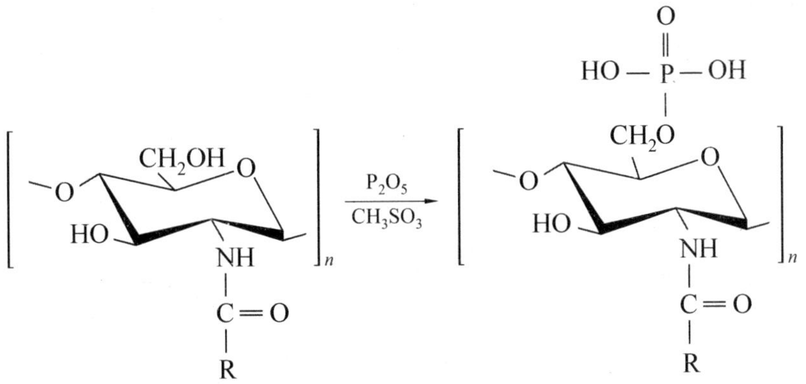

$$R = H, CH_3$$

甲壳素的磷酸酯溶于水,而且取代度越高越易溶于水。但壳聚糖的磷酸酯在低取代度时溶于水,高取代度时不溶于水,原因可能是壳聚糖磷酸酯的氨基与磷酸根之间形成了盐。

甲壳素和壳聚糖的磷酸酯也具有很强的吸附重金属离子的能力,尤其是能捕集海水中的铀,因而也是一类非常重要的甲壳素/壳聚糖衍生物。

(4) 硝酸酯化

甲壳素和壳聚糖可与硝酸或含硝酸的混合酸进行硝化反应,形成它们的硝酸酯。其中,壳聚糖的硝酸酯是不稳定的:

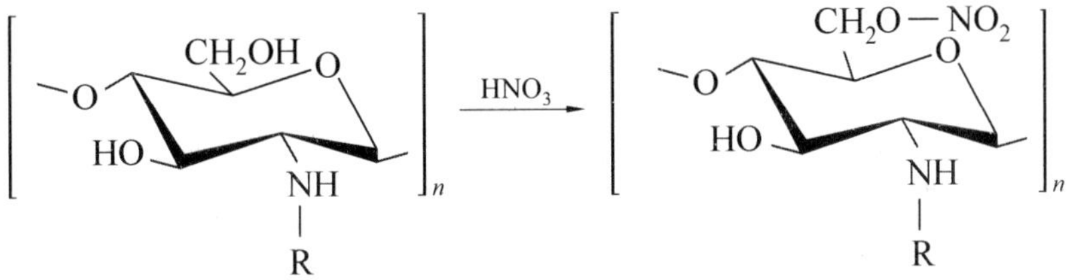

$$R = H, COCH_3$$

4. 醚化反应

与纤维素和淀粉一样,甲壳素和壳聚糖的羟基可与醚化试剂反应形成相应的甲壳素和壳聚糖醚。根据所用醚化剂的不同,可发生 O - 烃基化、O - 羟乙基化和羟丙基化、O - 羧甲基化和羧乙基化及 O - 氰乙基化。

(1) O - 烃基化

O - 烃基化主要包括甲壳素或壳聚糖的羟基所发生的 O - 烷基化及 O - 苄基化等反应。原则上,甲壳素可与卤代烷发生烷基化反应,但由于甲壳素分子间作用力非常强,一般是先将甲壳素与浓碱制成冻结的碱化甲壳素,再分散到卤代烷中,进行烷基化反应,为了避免 N - 脱乙酰化作用,反应在低温(12 ~ 14 ℃)下进行。由于卤代烷的活性较小,加之甲壳素结晶度高,相对分子质量大,C_6—OH 和 C_3—OH 的活性差别不够大,尤其是反应不能在均相中反应,控制醚化反应的位置和提高取代度都非常困难,所以,反应只能生成低取代度的甲壳素醚,且取代度与卤代烷的用量没有相对应的关系。

甲壳素经碱化后与硫酸二甲酯发生艰难的甲基化反应,生成甲壳素的单甲基醚。壳聚糖的烷基化反应相对容易进行,它可在碱性介质中与硫酸二甲酯反应生成甲基醚,产物主要是羟基取代,生成醚,也有少量氨基取代,生成 N - 甲基壳聚糖。

用壳聚糖与卤代烷反应时,则 N - 烷基化反应较多,O - 烷基化次之。因此,壳聚糖的氨基如果不加以保护,在醚化反应中首先发生的是 N - 烷基化。但利用微波辐射下的相转移催化技术,不仅可提高反应速率,还可制备较高取代度的壳聚糖烷基醚:

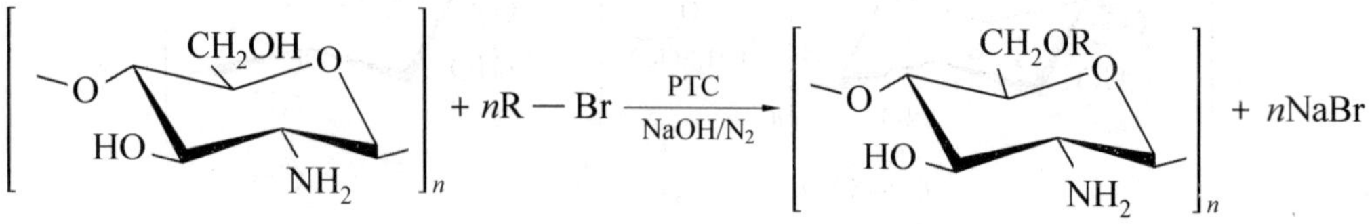

$$R = CH_3(CH_2)_nCH_2, n=2、6、8、10、14$$

反应以 40% NaOH 水溶液作为反应介质,在适量相转移催化剂和通氮保护的条件下进行。

(2)O - 羟乙基化和羟丙基化

甲壳素碱化后与环氧乙烷或氯乙醇在碱性介质中反应生成 O - 羟乙基甲壳素:

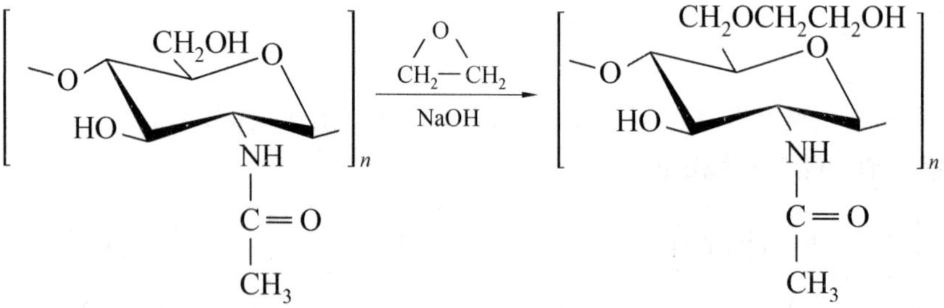

但由于反应是在强碱中进行,同时也发生 N - 脱乙酰化反应,羟乙基甲壳素脱除乙酰基后得到 O - 位取代的羟乙基壳聚糖。此外,环氧乙烷在氢氧根阴离子作用下会发生聚合反应,因而得到的衍生物结构具有不确定性。

甲壳素与环氧丙烷反应则可得到羟丙基甲壳素。在碱性条件下,壳聚糖也可与环氧乙烷和环氧丙烷直接反应,但得到的是 N - 、O - 位取代的衍生物,如图 6.21 所示。

用缩水甘油或3 - 氯 - 1,2 - 丙二醇也可以进行羟基化反应,通过一步反应就可在壳聚糖的分子中引入两个羟基。羟基化甲壳素和壳聚糖通常具有水溶性和良好的生物相容性。

(3)O - 羧甲基化和羧乙基化

甲壳素经碱化后与一氯乙酸反应形成羧甲基化甲壳素。羧甲基化主要发生在 C_6 位上,但因反应是在强碱中进行的,既存在脱乙酰化的副反应,也发生 N - 羧甲基化反应,如图 6.22 所示。

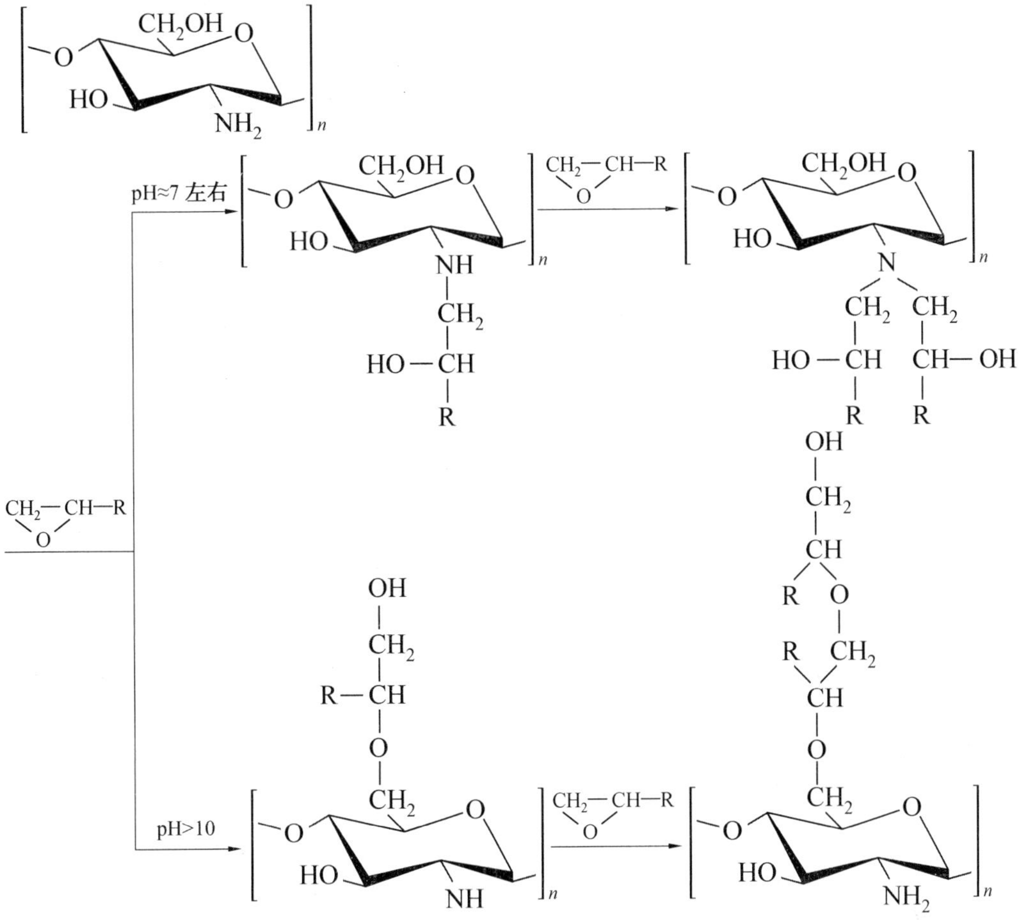

图 6.21　壳聚糖与环氧乙烷和环氧丙烷反应

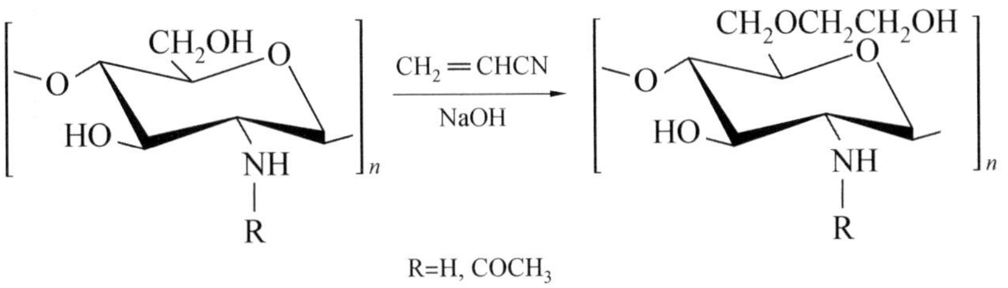

R=H, COCH₃

图 6.22　N – 羧甲基化反应

　　壳聚糖也可进行类似的羧甲基化反应,但羧甲基化反应同时发生在羟基和氨基上,得到的是 N,O – 羧甲基壳聚糖。壳聚糖分子上的羧甲基化顺序是 C_6—OH > C_3—OH > —NH₂。

　　甲壳素与一氯丙酸反应形成羧乙基甲壳素。

　　(4)O – 氰乙基化

　　甲壳素和壳聚糖都可在碱性条件下与丙烯腈发生 O – 氰乙基化反应,生成 O – 氰乙基醚:

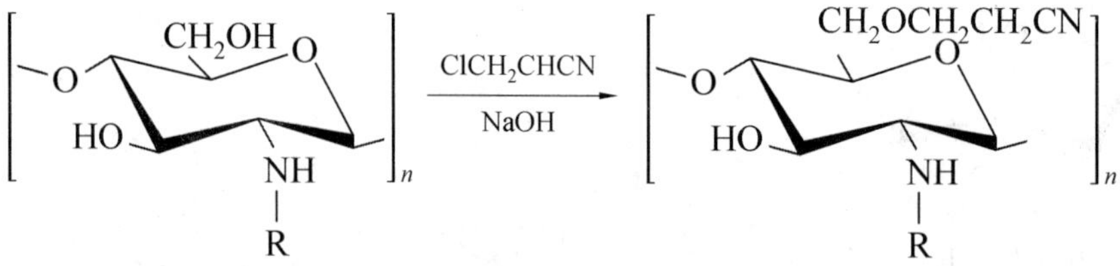

$$R=H, COCH_3$$

同时伴随着许多副反应,其中之一是生成的 O - 氰乙基醚的氰基被碱性水解,生成 O - 丙酰胺基甲壳素和 O - 羧乙基钠甲壳素。

壳聚糖的氰乙基醚化反应,在20 ℃时生成的是6 - O - 氰乙基壳聚糖,在氨基上没反应,若反应温度提高到70 ℃,则生成30% 的 N - O - 氰乙基取代物。

5. N - 烷基化

烷基化反应可在壳聚糖中羟基的氧原子上发生,也可在其氨基的氮原子上发生。壳聚糖的氨基上有一孤对电子,具有较强的亲核性,与卤代烷反应时,首先发生的是 N - 烷基化。N - 烷基化是除 N - 酰基化以外另一类重要的反应。由于甲壳素的分子间作用力非常强,因而反应条件较苛刻,但在一些强烈的条件下,也能发生取代反应。

(1)N - 烷基化

壳聚糖与卤代烷反应,首先发生的是 N - 烷基化;在接近中性的条件下,壳聚糖与环氧衍生物发生的也是 N - 烷基化反应。与环氧丙醇发生的 N - 烷基化反应同时引入了两个亲水性的羟基,生成物能溶于水。如果与过量的环氧丙醇在水溶液中反应,壳聚糖氨基上的2 个 H 都被取代,生成的 N,N - 双二羟基正丙基壳聚糖易溶于水。

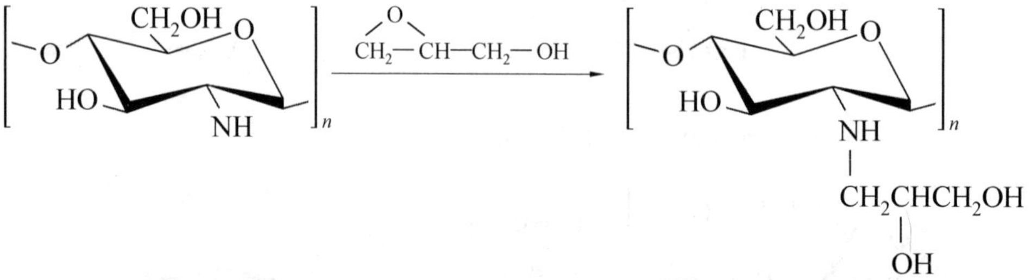

(2)Schiff 碱的形成

壳聚糖在中性介质中很容易与过量的芳香醇(或酮)、脂肪酸反应生成Schiff 碱(醛或酮亚胺化衍生物):

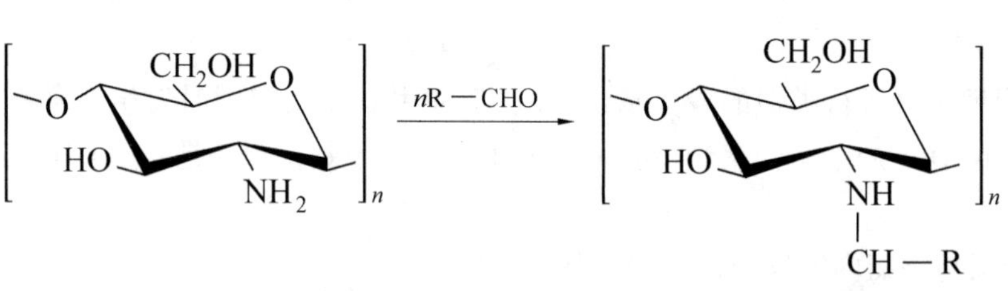

这个反应在壳聚糖的研究和应用中很有用:一方面,可用于保护氨基,然后在羟基上进行各种反应,反应结束后,利用酸分解 Schiff 碱,可以方便地脱掉保护基;另一方面,有一些特殊的醛形成的Schiff 碱,经氰硼化钠还原,可合成一些很有用的 N - 衍生物,反应式

如下：

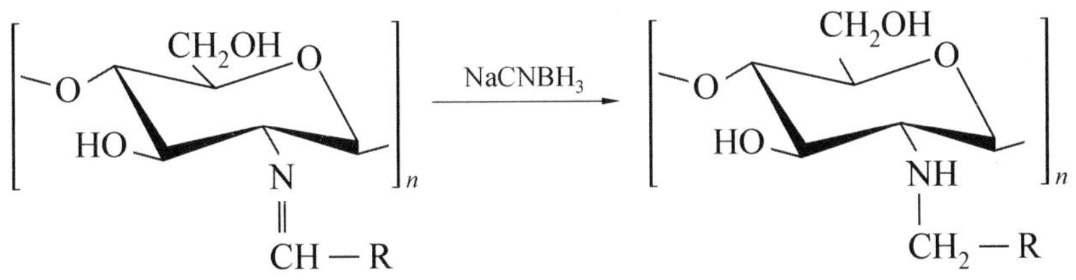

（3）季铵盐的形成

壳聚糖的季铵盐也可以分为两个类型：一类是利用壳聚糖的氨基与过量卤代烷反应，得到卤化壳聚糖季铵盐；另一类是用含有环氧烷烃的季铵盐和壳聚糖反应，得到含有羟基的壳聚糖季铵盐。

由于碘代烷的反应活性较高，是常用的卤代化试剂。利用碘甲烷与壳聚糖在 N - 甲基 - 2 - 吡咯烷酮中于碱性条件下反应可生成碘化 N - 三甲基壳聚糖季铵盐：

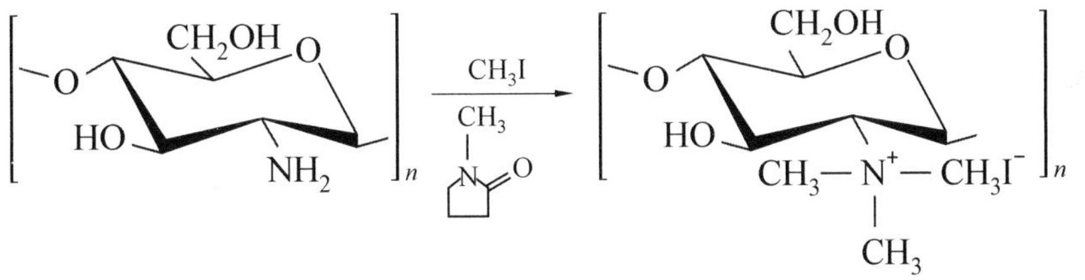

这种季铵盐不溶于水。壳聚糖碘代季铵盐的稳定性不如氯代季铵盐好，将碘化 N - 三甲基壳聚糖溶于水，用 Cl^- 交换树脂交换，可转变成氯代 N - 三甲基壳聚糖。

缩水甘油三甲基氯化铵的水溶液与壳聚糖在异丙醇中于 90℃ 反应可得壳聚糖羟丙基三甲基氯化铵：

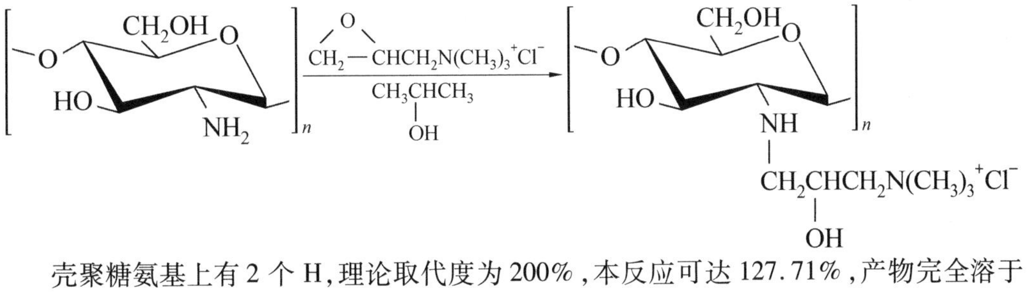

壳聚糖氨基上有 2 个 H，理论取代度为 200%，本反应可达 127.71%，产物完全溶于水。

6. 氧化

甲壳素和壳聚糖羟基和氨基都易被氧化剂氧化，氧化反应的机理很复杂。随着氧化剂和反应条件的不同，既可使 C_6—OH 氧化成醛基或羧基，也可使 C_3—OH 氧化成羰基，还可能发生部分脱氨基或脱乙酰氨基，甚至糖链的降解。其中，甲壳素的氧化多发生在一级羟基上，C_6 羟基被氧化成羧基，使甲壳素成为氧化甲壳素；而壳聚糖的氧化会造成脱氨基。

7. 水解

甲壳素和壳聚糖的糖苷键在酸性水溶液易发生水解,引起长链的断裂,其完全降解的产物是氨基葡萄糖单糖。甲壳素在碱中脱除乙酰基,形成壳聚糖:

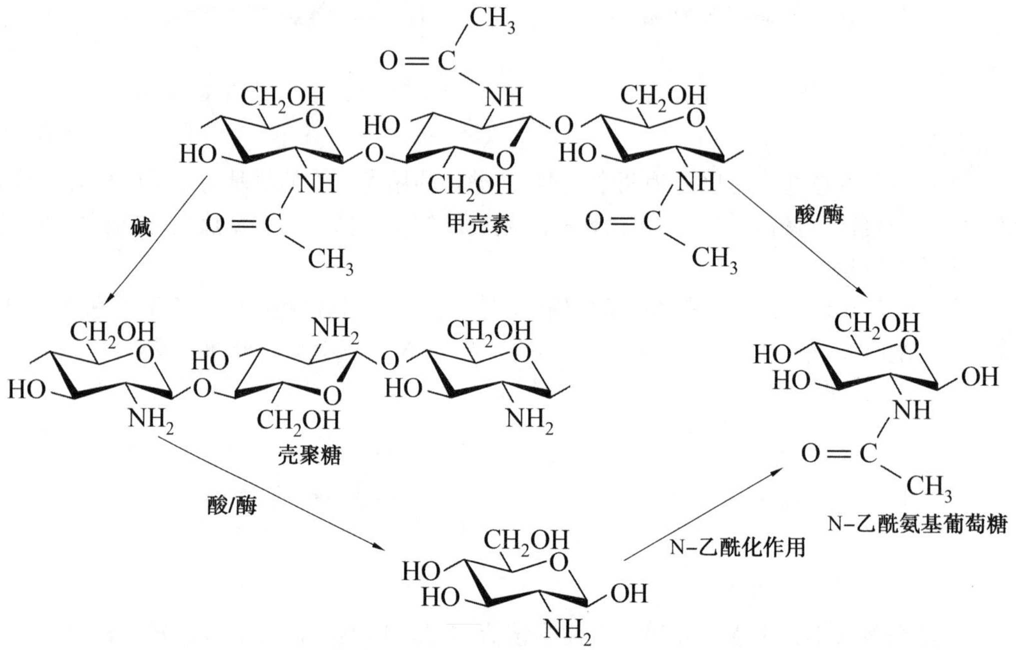

其中,酸在甲壳素和壳聚糖的水解过程中主要起催化剂的作用。甲壳素不溶于水和稀酸,必须用强酸并加热回流才能水解,在水解过程中,氨基上的乙酰基也将脱落,因此,其水解最终产物是氨基葡萄糖。壳聚糖可溶于酸,可以在较温和的条件下水解。

一般的酸水解往往是对甲壳素或壳聚糖的部分水解,产生的是相对分子质量大小不等的甲壳素或壳聚糖的片段,主要得到的是单糖 2 ~ 4 的低聚糖。

8. 交联

甲壳素和壳聚糖可通过双官能团的醛或酸酐等进行交联,形成网状结构的不溶性产物。此外,还可利用环氧氯丙烷等交联剂,在壳聚糖上同时引入其他活性基团。

(1)醛类交联剂

甲醛、乙二醛和戊二醛均可与壳聚糖发生交联反应,反应可在室温下进行,反应速率较快,既可在水溶液中进行也可在非均相介质中进行,反应的 pH 范围也很宽。交联反应主要在分子间进行,但也不排除有分子内的交联反应。

乙二醛和戊二醛有两个醛基,与壳聚糖发生 Schiff 碱化之后,还剩有一个醛基,从而可直接在两分子壳聚糖之间进行交联反应:

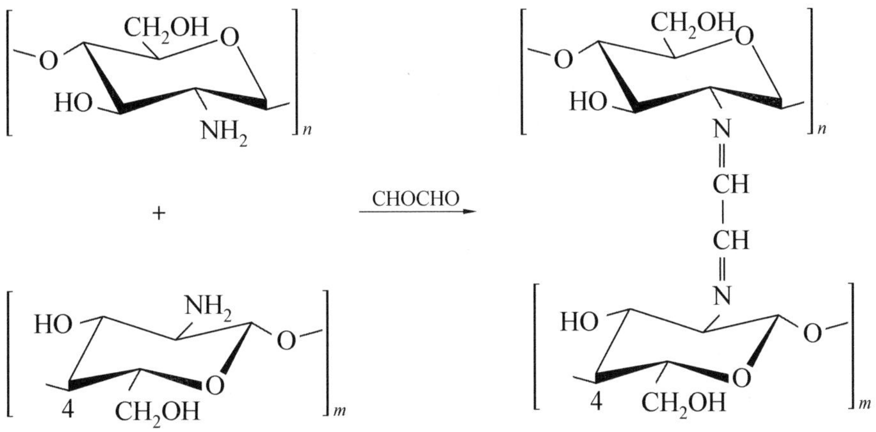

但甲醛交联壳聚糖反应最容易发生：

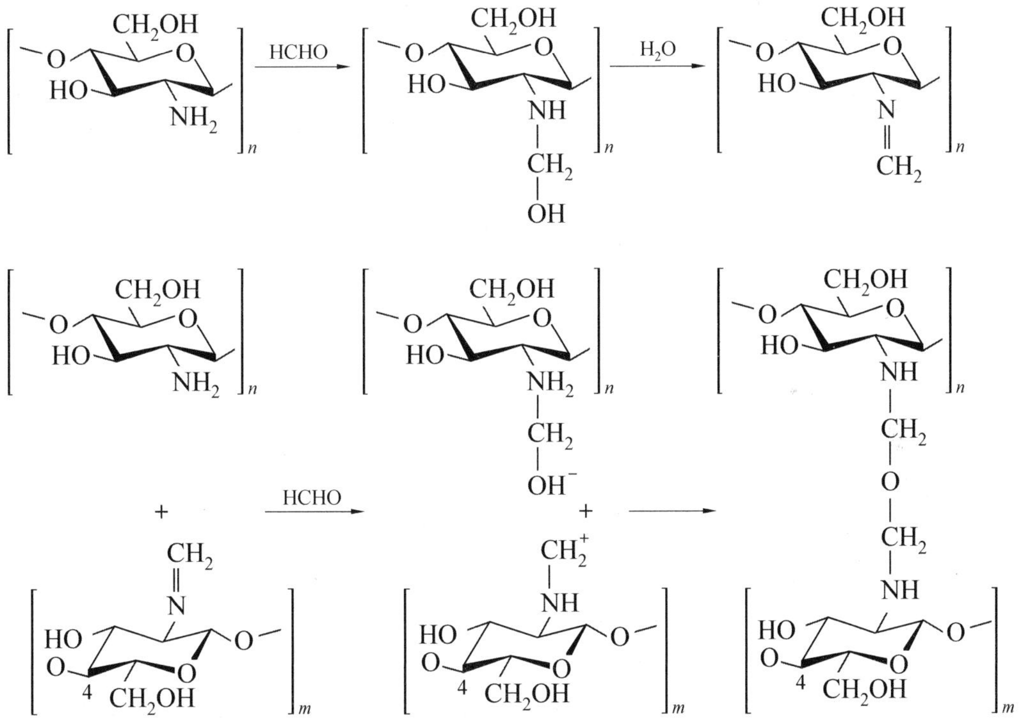

交联主要是在分子间发生,也不排除在分子内发生。交联更多的是醛基与壳聚糖的氨基生成 Schiff 碱型结构,其次才是醛基与羟基的反应。常用的交联剂是戊二醛、甲醛、乙二醛,可在室温下进行,反应速率较快,既可在水溶液中进行,也可在非均相介质中进行,而且可在很宽的 pH 范围内发生。

(2) 环氧丙烷系交联剂

利用环氧氯丙烷可将壳聚糖粉末在稀碱溶液中进行交联,在两个壳聚糖分子链的交联键之间产生羟基:

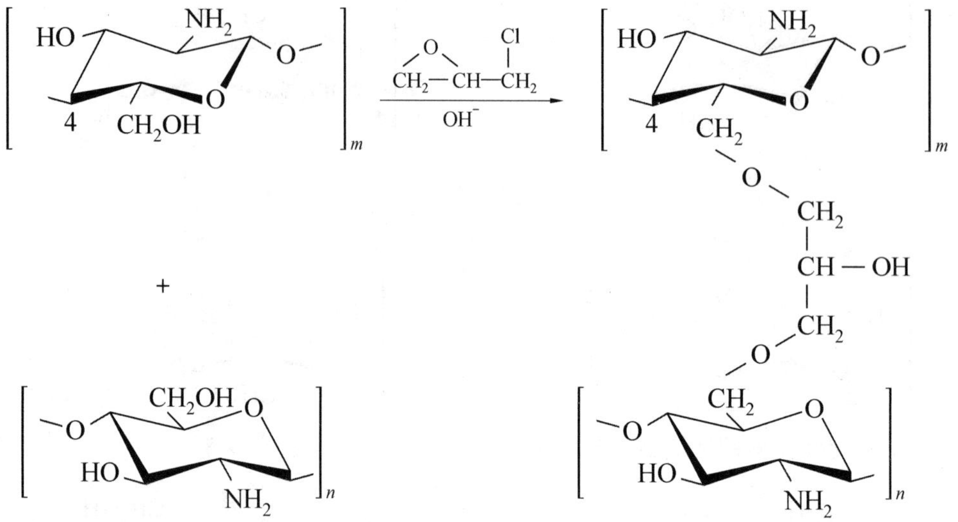

如果用环硫氯丙烷在水－二氧六环溶液的稀碱液中对壳聚糖进行交联,则在交联键之间形成的是巯基。

此外,用环氧氯丙烷对两端含有羟基的聚乙二醇等改性,获得具有双环氧乙基的改性聚乙二醇:

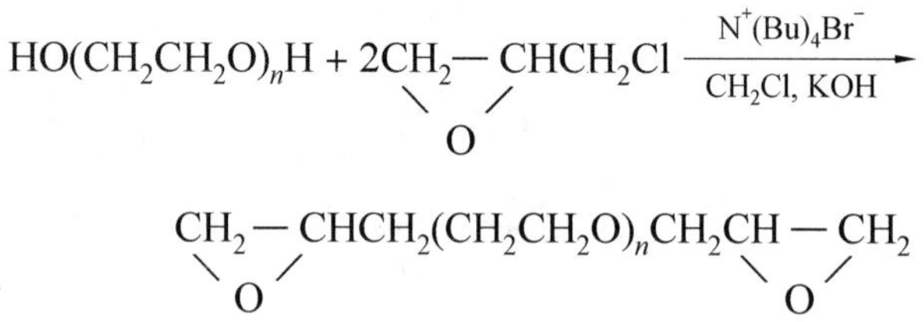

$$HO(CH_2CH_2O)_nH + 2CH_2—CHCH_2Cl \xrightarrow[\text{CH}_2\text{Cl, KOH}]{N^+(Bu)_4Br^-}$$

$$CH_2—CHCH_2(CH_2CH_2O)_nCH_2CH—CH_2$$

也可作为甲壳素或壳聚糖的交联剂,交联键之间产生两个羟基。

9. 接枝共聚

与纤维素和淀粉类似,甲壳素和壳聚糖也可与其他单体或聚合物产生接枝共聚反应。通过接枝共聚可制备各种功能性壳聚糖衍生物。

(1) 与小分子乙烯基单体接枝共聚

如用硝酸铈铵或硫酸铈铵作引发剂,可引发烯类单体(如丙烯酸、丙烯酸酯、丙烯酰胺、甲基丙烯酸甲酯、苯乙烯等)对甲壳素或壳聚糖糖残基的接枝;在偶氮二丁腈引发下,一些乙烯单体如丙烯腈、丙烯酸甲酯和乙烯基乙酸,都可在乙酸或水中与壳聚糖发生接枝共聚。通常甲壳素的接枝共聚反应不能确定引发位置和所得产物的结构。

(2) 与高分子聚合物的接枝共聚

淀粉和聚丙烯酰胺等高分子聚合物均可通过交联剂接枝到壳聚糖分子链上。如利用Mannich反应原理,通过交联剂(HCHO)将壳聚糖与阴离子聚丙烯酰胺(APAM)进行交联或阳离子淀粉进行交联。

10. 与酸的作用

壳聚糖可视为一种弱碱,可与酸进行典型的中和反应。在中和反应中,其糖残基 C_2

位上氨基的孤对电子可以接受质子,使伯胺基带有正电荷:

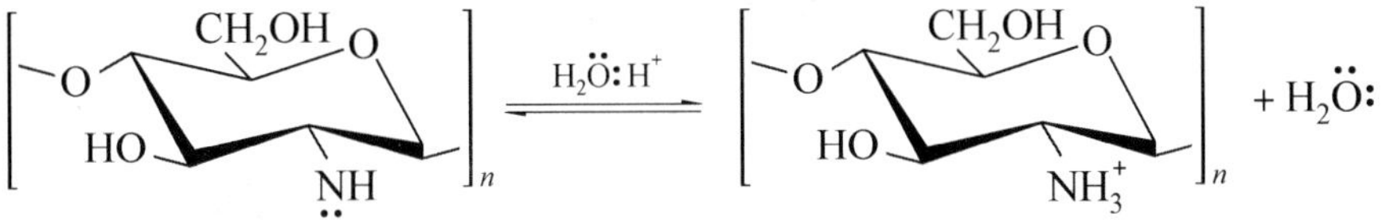

因此,许多无机酸、有机酸和酸性化合物,甚至两性化合物,都能被壳聚糖吸附结合。壳聚糖被质子化后带有的正电荷增加了壳聚糖分子的极性和分子间的斥力,因此,不溶于中性和碱性水溶液的壳聚糖可溶于酸性水溶液。

11. 对过渡金属离子的吸附

甲壳素和壳聚糖糖残基 C_2 位上是乙酰氨基或氨基,C_3 位上是羟基,从构象上来看,它们都是平伏键,这种特殊结构,使得它们对过渡金属离子具有螯合作用:

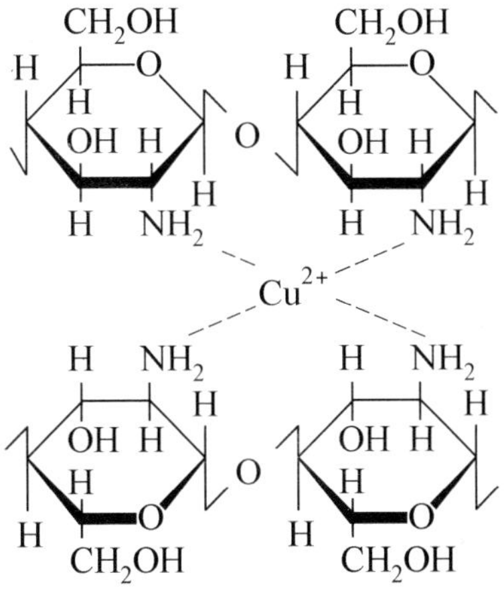

尤其是壳聚糖,与属离子的螯合作用更广泛。碱金属和碱土金属离子由于离子半径较小,不会被甲壳素和壳聚糖螯合。壳聚糖与金属的螯合量受到金属的离子的种类、溶液的 pH、浓度、温度、时间等因素的制约。

壳聚糖与金属离子螯合后,本身的结构并未改变,但产物的性质改变了。从外观上看,大都伴随着颜色的改变。当有两种或两种以上的过渡金属离子共存于一种溶液中时,离子半径合适的离子将优先被壳聚糖结合。

金属离子氧化价态的不同,与壳聚糖的结合能力也不同。例如,亚铁离子对壳聚糖的结合能力不如高铁离子。壳聚糖对过渡金属离子的结合受到阴离子的影响,如氯离子会抑制金属离子的结合量,硫酸根离子会促进结合。由于壳聚糖的乙酸盐是可溶性的,因此如果溶液中存在乙酸根,会改变壳聚糖颗粒的表面性质,而磺酸根本身就具有络合金属离子的能力,因此也会抑制壳聚糖对金属离子的结合。

参考文献

[1] 潘祖仁. 高分子化学[M].5 版. 北京:化学工业出版社,2011.

[2] 金日光,华幼卿. 高分子物理[M].3 版. 北京:化学工业出版社,2009.

[3] 符若文,李谷,冯开才. 高分子物理[M]. 北京:化学工业出版社,2005.

[4] 董炎明,张海良.高分子科学简明教程[M]. 北京:科学出版社,2008.

[5] 张留成,瞿雄伟,丁会利.高分子材料基础[M]. 北京:化学工业出版社,2007.

[6] 孙立新,张昌松. 塑料成型基础及成型工艺[M]. 北京:化学工业出版社,2012.

[7] 俞芙芳. 塑料成型工艺与模具设计[M].北京:清华大学出版社,2011.

[8] 杨清芝. 实用橡胶工艺学[M].北京:化学工业出版社,2009.

[9] 张岩梅,邹一明. 橡胶制品工艺[M].北京:化学工业出版社,2005.

[10] 沈新元. 高分子材料加工原理[M].北京:中国纺织出版社,2009.

[11] 樊美公. 光子存储原理与光致变色材料[J]. 化学进展,1997,9(2):170-178.

[12] PIERONI O,FISSI A,POPOVA G. Photochromic polypeptides[J]. Progress in Polymer Science, 1998, 23(1): 81-123.

[13] 陈齐,王志平. 光致变色聚合物[J]. 合成树脂及塑料,1999,16(3):61-65.

[14] 黄德音,晏意隆. 酞菁类化合物在光导材料方面的应用[J]. 感光材料,1997(1): 9-12.

[15] 丁瑞松,王艳乔,蒋克健,等. 静电复印用双偶氮颜料的研究[J]. 化学通报,2001, 64(1):53-55.

[16] 孙景志,汪茫,周成. 有机/聚合物光导机理与图像传感器件[J]. 高等学校化学学报,2001(3):498-505.

[17] 谭业邦,张黎明,李卓美. 用高分子化学反应法制备阳离子聚合物[J]. 精细石油化工,1998(4):41-46.

[18] 尹向春. 水溶性聚合物[J]. 广州化工,1996(2):14-18.

[19] 淡宜,王琪. 聚(丙烯酰胺-丙烯酸)/聚(丙烯酰胺-二甲基二烯丙基氯化铵)分子复合型聚合物驱油剂的增黏作用[J].高等学校化学学报,1997(5):818-822.

[20] 张黎明. 油田用水溶性两性聚合物[J]. 油田化学,1997(2):166-174.

[21] 徐祖顺,封麟先,易昌凤,等. 两亲聚合物溶液性质及其乳液聚合的研究进展[J]. 高分子材料科学与工程,1998(4):1-4.

[22] MORGENROTH F, MULLEN K. Dendritic and hyperbranched polyphenylenes via a simple Diels-Alder route[J]. Tetrahedron, 1997, 53(45): 15349-15366.

[23] Mi Yongli, Tang Benzhong. Advancing Macromolecular Science and Developing Functional Polymeric Materials[J]. Polymer News, 2001, 26: 170-176.

[24] Xu Kaitian, Peng Han, Sun Qunhui, et al. Polycyclotrimerization of diynes: Synthesis and properties of hyperbranched polyphenylenes[J]. Macromolecules, 2002, 35(15):5821-5834.

[25]HAUSSLER M, LAM J W Y, Zheng Ronghua, et al. Hyperbranched polyarylenes[J]. Comptes Rendus Chimie, 2003, 6(8-10):833-842.

[26]CHEUK K K L, Li Bingshi, Tang Benzhong. Amphiphilic polymers comprising of conjugated polyacetylene backbone and naturally occurring pendants:Synthesis, chain helicity, self-assembling structure, and biological activity [J]. Current Trends in Polymer Science 2002, 7: 41-56.

[27]Chen Junwu, LAW C C W, LAM J W Y, et al. Synthesis, light emission, nanoaggregation, and restricted intramolecular rotation of 1,1-substituted 2,3,4, 5-tetraphenylsiloles[J]. Chemistry of Materials, 2003, 15(7): 1535-1546.

[28]Chen Junwu, Xie Zhiliang, LAM J W Y, et al. Silole-containing polyacetylenes: Synthesis, thermal stability, light emission, nanodimensional aggregation, and restricted intramolecular rotation[J]. Macromolecules, 2003, 36(4): 1108-1117.

[29]Xie Zhiliang, LAM J W Y, Dong Yuping, et al. Blue luminescence of poly[1-phenyl-5-(alpha-naphthoxy)pentyne][J]. Optical Materials, 2003, 21(1-3): 231-234.

[30]LAM J W Y, Luo Jingdong, Dong Yuping, et al. Functional polyacetylenes: Synthesis, thermal stability, liquid crystallinity, and light emission of polypropiolates [J]. Macromolecules, 2002, 35(22): 8288-8299.

[31]LAM J W Y, Kong Xiangxing, Dong Yuping, et al. Synthesis and properties of liquid crystalline polyacetylenes with different spacer lengths and bridge orientations [J]. Macromolecules, 2000, 33(14): 5027-5040.

[32]ISHIDA Y, JIKEI M, KAKIMOTO, M. Synthesis of hyperbranched aromatic polyesters prepared by the palladium catalyzed CO insertion reaction [J]. Kobunshi Ronbunshu, 1997, 54(12): 891-895.

[33] 王素娟,赵宝辉,焦会云,等. 超支化聚酯的合成及表征[J]. 河北大学学报,自然科学版,2004,24(1):51-54.

[34]HAHN S W, YUN Y K, JIN J I, et al. Thermotropic hyperbranched polyesters prepared from 2-[(10-(4-hydroxyphenoxy)decyl)oxy]terephthalic acid and 2-[(10-((4′-hydroxy-1,1′-biphenyl-4-yl)oxy)decyl)oxy]terephthalic acid [J]. Macromolecules, 1998, 31(19): 6417-6425.

[35] 汤为,侯健,颜德岳. 由4′,4″-二羟基-2-甲酸-三苯基甲烷及其衍生物制备高碳超支化芳香聚酯 [J]. 化学学报,2003,61(8):1299-1304.

[36]DAVIS N, RANNARD S. Synthesis of hyperbranched polymers using highly selective chemical reactions [J]. Polymeric Materials Science and Engineering, 1997,77: 158-159.

[37]Liu Mingjun, VLADIMIROV N, FRECHET J M J. A new approach to hyperbranched polymers by ring-opening polymerization of an AB monomer: 4-(2-hydroxyethyl)-epsilon-caprolactone [J]. Macromolecules, 1999, 32(20):

6881-6884.

[38]TROLLSAS M, LOWENHIELM P, LEE V Y, et al. New approach to hyperbranched polyesters: Self-condensing cyclic eater polymerization of bis(hydroxymethyl)-substituted epsilon-caprolactone [J]. Macromolecules, 1999, 32(26): 9062-9066.

[39]SRINIVASAN S, TWIEG R, HEDRICK J L, et al. Heterocycle-activated aromatic nucleophilic substitution of AB2 poly(aryl ether phenylquinoxaline) monomers[J]. Macromolecules, 1996, 29(26): 8543-8545.

[40]MUELLER A, KOWALEWSKI T, WOOLEY K L. Synthesis, characterization, and derivatization of hyperbranched polyfluorinated polymers [J]. Macromolecules, 1998, 31(3): 776-786.

[41]CHANG H T, FRECHET J M J. Proton-transfer polymerization: A new approach to hyperbranched polymers [J]. Journal of the American Chemical Society, 1999, 121(10): 2313-2314.

[42]SUNDER A, HANSELMANN R, FREY H, et al. Controlled synthesis of hyperbranched polyglycerols by ring-opening multibranching polymerization [J]. Macromolecules, 1999, 32(13): 4240-4246.

[43]SUNDER A, MULHAUPT R, FREY H. Hyperbranched polyether-polyols based on polyglycerol: Polarity design by block copolymerization with propylene oxide [J]. Macromolecules, 2000, 33(2): 309-314.

[44]Zhang Yadong, Wang Liming, WADA T, et al. Synthesis and characterization of novel hyperbranched polymer with dipole carbazole moieties for multifunctional materials [J]. Journal of Polymer Science Part A-Polymer Chemistry, 1996, 34(7): 1359-1363.

[45]MAGNUSSON H, MALMSTROM E, HULT A. Synthesis of hyperbranched aliphatic polyethers via cationic ring-opening polymerization of 3-ethyl-3-(hydroxymethyl)oxetane [J]. Macromolecular Rapid Communictions, 1999,20(8): 453-457.

[46] 吴宇平,戴晓兵,马军旗,等. 锂离子电池 —— 应用与实践[M]. 北京:化学工业出版社,2004.

[47]SIT K, LI P K C, IP C W, et al. Studies of the energy and power of current commercial prismatic and cylindrical Li-ion cells [J]. Journal of Power Sources, 2004, 125(1):124-134.

[48]BROUSSELY M, ARCHDALE G. Li-ion batteries and portable power source prospects for the next 5-10 years [J]. Journal of Power Sources, 2004, 136(2): 386-394.

[49]KIM J, KIM B, JUNG B. Proton conductivities and methanol permeabilities of membranes made from partially sulfonated polystyrene - block - poly (ethylene - ran - butylene) -block - polystyrene copolymers [J]. Journal of Membrane Science, 2002,

207(1): 129-137.

[50]MAURITZ K A, MOORE R B. State of understanding of Nafion [J]. Chemical Reviews, 2004, 104(10): 4535-4585.

[51]ROY A, HICKNER M A, YU X, et al. Influence of chemical composition and sequence length on the transport properties of proton exchange membranes [J]. Journal of Polymer Science Part B-Polymer Physics, 2006, 44(16): 2226-2239.

[52]Guan Rong, Gong Chunli, Lu Deping, et al. Development and characterization of homogeneous membranes prepared from sulfonated poly(phenylene oxide) [J]. Journal of Applied Polymer Science, 2005, 98(3): 1244-1250.

[53]Li Cuihua, Liu Jianhong, Guan Rong, et al. Effect of heating and stretching membrane on ionic conductivity of sulfonated poly(phenylene oxide) [J]. Journal of Membrane Science, 2007, 287(2): 180-186.

[54]MIYATAKE K, SHOUJI E, YAMAMOTO K, et al. Synthesis and proton conductivity of highly sulfonated poly(thiophenylene) [J]. Macromolecules, 1997, 30(10): 2941-2946.

[55]FUJIMOTO C H, HICKNER M A, CORNELIUS C J, et al. Ionomeric poly(phenylene) prepared by diels-alder polymerization: Synthesis and physical properties of a novel polyelectrolyte [J]. Macromolecules, 2005, 38(12): 5010-5016.

[56]AOKI M, CHIKASHIGE Y, MIYATAKE K, et al. Durability of novel sulfonated poly(arylene ether) membrane in PEFC operation [J]. Electrochemistry Communications, 2006, 8(9): 1412-1416.

[57]Shang Xueya, Shu Dong, Wang Shuanjin, et al. Fluorene-containing sulfonated poly(arylene ether 1,3,4-oxadiazole) as proton-exchange membrane for PEM fuel cell application [J]. Journal of Membrane Science, 2007, 291(1-2): 140-147.

[58]TIAN Shuang, Shu Dong, Wang Shuanjin, et al. Poly(arylene ether)s with sulfonic acid groups on the backbone and pendant for proton exchange membranes used in PEMFC applications [J]. Fuel Cells, 2007, 7(3): 232-237.

[59]Zhong Shuangling, Cui Xuejun, Cai Hongli, et al. Crosslinked sulfonated poly(ether ether ketone) proton exchange membranes for direct methanol fuel cell applications [J]. Journal of Power Sources, 2007, 164(1): 65-72.

[60]Xing Peixiang, ROBERTSON G P, GUIVER M D, et al. Sulfonated poly(aryl ether ketone)s containing the hexafluoroisopropylidene diphenyl moiety prepared by direct copolymerization, as proton exchange membranes for fuel cell application [J]. Macromolecules, 2004, 37(21): 7960-7967.

[61]Liu Baijun, ROBERTSON G P, GUIVER M D, et al. Sulfonated poly(aryl ether ether ketone ketone)s containing fluorinated moieties as proton exchange membrane materials [J]. Journal of Polymer Science Part B-Polymer Physics, 2006, 44(16):

2299-2310.

[62]Ge Xiangcai, Xu Yan, Xiao Min, et al. Synthesis and characterization of poly(arylene ether)s containing triphenylmethane moieties for proton exchange membrane [J]. European Polymer Journal, 2006, 42(5): 1206-1214.

[63]NORSTEN T B, GUIVER M D, MURPHY J, et al. Highly fluorinated comb-shaped copolymers as proton exchange membranes (PEMs): Improving PEM properties through rational design [J]. Advanced Functional Materials, 2006, 16(14): 1814-1822.

[64]Yang Yunsong, Shi Zhiqing, HOLDCROFT S. Synthesis of sulfonated polysulfone-block-PVDF copolymers: Enhancement of proton conductivity in low ion exchange capacity membranes [J]. Macromolecules, 2004, 37(5): 1678-1681.

[65]Wu Shuqing, Qiu Zhiming, Zhang Suobo, et al. The direct synthesis of wholly aromatic poly(p-phenylene)s bearing sulfobenzoyl side groups as proton exchange membranes [J]. Polymer, 2006, 47(20): 6993-7000.

[66]JOUANNEAU J, MERCIER R, GONON L, et al. Synthesis of sulfonated polybenzimidazoles from functionalized monomers: Preparation of ionic conducting membranes [J]. Macromolecules, 2007, 40(4): 983-990.

[67]KIM D S, SHIN K H, PARK H B, et al. Synthesis and characterization of sulfonated poly(arylene ether sulfone) copolymers containing carboxyl groups for direct methanol fuel cells [J]. Journal of Membrane Science, 2006, 278(1-2): 428-436.

[68]SCHUSTER M, KREUER K D, ANDERSEN H T, et al. Sulfonated poly(phenylene sulfone) polymers as hydrolytically and thermooxidatively stable proton conducting ionomers [J]. Macromolecules, 2007, 40(3): 598-607.

[69]RODGERS M, YANG Y S, HOLDCROFT S. A study of linear versus angled rigid rod polymers for proton conducting membranes using sulfonated polyimides [J]. European Polymer Journal, 2006, 42(5): 1075-1085.

[70]ASANO N, AOKI M, SUZUKI S, et al. Aliphatic/aromatic polyimide lonomers as a proton conductive membrane for fuel cell applications [J]. Journal of the American Chemical Society, 2006, 128(5): 1762-1769.

[71]ESSAFI W, GEBEL G, MERCIER R. Sulfonated polyimide ionomers: A structural study [J]. Macromolecules, 2004, 37(4):1431-1440.

[72]Guo Xiaoxia, Fang Jianhua, WATARI T, et al. Synthesis and proton conductivity of polyimides from 9,9-bis(4-aminophenyl)fluorene-2,7-disulfonic acid [J]. Macromolecules, 2002, 35(17): 6707-6713.

[73]Ye Xinhuai, Bai He, HO W S W. Synthesis and characterization of new sulfonated polyimides as proton-exchange membranes for fuel cells [J]. Journal of Membrane Science, 2006, 279 (1-2): 570-577.

[74]Qiu Zhiming, Wu Shuqing, Li Zhiying, et al. Sulfonated

poly(arylene-co-naphthalimide)s synthesized by copolymerization of primarily sulfonated monomer and fluorinated naphthalimide dichlorides as novel polymers for proton exchange membranes [J]. Macromolecules, 2006, 39(19):6425-6432.

[75] Yin Yan, YAMADA O, HAYASHI S, et al. Chemically modified proton-conducting membranes based on sulfonated polyimides: Improved water stability and fuel-cell performance [J]. Journal of Polymer Science Part A-Polymer Chemistry, 2006, 44(12): 3751-3762.

[76] LEE C H, PARK H B, CHUNG Y S, et al. Water sorption, proton conduction, and methanol permeation properties of sulfonated polyimide membranes cross-linked with N,N-bis(2-hydroxyethyl)-2-aminoethanesulfonic acid (BES) [J]. Macromolecules, 2006, 39(2): 755-764.

[77] JANG W, SUNDAR S, CHOI S, et al. Acid-base polyimide blends for the application as electrolyte membranes for fuel cells [J]. Journal of Membrane Science, 2006, 280(1-2): 321-329.

[78] Hu Zhaoxia, Yin Yan, Chen Shouwen, et al. Synthesis and properties of novel sulfonated (co)polyimides bearing sulfonated aromatic pendant groups for PEFC applications [J]. Journal of Polymer Science Part A-Polymer Chemistry, 2006, 44(9): 2862-2872.

[79] Wang Liang, Yi Baolian, Zhang Huamin, et al. Novel multilayer Nafion/SPI/Nafion composite membrane for PEMFCs [J]. Journal of Power Sources, 2007, 164(1): 80-85.

[80] Chen Jinhua, ASANO M, MAEKAWA Y, et al. Suitability of some fluoropolymers used as base films for preparation of polymer electrolyte fuel cell membranes [J]. Journal of Membrane Science, 2006, 277(1-2): 249-257.

[81] NI Hongbo, LI Zhenghuan, DOU Hongyan, et al. Synthesis and characterization of fluorinated ionomer p-perfluoro-[1-(2-sulfonic)ethoxy]ethylated polyacrylonitrile-styrene [J]. Journal of Fluorine Chemistry, 2006, 127(8): 1036-1041.

[82] RUBATAT L, SHI Z Q, DIAT O, et al. Structural study of proton-conducting fluorous block copolymer membranes [J]. Macromolecules, 2006, 39(2):720-730.

[83] DEIMEDE V A, KALLITSIS J K. Synthesis of poly(arylene ether) copolymers containing pendant PEO groups and evaluation of their blends as proton conductive membranes [J]. Macromolecules, 2005, 38(23): 9594-9601.

[84] Fu Yongzhu, MANTHIRAM A, GUIVER M D. Blend membranes based on sulfonated poly(ether ether ketone) and polysulfone bearing benzimidazole side groups for proton exchange membrane fuel cells [J]. Electrochemistry Communications, 2006, 8(8): 1386-1390.

[85] CAROLLO A, QUARTARONE E, TOMASI C, et al. Developments of new proton

conducting membranes based on different polybenzimidazole structures for fuel cells applications [J]. Journal of Power Sources, 2006, 160(1): 175-180.

[86] LIN H L, YU T L, Chang Weikai, et al. Preparation of a low proton resistance PBI/PTFE composite membrane [J]. Journal of Power Sources, 2007, 164(2): 481-487.

[87] MITOVI S, VOGEL B, RODUNER E, et al. Preparation and characterization of stable ionomers and ionomer membranes for fuel cells [J]. Fuel Cells, 2006, 6(6): 413-424.

[88] SEKHON S S, KRISHNAN P, SINGH B, et al. Proton conducting membrane containing room temperature ionic liquid [J]. Electrochimica Acta, 2006, 52(4): 1639-1644.

[89] TIGELAAR D A, WALDECKER J R, PEPLOWSKI K M, et al. Study of the incorporation of protic ionic liquids into hydrophilic and hydrophobic rigid-rod elastomeric polymers [J]. Polymer, 2006, 47(12): 4269-4275.

[90] YAMADA M, HONMA I. Heteropolyacid-encapsulated self-assembled materials for anhydrous proton-conducting electrolytes [J]. Journal of physical chemistry B, 2006, 110(41): 20486-20490.

[91] Zhang Hongwei, Zhu Baoku, Xu Youyi. Composite membranes of sulfonated poly(phthalazinone ether ketone) doped with 12-phosphotungstic acid (H3PW12O40) for proton exchange membranes [J]. Solid State Ionics, 2006, 177(13-14):1123-1128.

[92] Li Xianfeng, Xu Dan, Zhang Gang, et al. Influence of casting conditions on the properties of sulfonated poly(ether ether ketone ketone)/phosphotungstic acid composite proton exchange membranes [J]. Journal of Applied Polymer Science, 2007, 103(6): 4020-4026.

[93] VONA M L, D'EPIFANIO A, MARANI D, et al. SPEEK/PPSU-based organic-inorganic membrane: proton conducting electrolytes in anhydrous and wet environments [J]. Journal of Membrane Science, 2006, 279(1-2): 186-191.

[94] SHAHI V K. Highly charged proton-exchange membrane: Sulfonated poly(ether sulfone)-silica polyelectrolyte composite membranes for fuel cells [J]. Solid State Ionics, 2007, 177(39-40):3395-3404.

[95] Lu Wei, Lu Deping, Liu Jianhong, et al. Preparation and characterization of sulfonated poly(phenylene oxide) proton exchange composite membrane doped with phosphosilicate gels [J]. Polymers for Advanced Technologies, 2007, 18(3): 200-206.

[96] Li Lei, Wang Yuxin. Quaternized polyethersulfone Cardo anion exchange membranes for direct methanol alkaline fuel cells [J]. Journal of Membrane Science, 2005, 262(1-2):1-4.

[97] Fang Jun, Shen Peikang. Quaternized poly(phthalazinon ether sulfone ketone) membrane for anion exchange membrane fuel cells [J]. Journal of Membrane Science, 2006, 285(1-2):317-322.

[98] Zhang Hongwei, Liu Xiaofen, Ma Xiaoting, et al. Quaternized poly (phthalazinone ether ketone) membranes for alkaline fuel cells [J]. Journal of Functional Materials, 2007, 38(3): 412-414.

[99] Huang Aibin, Xia Chaoyang, Xiao Chaobo, et al. Composite anion exchange membrane for alkaline direct methanol fuel cell: Structural and electrochemical characterization [J]. Journal of Applied Polymer Science 2006, 100(3): 2248-2251.

[100] STOICA D, OGIER L, AKROUR L, et al. Anionic membrane based on polyepichlorhydrin matrix for alkaline fuel cell: Synthesis, physical and electrochemical properties [J]. Electrochimica Acta, 2007, 53(4):1596-1603.